AF458196

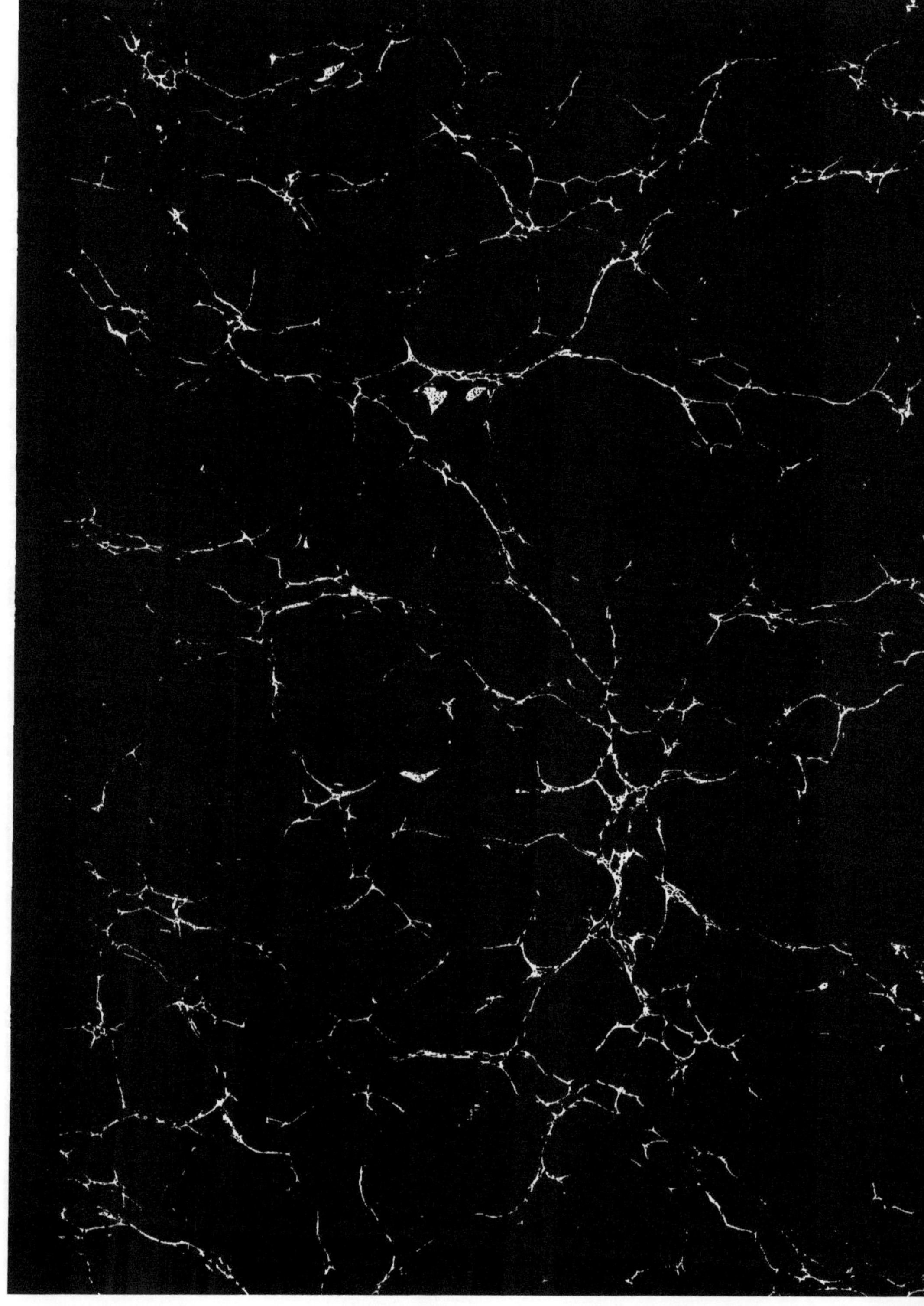

LECTURES

SUR LES

FUSÉES DE GUERRE

PARIS. — TYPOGRAPHIE MORRIS ET COMPAGNIE

64, rue Amelot.

LECTURES

SUR LES

FUSÉES DE GUERRE

FAITES EN 1860 PAR ORDRE

DE

S. A. I. MGR LE GRAND-DUC MICHEL

GRAND-MAÎTRE DE L'ARTILLERIE RUSSE

A L'ACADÉMIE IMPÉRIALE MICHEL D'ARTILLERIE

A SAINT-PÉTERSBOURG

DEVANT MM. LES OFFICIERS D'ARTILLERIE

PAR

LE GÉNÉRAL-MAJOR KONSTANTINOFF

DIRECTEUR DE LA FABRICATION ET DE L'EMPLOI DES FUSÉES DE GUERRE EN RUSSIE

PUBLIÉES AVEC L'AUTORISATION

DE

S. M. L'EMPEREUR DE TOUTES LES RUSSIES

« On pense que la fusée de guerre est un artifice non pas indispensable, ni qui puisse jamais remplacer, sous aucun rapport, le canon; mais on la considère comme un auxiliaire utile et qu'on regrettera toujours de n'avoir pas à sa disposition. »

Historique du Service de l'Artillerie au siége de Sébastopol, publié par ordre du ministre de la guerre en France, en 1859, t. I, p. 518.

PARIS

TYPOGRAPHIE MORRIS ET COMPAGNIE

64, RUE AMELOT

1861

Au commencement de l'année 1860, S. A. I. Mgr le grand-duc Michel, grand maître de l'artillerie, me chargea de faire des lectures, sur les fusées de guerre, à MM. les officiers d'artillerie présents à Saint-Pétersbourg. Ces lectures n'étaient pas un traité complet sur la matière; elles eurent pour principal objet de réunir quelques faits à l'appui de l'utilité des fusées de guerre; — d'exposer l'ensemble des procédés de fabrication des fusées actuellement en usage en Russie, et des procédés employés en Autriche et en France, d'après ce que nous pûmes en apprendre en Autriche, en 1852, et en France, en 1858, afin de justifier le projet de l'outillage d'une nouvelle fabrique de fusées en Russie, basée en majeure partie sur des principes qui nous sont personnels; — d'exposer les progrès dans la construction des fusées de guerre, que nous a révélés la guerre d'Orient; — et enfin de communiquer quelques perfectionnements réalisés dans ces derniers temps, en matière de fusées, à la fabrique de Saint-Pétersbourg.

Aujourd'hui, — sur l'autorisation que Sa Majesté l'Empereur de Russie a daigné m'accorder à la demande de S. A. I. le grand-duc Michel, comme me l'a annoncé le chef d'état-major du grand maître de l'artillerie, M. l'aide de camp général Barantzoff, par son office, en date du 11 mai 1860, n° 5036, — je suis heureux de pouvoir publier ces lectures en français, voie la plus favorable à l'échange des idées, espérant par ce moyen évoquer le plus de jugements qu'il sera possible pour m'éclairer sur la valeur de mes convictions en matière de fusées de guerre.

Paris, 1860.

OPPORTUNITÉ DES FUSÉES

COMME ARME DE GUERRE

Avant d'aborder l'étude des procédés de fabrication pour les fusées de guerre, nous croyons indispensable de constater, avant tout, l'opportunité de leur emploi dans les différentes circonstances où elles sont susceptibles d'être appliquées à la guerre.

La dernière guerre d'Italie des Français semblait devoir nous offrir l'occasion la plus favorable pour la solution définitive de ce problème. En effet, parmi les armées en présence, l'armée autrichienne et l'armée française étaient précisément celles qui, dans ces derniers temps, ont fait faire le plus de progrès à cette arme. En outre, les conditions spéciales du terrain du théâtre de la guerre, l'attaque et la défense du fameux quadrilatère, que tout rendait imminentes, assuraient un vaste champ aux applications de l'emploi des fusées. Mais cette attente a été trompée, et, à en juger d'après les relations françaises des opérations de la guerre, cette épreuve n'a fourni qu'un résultat nul, ou plutôt de nature à compromettre l'avenir des fusées.

Cependant, il ne faudrait point se hâter de tirer des conclusions définitives, ni proclamer la cause des fusées perdue. Les données nous manquent pour apprécier complétement le profit qu'ont pu tirer les Autrichiens de leurs nombreuses batteries de fusées; car eux, juges que l'on ne peut récuser en cette occurrence, sont restés muets à cet égard, et n'ont rien livré à la publicité sur ce sujet.

Tâchons, néanmoins, d'éclairer quelque peu la question. D'après certains renseignements recueillis dans le quatrième numéro du *Journal de l'Artillerie russe*, de l'année 1859, l'artillerie autrichienne comptait dix batteries de fusées, formant quatre-vingts chevalets pour quatre cent quatre-vingts canons, ce qui fait une proportion de 1/6 des chevalets de fusées sur les canons.

Du côté de l'armée française, comme nous l'avons appris depuis en France, l'on fit venir d'Afrique la batterie de fusées mais elle n'arriva sur le champ de bataille de Solferino que trois jours après la fameuse bataille, elle ne se trouva ainsi en ligne qu'à la signature de la paix, et ne prit aucune part aux opérations militaires.

Les fusées n'ont donc été réellement employées que du côté des Autrichiens, et, par la nature même de la lutte, ils n'ont fait usage que des fusées de campagne.

Dans ces circonstances, deux choses durent nuire à la renommée des fusées autrichiennes : l'une à leur effet, et l'autre à l'appréciation du peu d'effet qu'elles ont été à même de produire.

Ce qui a nui à leur effet, c'est leur trop faible portée. L'emploi des fusées autrichiennes de campagne, telles que les a créées le baron Augustin, et telles que l'Autriche en possédait de grands approvisionnements au début de la guerre en Lombardie, a été grandement limité par l'augmentation de la portée et de la précision du tir des armes rayées en général, et surtout des canons. Non-seulement les fusées, mais toute l'artillerie autrichienne s'est trouvée dans des conditions accablantes d'infériorité de portée. La portée extrême des fusées de campagne en Autriche est de 1,400 pas ou 900 mètres environ, et le tir de l'artillerie de campagne ne dépasse guère 1,000 mètres. Aussi l'artillerie française, avec son canon de l'Empereur et ses canons rayés, avait une prépondérance de portée et de justesse tellement marquée, qu'elle atteignait de son feu les lignes ennemies à des distances auxquelles elle n'avait à redouter de leur part que l'arrivée de quelques boulets morts, et auxquelles les fusées étaient frappées d'une impuissance complète.

Dans les rares occasions où l'armée française a été exposée aux coups des fusées autrichiennes, aux distances accessibles à ce projectiles, ce qui, dans ces circonstances, a dû rendre presque impossible aux Français de juger exactement de l'effet des fusées autrichiennes, c'est que, dans ce système, le principal effet meurtrier est produit par les obus sphériques dont les fusées sont armées, et qui s'en détachent au moment où la fusée a acquis sa plus grande vitesse, ce qui a lieu très-près du chevalet, et pas au delà de 50 mètres du point de départ de la fusée. L'obus détaché, muni d'une espolette en ignition, continue alors sa route presque invincible à la manière d'un projectile lancé par le canon, et, quoique animé de la même vitesse que le reste de la fusée au moment de la séparation, il ne tarde pas à prendre les devants par suite d'une perte de vitesse moindre occasionnée par la résistance de l'air que lui assurent d'abord un poids spécifique bien plus considérable que celui du cartouche presque vide et de la baguette, et ensuite une forme contre laquelle la résistance de l'air exerce moins d'influence que contre le cartouche et sa baguette. Pendant que l'obus s'achemine ainsi vers le but, la fusée, privée de sa tête et dérangée dans la position de son centre de gravité, s'attardant de plus en plus, attire les regards de ceux contre qui elle a été lancée, et frappe seule l'attention par la traînée de gaz qui la suit de jour comme une queue blanche, et de nuit sous la

*

forme d'une gerbe de feu. Cette traînée de gaz se prolonge, dans les fusées autrichiennes, après la combustion de la composition motrice terminée au moment où se détache le projectile, par la combustion de la composition incendiaire qui forme le massif de la fusée.

Au premier ricochet, la fusée autrichienne perd presque toujours sa baguette directrice, qui se brise en plus ou moins de morceaux; en même temps le cartouche se déforme par l'effet du choc. Ainsi divisé en fragments irréguliers, le cartouche et la baguette décrivent parfois dans l'air, bien avant d'avoir atteint l'ennemi, les évolutions les plus irrégulières, qui les font ressembler plutôt aux débris d'un feu de joie qu'à des moyens de combat, tandis que les obus des fusées accomplissent régulièrement leur parcours, et arrivent à leur but par des ricochets allongés ou tendus selon le mode de tir des fusées. Il en résulte que les Français atteints par les projectiles des fusées autrichiennes ont dû, la plupart du temps, se croire victimes du canon, sans se douter que les obus qui éclataient au milieu d'eux étaient des émissaires de ces mêmes fusées dont le vol ne leur avait inspiré que de minimes préoccupations. De même, les pertes occasionnées par les projectiles de ces fusées ont dû être consignées dans les rapports des ambulances et des hôpitaux, comme provenant d'obus, et l'on n'a attribué aux fusées que les blessures produites par les cartouches et leurs baguettes. Puis, pour observer avec succès, il faut avoir un programme tracé d'avance, être renseigné sur ce qu'il y a à voir et à observer, sans quoi l'on risque de laisser échapper bien des faits importants; mais c'est bien pis encore si, sans programme, on est influencé par des souvenirs qui, à propos du phénomène à observer, gravent dans la mémoire des préventions en contradiction totale avec la réalité.

Ce que nous venons de dire s'applique aux observations des Français sur les fusées autrichiennes, et voici comment : En

France, les fusées de guerre ne sont pas un lance-projectile, mais un porte-projectile, si toutefois on peut s'exprimer ainsi. Les projectiles, dans les fusées françaises, ne s'en détachent pas durant le vol à travers l'espace; fusée et projectile ne forment qu'un tout.

Les fusées françaises portent bien des obus, même des obus sphériques; mais, en réalité, ce ne sont que des chapiteaux dont l'effet termine le vol de fusée. Habitués à ne voir que de pareilles fusées, nécessairement les Français n'ont dû rapporter aux fusées que ce qui en rend la trajectoire apparente (1).

Dire que les fusées autrichiennes sont inoffensives, c'est affirmer que les obus pareils à ceux que lance l'artillerie à canons lisses ne produisent aucun effet; car l'on ne peut s'appuyer sur la petitesse du calibre des obus des fusées autrichiennes pour en déduire leur peu d'effet, les petits obus étant tout aussi meurtriers que les grands, quand il ne s'agit que d'atteindre des hommes et des chevaux qui ne sont pas préser-

(1) Arrivé à Paris dans le courant de l'année 1860, peu de temps après avoir fait ces lectures, je communiquai à plusieurs personnes au courant des choses militaires en France, mes suppositions sur les raisons du peu d'impression que les fusées autrichiennes ont faite sur les troupes françaises. On ne m'a point contesté le manque de portée; quant au mode d'action relativement à l'effet des obus qui devancent les fusées, j'ai trouvé là-dessus une grande incertitude, qu'il me semblait qu'on ne tarderait pas à dissiper, en étudiant par le tir, à Metz, des fusées autrichiennes prises au nombre de trophées de l'artillerie; — car il me semblait immanquable qu'avec le grand nombre de canons saisis à l'armée autrichienne, on n'eût pas en même temps enlevé quelques wurst de fusées avec tous leurs approvisionnements en chevalets, fusées et menus accessoires. Je me suis même rendu, dès mon arrivée à Saint-Thomas-d'Aquin, au musée d'artillerie, pour voir si, à côté de deux de nos fusées qui y figurent dans une panoplie formée de trophées de Crimée, je ne verrais pas une fusée autrichienne, — mais je n'y trouvai rien qui provînt des batteries de fusées autrichiennes; — enfin, après d'innombrables informations, j'appris que quelques fusées autrichiennes seulement ont été enlevées, et qu'on en avait tiré quelques-unes à Metz, ce qui avait suffi pour constater leur peu de portée, et voir se détacher leur projectile, mais était tout à fait insuffisant pour étudier rigoureusement leurs propriétés balistiques et leur efficacité de tir. (*Note postérieure aux lectures.*)

vés de l'atteinte des coups par quelque obstacle matériel, la différence ne gisant que dans le nombre des éclats qui, pour les petits obus, peut être compensée par le nombre des coups. Puis, le poids des obus des fusées autrichiennes est parfois même assez considérable et varie de trois livres à vingt livres, selon la distance et le genre de tir à produire (1). Ces obus, lancés par les fusées autrichiennes, peuvent même surpasser les obus de l'artillerie par l'effet de leur éclat. En effet, les obus de l'artillerie, sur tous ceux de l'artillerie de campagne, sont sujets à ne pas éclater souvent, et, le cas échéant, à ne pas nuire beaucoup par leurs éclats, autant du moins qu'on serait porté à se le figurer. Ainsi, il arrive souvent que les obus d'artillerie n'éclatent pas, parce que l'espolette n'a pas pris feu; car, pour que l'espolette prenne feu, il faut qu'elle soit soigneusement décoiffée avant le chargement, opération qui n'est que trop souvent négligée dans la précipitation du combat. En admettant que cette opération ait réussi et que l'espolette se soit enflammée dans la pièce, les espolettes des obus de l'artillerie s'éteignent souvent dans le vol à travers l'espace, et, plus souvent encore, au contact du projectile avec le terrain.

Une bonne espolette de bombe ou d'obus d'artillerie, d'un effet sûr, constitue un problème qui exerce depuis longtemps l'esprit inventif des plus habiles artificiers de toutes les artilleries; mais qui, avouons-le, n'a été jusqu'à présent que médiocrement couronné de succès.

(1) Ces chiffres sont établis d'après les renseignements que nous recueillîmes en Autriche en 1852. D'après les documents autrichiens, d'une date plus récente, notamment de 1857, cité plus loin, les fusées autrichiennes sont armées de projectiles du poids depuis 3 1/4 de livre jusqu'à 16 livres, et pour l'usage en campagne jusqu'à 8 livres seulement, et il résulterait de la comparaison de ces deux renseignements que le poids et le nombre des obus de poids différents entre ces limites, a varié. Ainsi, d'après nos renseignements de 1852, ils étaient, pour la fusée de 2 pouces, de 3 et 6 livres, et pour la fusée de 2 pouces et demi, de 6, 8, 16 et 20 livres, et d'après les renseignements de 1857, il est indiqué de 3 1/4 et 5 livres pour les fusées de 2 pouces et de 6, 8, 12 et 16 livres pour les fusées de pouces et demi.

Cette question est même bien loin d'être résolue pour les canons rayés, ces enfants prodiges, qui semblaient avoir réussi sous tous les rapports ; aussi, voyons-nous que, dans la campagne de Lombardie, la plupart des projectiles des canons rayés n'ont point éclaté au profit des vendeurs de souvenirs de Magenta et de Solferino.

Quant aux projectiles d'artillerie qui éclatent, ce qui diminue l'effet de leur éclat, c'est la grande profondeur à laquelle s'enterrent ces projectiles dans le tir fichant, et la position indéterminée de leur point d'arrêt dans le tir rasant, ayant presque toujours lieu bien au delà de l'emplacement des troupes contre lesquelles on dirige le feu. On nous objectera peut-être qu'il serait possible d'augmenter l'effet des obus de l'artillerie en les munissant d'espolettes à obus à balles, que l'on gradue selon les distances du tir; mais nous croyons qu'ici le remède serait pire que le mal, car des espolettes de ce genre entraîneraient dans le tir de nouvelles complications avec de nouvelles sources d'erreur, qui feraient regretter les espolettes ordinaires, ajustées pour les plus grandes distances possibles.

La facilité avec laquelle s'éteignent les espolettes des obus de l'artillerie a dû accréditer l'opinion de la possibilité d'arracher ou d'éteindre l'espolette en ignition d'un obus au point de son arrivée et d'en empêcher ainsi l'éclat. Pour ce qui est d'arracher la mèche, comme on le dit vulgairement, c'est en désaccord avec la difficulté qu'il y a d'extraire une espolette d'un projectile pour en opérer le déchargement. Cette manipulation exige l'aide de machines-outils spéciales, et encore les tire-espolettes, ou, comme on les appelle communément, les tire-fusées, ne réussissent pas toujours dans leur besogne, et demandent à être perfectionnés. Mais s'il n'y a pas moyen d'extraire une espolette en ignition avec les doigts, il y en a bien moins encore d'étouffer ou d'éteindre celle dont la flamme aurait résisté à l'influence du mouvement du projectile à travers l'espace et au contact du projectile avec le terrain, car alors la colonne de composition comburée en majeure partie, a, au-dessus d'elle dans le corps de l'espolette, un vide qui favorise singulièrement sa combustion, et qui rendrait bien peu efficace le bouchage extérieur de l'espolette pour l'éteindre. Quant à en obstruer le canal hermétiquement par un bourrage quelconque, ainsi que cela a parfois lieu accidentellement quand le projectile laboure le terrain, cela serait impraticable, et par manque de moyen, et surtout par manque de temps. Aussi, pour nous expliquer des faits cités, même maintes fois, dans des relations officielles, de bombes et d'obus dont l'explosion a été arrêtée par des hommes qui auraient réussi à éteindre ou à arracher l'espolette, faut-il admettre que, dans ces occasions, le hasard est venu en aide au dévouement, et que l'espolette était déjà éteinte au moment où l'on a eu recours à un procédé quelconque pour s'opposer à son effet. Dans ces occasions, un reste de fumée, se dégageant de l'espolette déjà éteinte, a dû aider à l'illusion, et le grand nombre d'obus de l'artillerie dont les espolettes ne produisent pas l'effet voulu, a dû grandement, en ces occasions, faciliter la tâche au hasard. Nous n'avons aucunement le projet d'amoindrir ici le mérite de la noble abnégation de ceux qui se sont sacrifiés ainsi pour empêcher un obus d'éclater, et nous ne voulons pas flétrir le succès qui, si à propos, a couronné leur bravoure. Même en admettant l'imperfection des espolettes, leur action n'en reste pas moins belle, car, sans doute, ils n'étaient point initiés à l'insuffisance des moyens qu'offre la pyrotechnie pour établir une bonne espolette. Mais il nous paraît que si jamais les espolettes des obus de l'artillerie sont améliorées sous le rapport de leur extinction, de semblables actes ne seront que l'occasion de bien stériles sacrifices.

Revenons aux obus des fusées autrichiennes; mais d'abord conseillons aux personnes au milieu desquelles un obus pareil viendrait à tomber, de ne chercher aucunement à en arracher ou à en éteindre l'espolette; car il n'y a presque pas de chances de tomber sur un obus de fusée de ce système dont l'espolette ne serait pas en ignition, et cela parce que, d'abord, les espolettes des obus ne manquent presque jamais de prendre feu, car elles n'ont pas besoin d'être décoiffées comme les obus de l'artillerie, étant toujours prêtes à recevoir le feu du massif de la fusée; ensuite elles sont moins sujettes à s'éteindre que les espolettes des projectiles de l'artillerie, tant à cause d'une vitesse de translation, à travers l'espace beaucoup moindre, qu'à cause de ce que le commencement de leur combustion est abrité par le cartouche de la fusée. L'éclatement des obus de fusées est ainsi bien plus assuré que l'éclatement des obus de l'artillerie, et cet éclatement venant à avoir lieu, les éclats des obus des fusées autrichiennes produisent plus d'effet que ceux des obus de l'artillerie du même genre, parce que les obus des fusées autrichiennes ne s'enterrent pas, quel que soit le genre de tir que l'on ait pratiqué pour les lancer.

C'est un fait à remarquer que la pénétration en terre des obus des fusées autrichiennes est presque nulle, tandis qu'elle est très-considérable dans les fusées à baguette centrale dont les projectiles ne se détachent pas. Nous nous contenterons ici de signaler le fait sans chercher à l'expliquer, ce qui nous mènerait trop loin, mais nous indiquerons la conséquence, c'est que la fusée autrichienne étant, sous le rapport de la force du choc, moins avantageuse que la fusée à baguette centrale et dont le projectile ne se détache pas, lui est supérieure quand il ne s'agit que de lancer des obus contre des troupes qu'on peut atteindre à découvert.

Quant à la précision de tir des fusées autrichiennes, d'après les renseignements des Autrichiens, elles l'emportent même sur les mortiers et sur les obusiers autrichiens. Ainsi, d'après le lieutenant-feld-maréchal Andor Melczer von Kellemes (*Grund-*

züge uber den Gebrauch der Artillerie im Felde (*Principes de l'emploi de l'artillerie en campagne,* ouvrage destiné à l'enseignement des officiers de l'armée autrichienne, publié à Vienne en 1857, page 130), les fusées de jet l'emporteraient en justesse sur les mortiers et les obusiers non rayés.

D'après cet ouvrage, à un tir comparatif entre les mortiers, les obusiers et les fusées de jet contre une des tours défensives de Lintz, n° 2, dont la plate-forme supérieure a un diamètre intérieur de 10 klafters et demi (presque 10 mètres), sans compter l'épaisseur du parapet, d'une distance de 500 pas, de 140 bombes lancées avec les mortiers de 30 et de 60 livres, il y en eut 34 qui atteignirent le but ou 28,3 pour 100; de 120 obus tirés avec l'obusier de 10 livres, 12 obus, ou 10 pour 100, et de 158 fusées de 2 pouces et demi, 105 fusées ou 66,5 pour 100.

Nous pouvons compléter ces données et confirmer la justesse de tir des fusées de jet autrichiennes en répétant ce que nous avons déjà publié maintes fois dans nos diverses études sur les fusées, que nous nous sommes trouvé, le 30 juin (12 juillet) 1852, présent à un tir de fusées au polygone de Winer-Neustadt, où l'on lança 84 fusées de jet contre un carré tracé sur le terrain, ayant 90 pas de côté, servant de but et simulant une redoute. A ce tir nous étions placés à découvert, avec le baron Augustin, à 30 pas du carré, et à 75 pas de la ligne de tir traversant le carré dans son milieu, parallèlement à deux de ses côtés. Sur 84 fusées 55, ou 65,4 pour 100, atteignirent le but. De celles qui ne sont pas tombées dans le carré, il n'y en a pas eu une seule qui ait dévié au delà de la largeur du carré; ce n'est que par des déviations longitudinales que les fusées manquaient le but.

Voici le tableau détaillé des résultats :

RÉSULTAT DU TIR

DES FUSÉES AUTRICHIENNES DE JET DE 2 ET DE 2 1/2 POUCES

NATURE des FUSÉES.	Distance en pas, mesure militaire de l'Autriche.	Angle d'élévation.	Nombre de coups	Nombre de fusées ayant atteint, au centre du grand carré, un carré de 30 pas.	Nombre de fusées ayant atteint le grand carré de 90 pas de côté.	Nombre de fusées n'ayant pas atteint le but.
Fusées de 2 pouces, armées d'un obus pesant 6 livres....	800	45°	24	2	11	11
	600	20°	24	4	12	8
	500	16°	24	5	10	9
Fusées de 2 1/2 pouces, armées d'un obus pesant 16 livres...........	500	35°	12	8	3	1

Comme terme de comparaison, bien peu précis il est vrai, mais que nous citons faute d'autres données, nous pouvons indiquer que, d'après l'*Aide-Mémoire français* (édition de 1856, page 617), la probabilité d'atteindre, avec le mortier de 15 centimètres, dont la bombe pèse 17,33 livres russes, un carré de 60 mètres de côté, ou d'environ 90 pas, à la distance de 600 mètres ou environ 900 pas, est de 63 pour 100.

Le tir dont nous venons de présenter le tableau a été exécuté par une batterie de fuséens de campagne composée de 6 caissons attelés ou wurst, qui, tout en manœuvrant pour simuler une attaque contre une redoute de campagne, a occupé trois positions successives à 800, 600 et 500 pas de la redoute, tirant, de chacune de ces trois distances, par 24 fusées de 2 pouces armées d'obus de 6 livres, et, de la dernière distance, 12 fusées en plus de 2 pouces 1/2, armées de projectiles de 16 livres, avec des espolettes à percussion. Ce tir s'est exécuté avec la rapidité et dans les conditions de fuséens ayant à préparer l'enlèvement de vive force d'une redoute en fortification passagère par une colonne d'infanterie. Pour comprendre tout le secours que l'on peut attendre, en pareille circonstance, de l'action des fusées autrichiennes, il faut rappeler que leur tir est susceptible d'être exécuté avec une extrême rapidité, et que l'on peut lancer d'un seul chevalet jusqu'à 4 fusées par minute, ce que l'on peut à peine obtenir avec des armes à main se chargeant par la culasse. On conçoit que cette rapidité de tir, jointe à une facilité extrême de transport, serait en réalité d'un grand secours pour précéder et pour soutenir l'assaut de vive force d'un retranchement de campagne.

Pour faire apprécier la justesse des *fusées de tir* autrichiennes (fusées destinées au feu rasant), nous indiquons, dans le tableau ci-joint, les résultats d'un tir auquel nous avons été présent, à la même date qu'au tir cité plus haut. Le tir avait lieu avec la fusée de 6, armée d'obus de 3 livres contre une cible longue de 90 pas, haute de 9 pieds, ou de la hauteur d'un cavalier monté sur son cheval, le milieu de cette cible présentant un champ carré de 9 pieds en largeur et hauteur, qui servait de but au pointage. L'exécution du tir avait été confiée à deux batteries de fuséens de campagne, de 12 chevalets chacune, qui ont exécuté le tir tout en manœuvrant avec leurs caissons. Ils ont ainsi occupé cinq positions successives, passant d'une position à l'autre en manœuvrant pour simuler des passages, des difficultés de terrain s'opposant à un mouvement en avant sous forme déployée. Le feu a été exécuté avec la rapidité du tir de combat.

Voici les résultats du tir :

RÉSULTAT DU TIR

DE LA FUSÉE AUTRICHIENNE DE TIR DE 2 POUCES

PROJECTILE de LA FUSÉE.	Distance en pas, mesure militaire de l'Autriche.	Angle d'élévation.	Nombre de fusées tirées.	Nombre de fusées ayant atteint le milieu de la cible.	Nombre de fusées ayant atteint toute la cible.	Nombre de fusées ayant passé par-dessus la cible.
Obus de 3 livres	1000	10°	72	2	55	17
	700	8°	72	4	60	12
	600	6°	96	9	83	17
	500	4°	120	10	100	20
Mitraille...	300	2°	48	Inconnu.	Inconnu.	Inconnu.

Les déviations latérales ne dépassaient pas généralement la largeur de la cible. Ce n'est qu'à la distance de 600 pas qu'il y a eu 6 fusées qui ont passé à côté de la cible.

Il faut pourtant admettre que, dans une armée telle que l'armée autrichienne, les prescriptions sur le mode d'emploi des différentes armes sont suffisamment motivées par la connaissance approfondie de la matière, les études que suscite la paix et l'expérience que procure la guerre; aussi, pour nous rendre compte autant que possible de la valeur des fusées autrichiennes, nous allons encore passer en revue les principes adoptés en Autriche pour en régler l'usage à la guerre; ceci nous indiquera le profit que l'armée autrichienne comptait en tirer. Malheureusement, nous ne pouvons puiser, à cet égard, qu'à une source qui date d'une époque antérieure à la dernière campagne d'Italie des Autrichiens, et notamment à une publication faite en 1857, et qui, par conséquent, peut paraître vieillie, surtout si l'on considère la rapidité de la marche des événements qui ont eu lieu depuis. Cette publication, qui équivaut à un document officiel, est l'ouvrage du feld-maréchal Kellemes, que nous avons cité déjà. Voici, en résumé, ce qu'il prescrit à l'égard de l'usage des fusées de guerre de campagne.

Les fusées, dit-il, se rapprochent par leurs effets, beaucoup plus des obusiers que des canons, et, à cause de cela, elles sont surtout utiles dans les terrains entrecoupés; mais elles ne sont efficaces qu'employées en grand nombre. Tirées isolément, elles ne présentent pas les mêmes avantages et il n'y a de profit à les employer ainsi que dans la guerre de montagne. Sur un terrain uni, surtout contre la cavalerie, les fuséens, même en batteries entières, ne doivent pas être employés, à moins qu'ils ne soient soutenus par l'artillerie, car autrement, on courrait le risque de les faire mitrailler par l'artillerie ennemie.

Au passage des rivières et dans les débarquements, on expédie au plus vite une ou plusieurs batteries de fuséens avec les premières embarcations, afin de donner la possibilité aux troupes débarquées de résister aux attaques.

Les fusées sont surtout utiles dans les guerres de montagne, parce qu'on peut les faire arriver partout, sur les points même où l'homme seul peut gravir, et dans des positions où il serait de toute impossibilité d'établir des bouches à feu. Dans ce cas, on se sert de chariots ou de bêtes de somme pour le transport des fusées, tant que le terrain le permet; ensuite on les fait arriver à destination à bras d'homme. Dans ce genre de guerre les fusées sont particulièrement utiles, dans les opérations agressives, pour tourner les positions de l'ennemi, et, dans la défense, pour renforcer ses propres positions, surtout si elles sont sises dans les hautes montagnes.

Les fusées incendiaires sont appelées à rendre de bien grands services dans les coups de main dont le but est de brûler les dépôts de l'ennemi, de le déloger ou de réduire une place par l'incendie.

Le peu de place qu'exige la mise en batterie d'un chevalet de fusées et la facilité de le mettre à couvert, permettent d'employer les fusées à la défense des espaces clos de murs, des anciennes fortifications consistant en murailles flanquées de tours, des abords des portes de villes, et, en général, de tous les endroits où, par manque de place ou de solidité, il aurait été impossible de placer de l'artillerie ordinaire.

Les embarcations maritimes et fluviales peuvent être aussi armées de fusées, pourvu que leurs dimensions soient suffisautes pour y installer des fusées sans gêner la manœuvre.

Le peu d'emplacement que nécessitent les batteries de fuséens permet de les concentrer bien plus facilement que l'artillerie ordinaire pour les employer en masse dans les instants décisifs, pour augmenter l'effet meurtrier du feu de l'artillerie, foudroyer l'ennemi qu'on attaque ou arrêter l'agression de son antagoniste, et décider ainsi du sort de la lutte.

Tous ces avantages, joints au peu de temps qu'il faut pour tirer un grand nombre de fusées, peuvent facilement entraîner l'abus dans l'emploi de ce projectile précieux, et comme le remplacement en est généralement plus difficile que celui des autres projectiles, les batteries de fusées ne doivent être employées que dans les moments décisifs, et, autant que possible, ne pas rester engagées longtemps. Aussi, ces batteries ne doivent-elles être qu'à la disposition exclusive du commandant en chef et de son chef de l'artillerie.

Les fusées de guerre rendirent des services à l'artillerie autrichienne, en premier lieu en 1821, dans la guerre contre les Napolitains, à l'attaque du couvent fortifié, situé sur le Monte-Cassino, non loin de San-Germano, et aux affaires d'Antrodoco et Aquila. La flotte autrichienne eut plusieurs fois l'occasion de se convaincre de leurs bons services. De même les fusées furent très-utiles contre les maraudeurs de la frontière de Bosnie, et toutes les fois qu'elles ont été employées convenablement elles ont rendu des services, qui, notamment, ont été très-remarqués dans tous les combats de la guerre d'Italie et de Hongrie de 1848—1849. Nous ne rappellerons que Curtatone, Vicenza, Monte-Castello, Petervasar, Szegedin et Temesvar. Ces recommandations sur l'emploi des fusées dénotent pleinement une entière confiance dans cette arme, que le général autrichien met ainsi sous le patronage des souvenirs qui constituent les fastes de la gloire militaire de l'armée à laquelle ils s'adressent.

Citons encore l'opinion sur les fusées autrichiennes d'un ancien voisin de l'Autriche. Nous voulons parler de la Suisse, qui est parfaitement renseignée sur la question, comme c'est toujours le cas dans les petites armées, qui, ne pouvant pas, faute de moyens, se livrer à de grandes recherches pour le perfectionnement de leur matériel de guerre, s'appliquent surtout à étudier les institutions des armées voisines. D'ailleurs, la Suisse est particulièrement intéressée dans la question des fusées, à cause de la configuration de son territoire.

Après de nombreuses études sur le système autrichien et anglais, c'est le premier qui prévalut en Suisse, malgré les travaux et les efforts pour faire triompher le système anglais que tenta M. Adolphe Pictet, officier de l'artillerie fédérale, connu comme artificier habile par son ouvrage sur les fusées de guerre et ses espolettes à percussion pour les obus de l'artillerie.

L'Ordonnance concernant l'organisation des batteries à fusées, en Suisse, du 26 *mars* 1853, et le *Manuel à l'usage des sous-officiers et canonniers de l'artillerie suisse*, par Schaedler, traduit de l'allemand par Melley, l'un et l'autre majors à l'état-major fédéral de l'artillerie, publié en 1857, donnent une idée assez complète de l'organisation de l'arme des fusées en Suisse. Ces renseignements se complètent par la *loi sur l'organisation militaire suisse* du 8 mai 1860 et par celle du 27 août 1851, ainsi que par quelques indications de la *Revue militaire suisse*, publiée à Lausane.

D'après ces documents, le corps des fuséens, en Suisse, fait partie de la réserve de l'artillerie, ainsi que l'artillerie de montagne. Il est composé de quatre batteries, se subdivisant chacune en élite et réserve.

L'élite compte 14 chevalets à fusées, 9 chariots à fusées qui portent 616 fusées et 1 chariot à provisions.

La réserve dessert 7 chevalets, pour lesquels elle a 9 chariots à fusées portant 360 coups et un chariot à provisions. Les chariots à fusées et à provisions sont attelés chacun de 4 chevaux pour le service de campagne.

Sur le nombre de fusées qui forment l'approvisionnement d'une batterie, il y a :

Pour l'élite :

480 fusées de 12 livres,
120 fusées de 6 livres,
8 fusées de 12 livres à éclairer avec parachute.
8 fusées de 12 livres à éclairer sans parachute.

616

Pour la réserve :

240 fusées de 12 livres.
120 fusées de 6 livres.

360

Chaque chariot à fusées de 12 contient 60 fusées, dont :

36 fusées armées d'obus de 6 livres,
18 id. de 8 livres,
3 id. à balles,
3 id. incendiaires.

Chaque chariot à fusées de 6 livres renferme 120 fusées, dont :

72 fusées armées d'obus de 3 livres,
40 fusées id. de 5 livres,
8 fusées à mitraille.

Les fusées à éclairer avec parachute et sans parachute, 8 de chacune, 16 en tout, se transportent sur le chariot à provisions.

Le personnel de chaque batterie est formé, l'élite et réserve compris, de 5 officiers et de 125 grades inférieurs, dans lesquels se trouvent compris 4 trompettes ; chaque batterie comporte 15 chevaux de selle pour monter les officiers, les sous-officiers et les trompettes, et 68 chevaux de trait, en tout 83 chevaux. Les quatre batteries des fuséens représentent donc 84 chevalets avec un personnel de 520 hommes, et un effectif de 332 chevaux. Elles sont approvisionnées de 3,904 coups, outre un état de munitions pour les batteries à fusées montant à 9,580 fusées, réparties entre les quatre cantons de Zurich, Berne, Argovie et Genève.

A côté de cette artillerie de fuséens, la Suisse possède une artillerie de montagne, formée de 4 batteries. Chacune de ces batteries compte 4 obusiers de montagne, 40 caisses de munitions approvisionnées de 320 coups, et 4 caisses d'outils. Le personnel de chaque batterie de montagne est formé de 6 officiers, au nombre desquels sont comptés un médecin et un vétérinaire, et de 109 grades inférieurs, dans lesquels se trouvent compris 3 trompettes; chaque batterie comporte 9 chevaux pour monter les officiers et 3 sous-officiers, et 44 bêtes de somme. Les quatre batteries de montagne représentent donc 16 obusiers avec un personnel de 280 hommes et un effectif de 212 chevaux et bêtes de somme, et elles sont approvisionnées de 1,280 coups. Il ressort de ces données qu'en Suisse on n'a pas jugé nécessaire d'avoir des bâts pour transporter les fusées. Cela s'explique par la facilité que l'on a de transporter, dans les pas difficiles, tout le matériel des fusées à bras, ce qui n'a pas lieu au même degré avec le matériel de montagne. Ensuite, nous voyons qu'en Suisse, les batteries des fuséens ont plus d'importance que l'artillerie de montagne par le nombre de pièces, le total du nombre de coups dont elles sont approvisionnées, le nombre d'hommes et de chevaux.

Pour l'emploi de ces batteries, voici les préceptes que résume le *Manuel de l'Artillerie suisse*, page 301 :

« L'arme des fusées offre les avantages suivants :

» 1° Une grande mobilité ;

» 2° Possibilité de transport et d'action des batteries entières » ou de chevalets isolés partout où l'infanterie peut arriver ;

» 3° Effet infaillible du tir des fusées sur des troupes con- » centrées ; possibilité d'un tir très-vif ;

» 4° Effet supérieur des fusées contre des retranchements, des places fermées ou des positions couvertes ;

» 5° Excellent effet dans les passages des rivières et sur » des bateaux ;

» 6° Effet moral ;

» 7° Possibilité de tirer des maisons, des toits, des arbres » ou des endroits fermés ;

» 8° Possibilité d'emploi sur toute espèce de champ de ba- » taille, et surtout dans la guerre de montagne ;

» 9° Propriétés incendiaires de toutes les espèces de fusées. »

La Suisse paraît être très-jalouse des connaissances que ses établissements de pyrotechnie possèdent relativement à la fabrication des fusées de guerre. Pour enchaîner la discrétion du personnel réservé à cette fabrication, elle multiplie les moyens, et, dans l'espoir de s'assurer un secret exclusif, elle a même imposé le serment aux employés qui, dans les arsenaux, sont chargés de la conservation des fusées. Il n'est pas sans intérêt de citer ici le texte précis de cet engagement qui se trouve originairement dans l'*Ordonnance suisse sur l'organisation des batteries à fusées* du 26 mars 1853, page 7. Nous donnons ce serment dans toute sa teneur :

« Je promets, par serment, de garder fidèlement les fusées » de guerre qui me sont confiées en vertu de mon emploi, » de ne les livrer à personne sans l'ordre de l'autorité compétente, et de ne chercher moi-même ni faire chercher par » d'autres à découvrir le secret de leur fabrication; je le promets devant Dieu tout-puissant, aussi vrai que je désire que » sa grâce m'assiste. »

Un semblable serment donne sans doute à réfléchir, et la pompe austère de cette formule doit influencer plus d'un esprit que sollicitent le bavardage, la curiosité, ou même, simplement, le désir de s'instruire. Néanmoins, un serment, si solennel qu'il soit, ne prouve peut-être pas qu'on puisse retirer d'énormes avantages d'un secret, si bien gardé qu'on le tienne, surtout lorsqu'il s'agit de technologie militaire. Sans doute, il serait avantageux de jouir de la possession exclusive de quelques-uns de ces procédés par lesquels est assurée la suprématie dans les combats, et il n'est pas d'artillerie qui n'ait partagé ces illusions; c'est ainsi qu'en Russie nous avons possédé les obusiers tromblons Schouwaloff, exclusivement destinés au tir à mitraille, dont l'âme, évasée horizontalement à la bouche de la pièce, devait disperser la mitraille en largeur, et faucher ainsi les bataillons ennemis. Le dispositif de ces pièces secrètes, ainsi qu'on les dénommait dans le temps, était protégé contre tout regard curieux au moyen de masques en bronze cadenassés sur leur bouche. Le personnel qui desservait ces pièces était lié par un serment particulier pour n'en jamais divulguer le mystère. Le comte Schouwaloff, grand maître de l'artillerie, n'en confiait le commandement qu'aux meilleurs officiers, honneur qui était alors fortement brigué par tous les officiers de l'artillerie russe; mais l'usage, à la guerre, a fait justice de cette conception éclose sur le papier. Dans la guerre de sept ans, l'armée russe perdit vingt de ces pièces à la bataille de Sornedorf, en 1758. Frédéric le Grand les fit exposer sur les places de Berlin, avec leur âme dévoilée et cette inscription : *Secret des Russes*. Ces pièces, méconnues par l'ennemi, n'en sortaient pas moins victorieuses des luttes au polygone entreprises du temps du comte Schouwaloff contre les obusiers ordinaires. Pour en confirmer le mérite, il y eut même de grandes expériences en 1760, pour constater la supériorité de toutes les nouvelles pièces introduites dans notre artillerie par le comte Schouvaloff, alors grand et puissant seigneur, comblé de toutes les marques possibles de la faveur impériale. Les résultats de ces expériences furent publiés par un ukase de l'impératrice Élisabeth, du 16 février 1760. « Considérant, y est-il dit, qu'il se produit encore » des appréciations mal fondées, tendant à amoindrir l'utilité » que procure réellement l'artillerie nouvellement inventée, » afin de les annuler une fois pour toutes, et d'écarter tout » doute à cet égard, surtout dans l'armée, » etc. Mais, après la mort du comte Schouwaloff, survenue en 1762, ses obusiers-tromblons, grandement discrédités par la guerre de sept ans, discrédit dont ne put les réhabiliter l'ukase impérial, eurent à soutenir derechef la comparaison au polygone avec les obusiers ordinaires, par ordre du grand maître de l'artillerie Vilboa, successeur du comte Schouwaloff, et, cette fois, ils ne surent pas se maintenir à la hauteur de leur mérite constaté par l'ukase. Ils furent reconnus ne présentant aucun avantage pour le tir à mitraille sur les obusiers ordinaires, et, pour cela même, abandonnés. Ces pièces eussent-elles même eu un certain avantage sur les pièces ordinaires pour le tir à mitraille, n'auraient peut-être jamais dû être acceptées, car la mitraille était leur unique projectile, la forme de leur âme rendant impossible le tir du boulet ou de l'obus.

Actuellement, en Russie, ce qui rappelle le plus ces pièces, ce sont deux modèles masqués avec des cadenas en sautoir, qui figurent dans les trophées du grand char de triomphe de l'artillerie, tout sculpté et doré, avec une statue de Minerve planant dans des nuages en poupe, construit d'après les ordres du comte Schouwaloff, et destiné, du temps de l'impératrice Élisabeth Petrowna, à porter, dans les grandes cérémonies militaires, l'étentard de l'artillerie. Ce char figura en dernier lieu à l'enterrement du comte Schouwaloff, ainsi que l'indique l'inventaire de l'ancien arsenal de Saint-Pétersbourg, où se trouve actuellement placé ce char, au musée historique et militaire formé à cet arsenal.

La matière ne manque pas pour écrire, à propos des secrets destinés à la guerre, un chapitre très-curieux, et qui ferait suite à l'histoire du merveilleux, certains de ces secrets des temps passés étant de nature à rivaliser avec le pendule explorateur ou avec les tables tournantes. Ainsi, en remontant dans les annales de la pyrotechnie, on rencontre des secrets pour devenir inaccessible aux balles ; des secrets pour que, soit à la chasse, soit à la guerre, les coups des armes à feu soient infaillibles ; des recettes pour rendre la poudre *muette*, afin de pouvoir tirer sans faire du bruit, et, comme pendant, des recettes pour rendre le canon plus bruyant. J'en omets bien d'autres et des meilleurs.

Dans les temps modernes il est plus difficile d'en imposer ; les croyances absurdes sont élaguées du domaine des sciences et des arts ; aussi les secrets d'objets pour la guerre ne sont-ils plus du domaine du surnaturel comme parfois dans le passé; mais l'on n'y attache pas moins d'importance. Ainsi, nous avons le secret des projectiles excentriques, réglés chacun dans un bain de mercure, qu'on ne peut étudier que dans les ouvrages des artilleries qui ne pratiquent pas ce genre de tir. Un autre secret, qui a beaucoup préoccupé les principales armées européennes, c'est le fusil à aiguille, le *Zundnadel Gevehr.* Dès son introduction dans une des premières armées d'Allemagne, cette arme a été mise à l'étude dans presque toutes les principales armées européennes, mais elle n'a conservé son prestige nulle part, excepté dans son pays natal, où elle a fait mentir le proverbe, et où elle continue à être en grand honneur et à être l'objet d'un secret officiel.

Il n'est peut-être pas une seule artillerie qui n'ait, au fond du sac, quelque mystérieuse recette pour la confection des obus à balles, des espolettes à percussion ou à concussion, une hausse ou un procédé de pointage particulier, etc. Mais arrêtons-nous dans cette énumération, qui serait bien longue s'il s'agissait d'inventorier tous les secrets de guerre connus.

On le croira sans peine, la valeur de ces recettes, l'importance de ces secrets diminuent grandement, une fois que le grand jour se lève sur tous ces petits mystères et qu'on en peut étudier le fond; car c'est là un de leurs premiers inconvénients. Dans l'armée qui s'en attribue le privilége, ces secrets sont mis à l'abri de toute critique, et ils jouissent, dans leur pays natal ou dans leur pays d'adoption, d'une famosité exagérée, qui couve bien des mécomptes et des désillusions. C'est ainsi que, pendant la guerre d'Orient, nous découvrîmes le secret des projectiles à percussion Billette, en usage dans la marine française, ainsi que le secret des projectiles à percussion Moorsom, introduits dans la marine anglaise. Ces secrets se révélèrent à nous d'eux-mêmes, lorsqu'un bon nombre de bombes et d'obus nous étant arrivés sans éclater, nous les déchargeâmes et découvrîmes les mécanismes qu'on avait tenus en si profond mystère. Nos collections d'artillerie et de pyrotechnie possèdent de nombreuses espolettes à friction Billette, retirées des projectiles qui n'ont pas justifié leur destination, avec leurs cordonnets munis de rugueux, et leur poids tire-feu tenant encore après le corps de l'espolette par la vis qui aurait dû se briser au moment du choc du projectile à son arrivée au but, ainsi que des espolettes Moorsom d'une pareille provenance, munies de leurs trois percuteurs et de tous leurs détails de construction, restées intactes, ayant pour objet d'écarter toutes chances d'éclatement prématuré de ces projectiles et d'en assurer l'effet au moment opportun.

Par contre, si ces projectiles à percussion, tant français qu'anglais, n'éclataient presque jamais par l'effet du tir, ils éclatent souvent, et jusqu'à présent même, sous la pioche des ouvriers qui les déterrent, ou à la suite d'imprudences de ceux qui les relèvent, et ils ont ainsi causé de nombreux accidents, après la guerre, à Petropawlowsk et à Sébastopol, comme on a pu le voir maintes fois dans les journaux. C'est pour nous une satisfaction qui, quoique bien triste en définitive, n'en est pas moins consolante, que nous ne nous sommes point servis de pareils projectiles dans la guerre d'Orient, car il nous serait pénible d'avoir à constater qu'après la guerre, nous avons rendu nos propres compatriotes victimes de l'imperfection de nos moyens de combat.

Un autre inconvénient des secrets en matière d'armement, c'est que, dans ces occasions, les secrets ne sont, la plupart du temps, un empêchement sérieux que pour les officiers de l'armée où ils existent; quelque bien gardés qu'ils soient, ils finissent toujours par transpirer au dehors, et cela arrive même d'autant plus vite qu'ils sont plus importants, chaque armée étant obligée de suivre à tout prix les progrès et les perfectionnements qui se réalisent chez les autres; ce sont là les reconnaissances de la paix, tout aussi essentielles que celles de la guerre pour ne pas être pris au dépourvu. D'où il résulte que le système des secrets, tout en laissant bien problématique le monopole des inventions dont on veut profiter seul et à l'exclusion des autres nations, a pour premier désavantage d'entraver l'instruction dans l'armée qui veut en tirer profit, et, par cela même, de nuire au développement intellectuel, et, sans nul doute, aussi, de retarder les perfectionnements ultérieurs. D'ailleurs, en admettant même qu'à force de précautions et de serments solennels et sacrés on parvienne à maintenir une découverte ou une invention quelconque dans un secret absolu, s'en assurera-t-on pour cela la possession exclusive et indéfinie?

Pour nous éclairer là-dessus, rappelons-nous que, dans les divers pays civilisés, indépendamment des mesures tentées de tous côtés pour se surprendre les uns les autres, on arrive presque simultanément aux mêmes résultats dans le perfectionnement des objets destinés à la guerre, et voici comment. D'abord, les inventions militaires ne sont, généralement, que l'application des faits révélés par les sciences et les arts, ou déjà du domaine de l'industrie privée, nécessitée par les besoins de la guerre. Avec la rapidité actuelle des communications et l'échange continuel des idées, les sciences et les arts, ainsi que les procédés de l'industrie et leurs applications, se sont dénationalisés; le niveau du savoir est le même dans tous les grands centres de la civilisation de l'ancien et du nouveau monde. Aussi les nouvelles découvertes et les nouvelles inventions de toute nature, qui en sont les conséquences naturelles, dépendent moins des intelligences isolées que de la nécessité qui les provoque. Des besoins semblables engendrent des solutions pareilles, et c'est ainsi que presque toutes les découvertes et toutes les inventions, y compris les inventions militaires, surgissent presque toujours simultanément et comme spontanément dans plusieurs endroits à la fois, dans le cerveau de personnes n'ayant aucune relation entre elles, et n'ayant pu se communiquer leurs travaux réciproques, ce qui ressort en toute évidence des innombrables prétentions à la priorité qui suivent les découvertes, et qui ne s'établissent jamais sans droits loyalement et parfaitement fondés pour le plus grand nombre des concurrents. Et ici, bien que cela ne se rattache pas directement à notre sujet, nous ne pouvons nous empêcher de nous arrêter à la réflexion que dans ces courses à la priorité, stimulées par la tradition d'étiqueter chaque découverte et chaque invention d'un nom d'auteur, l'honneur de la possession définitive est presque toujours accordé à la suite de circonstances tout à fait en dehors de la question, et, bien souvent, la palme est adjugée, non pas au plus méritant, mais au plus habile à se faire valoir, et, parfois même, à un de ces pirates de la pensée, qui arrivent ainsi à une renommée qu'ils n'ont pas méritée.

Pour en venir aux secrets relatifs aux moyens militaires, l'illusion engendre l'illusion, et l'espérance d'un monopole exclusif et illimité d'un secret pousse à l'exagération de sa valeur. En résultat, on arrive à une stagnation complète, avec des conséquences pareilles à ce que nous offrent en grand les habitants du Céleste-Empire, ces premiers inventeurs de toutes choses, qui, infatués du mérite de leurs œuvres, en sont encore à l'arc et au fusil à mèche.

Répétons-le, incontestablement, il y aurait bien de l'avantage à devancer ses antagonistes dans les sciences et les arts, et plus particulièrement, à se présenter à la guerre avec un matériel plus parfait que celui de l'ennemi, mais cette suprématie ne s'acquiert pas au moyen de la possession de secrets. C'est le développement général de la civilisation d'une nation, de son industrie, de sa richesse qui l'assure. Le savoir et les inventions ne servent à rien s'ils ne sont pas mis en œuvre ; or, pour les mettre en pratique, ce qu'il faut ce sont des matières premières, des moyens de travail, une organisation administrative prompte et entendue, et, par-dessus tout, l'initiative dans l'appréciation du degré de maturité des nouvelles inventions et de l'opportunité de leur introduction. En guerre comme en industrie, pour accepter un nouvel outil, il faut la claire appréciation de la possibilité qu'il y a de faire ses frais en en introduisant l'usage, et de réaliser encore des bénéfices avant d'être distancé par un nouveau progrès; car les causes de ruine sont tout aussi imminentes pour ceux qui s'attardent dans la routine que pour ceux qui se passionnent pour les innovations et devancent ainsi les exigences de leur temps, et se trouvent constamment dans la nécessité de recourir à de nouveaux changements ou à de nouvelles modifications pour avoir mis trop de précipitation à accepter des inventions ou des perfectionnements encore incomplétement élaborés. C'est ainsi que la suprématie en armes de précision dans les armées anglaises et françaises, dans ces derniers temps, sur les champs de bataille européens, doit être attribuée non pas à ce que ces puissances seules en possédaient le secret, mais à ce qu'elles ont su les introduire à temps et le réaliser promptement, ainsi que cela leur est facile en ayant la prépondérance en richesses et en moyens d'exécution, et jouissant en plein de l'immense avantage qu'outre des arsenaux puissamment organisés, elles disposent aussi de l'assistance de l'industrie privée la plus avancée.

Les sciences ont depuis bien longtemps renoncé aux secrets. Ils sont loin de nous ces temps où les savants, jaloux de leur savoir, cherchaient à en tirer seuls profit et gloire, s'adressaient de rival à rival, et en manière de défi, des problèmes à résoudre, tout en s'ingéniant à garder secrètes les méthodes de solution qu'ils avaient trouvées. Actuellement, chacun est désireux d'apporter sa part au fonds commun, et de professer au grand jour au lieu de réserver sa science pour quelques rares adeptes. D'ancienne date, la France a donné l'exemple de ce libéralisme intellectuel; ses établissements scientifiques sont accessibles à toutes les nationalités; être étranger, c'est même posséder un titre de plus pour en profiter. La France prodigue ainsi non-seulement l'enseignement scientifique, mais aussi l'enseignement industriel; dans les salles du *Conservatoire des Arts et Métiers*, elle livre à la publicité les procédés des principales industries du pays, sans s'opposer à ce que ses rivaux étrangers en industrie en profitent aussi largement qu'elle-même; et bien certainement la France ne se trouve pas plus en perte par suite de ce régime traditionnel de libéralité dans le savoir et l'enseignement que si elle avait cherché à abriter derrière une muraille les connaissances de ses savants, qui ont tant fait pour vulgariser les sciences et les appliquer à l'industrie, ainsi que l'habileté de ses industriels, qui ont réalisé tant de perfectionnements dans les divers procédés de fabrication. Tout au contraire, la France doit y gagner en suprématie et en influence en primant à la tête de la civilisation, et elle doit aussi gagner en émulation bien au delà de ce qu'elle peut perdre matériellement en aidant ses concurrents, sur les marchés étrangers, à rivaliser avec elle pour ses produits.

Espérons que les sciences et la technologie militaire seront placées un jour, dans tous les pays, dans les mêmes conditions de publicité où se trouvent actuellement en France les sciences et l'enseignement scientifique et industriel, et que, dans tout pays civilisé, un militaire étranger sera tout aussi libre de communiquer, à titre d'échange et de réciprocité, la faible part de ses connaissances et le fruit de ses veilles que l'est le savant du pays lointain au sein d'une académie pour ses travaux scientifiques. En attendant, nous devons être fiers que ce soit la Russie qui, une des premières, s'est engagée dans la voie de la publicité dans ses travaux scientifiques militaires, voie dont l'initiative s'est manifestée d'abord dans notre *Recueil de la Marine*, et qui a été suivie de près par notre *Journal de l'Artillerie*.

La fabrication des fusées de guerre a été, d'abord, en Russie comme presque partout, un secret auquel était étrangère même l'artillerie; ce n'est que ceux qui étaient directement préposés à la fabrication des fusées qui en possédaient les mystères. Le secret, dans cette occasion, a été un parti pris dès le début des travaux, probablement pour leur donner de l'importance, en apparence du moins, et dans l'espérance, peut-être, que l'avenir produirait des résultats dignes d'être cachés; mais à mesure qu'on a constaté des progrès réels dans la fabrication et que des services ont été rendus par les fusées à la guerre, on s'est dessaisi par degré des rigueurs du mystère. Pour notre part, nous nous sommes constamment appliqué à obtenir l'autorisation de faire entrer tout ce qui concerne les fusées de guerre dans l'enseignement des écoles militaires et à entretenir notre artillerie au courant de la situation de la question ainsi que des efforts que nous tentions pour le perfectionnement des fusées. Nos vœux ont été enfin exaucés dans ce sens, et nous pouvons dire avec bonheur que la fabrication des fusées de guerre et tout ce qui se rattache à leur service et leur perfectionnement ultérieur n'est plus un secret en Russie. Parfois les personnes vouées à quelques études spéciales tiennent à les réaliser à l'écart pour ne livrer à la publicité que le résultat définitif, craignant, par la divulgation des travaux non terminés, de fournir des matériaux à quelques concurrents qui pourraient en profiter pour prendre les devants. Nous ne nous sommes jamais arrêtés à de semblables considérations, et si nos travaux pouvaient être utilisés par quelqu'un de nos confrères, pour amener chez nous les fusées à un état de perfectionnement satisfaisant, nous serions les premiers à y applaudir, heureux d'y avoir contribué autant que cela nous a été possible.

Je reviens à la Suisse et à son appréciation des fusées autrichiennes.

Durant la dernière guerre d'Italie des Français, l'armée suisse a été dans les meilleures conditions pour suivre les opérations militaires des parties belligérantes et pour les apprécier, par sa position topographique et sa neutralité entre les combattants. Aussi, un des meilleurs récits de ces événements est-il l'œuvre d'un officier d'état-major de l'armée fédérale, Ferdinand Lecomte, actuellement major général de l'armée suisse. Nous ne trouvons pas, dans son œuvre, de détails sur l'effet produit par les fusées autrichiennes en particulier, de même qu'il n'entre pas dans des détails techniques concernant les différentes espèces d'armes ; mais, dans l'introduction de son ouvrage, en se livrant à l'étude comparative de l'armement des parties belligérantes, il oppose aux canons rayés français les fusées autrichiennes, non pas, sans aucun doute, pour rivaliser de portée ou de précision avec ces carabines monstres, mais seulement sous le rapport de la mobilité. C'est ainsi qu'en discutant la valeur des canons rayés comme nouvel engin de guerre, il dit : « Un mérite qui leur appartient cependant d'une » manière incontestable, c'est leur grande légèreté en propor- » tion de leur effet; on peut facilement les mettre en batterie » sur des points où le 12ᵉ léger n'aurait été installé qu'avec la » plus grande peine. Toutefois, le même avantage peut être » atteint par les Autrichiens au moyen de leurs excellentes » batteries de fusées. » (Page 56.)

A l'encontre de ce qui arrive continuellement à la guerre quand il s'agit de juger de la valeur des coups, en matière de fusées, dans la dernière campagne de Lombardie, l'Autriche a été, peut-être, plus à même de juger des effets produits que ceux contre lesquels ils ont été dirigés, car elle n'a pu avoir aucun doute quant à l'origine des obus qu'elle aura envoyés ; puis, c'est que les fusées sont par excellence l'arme de salut pour couvrir les retraites dans les terrains difficiles et entrecoupés, telles que l'armée autrichienne en a essuyé, et où l'on risquerait de perdre toute l'artillerie ordinaire dont on voudrait se servir pour s'opposer aux poursuites d'un ennemi victorieux. Il faut donc attendre, pour nous fixer sur la valeur définitive des fusées autrichiennes, que les hommes spéciaux de l'Autriche aient parlé; et surtout attendons le parti que va prendre l'armée autrichienne avec ses nombreuses batteries de fusées.

L'armée autrichienne, d'après la formation de 1857 (*Tableaux de la composition des armées européennes sur le pied de guerre, dressés d'après les documents officiels les plus récents*, Paris, Tanera, éditeur, 1859), possédait une artillerie de campagne de 168 batteries d'artillerie et de 20 batteries de fuséens. Dans cette organisation, le nombre de chevalets de tir des fusées représente un peu plus d'un huitième des pièces de canon, le personnel du service des fusées un peu plus d'un douzième, et le nombre de chevaux un peu plus d'un onzième. Le créateur des fusées autrichiennes, qui, en dernier lieu, était directeur de toute l'artillerie en Autriche, le baron Augustin n'existe plus. Ceci est un gage pour l'impartialité de la décision qui sera prise à l'égard des fusées en Autriche, car elles n'y ont plus quelqu'un de particulièrement intéressé à plaider leur cause, autant du moins que pouvait l'être l'auteur même pour faire maintenir leur usage. Puis il est de la nature humaine d'être plus juste pour les travaux des hommes du passé que pour les contemporains. Mais, si l'armée autrichienne conserve ses batteries de fusées de campagne, en partie ou en totalité, il nous semble qu'elle se trouvera dans la nécessité d'en modifier le système pour en augmenter la portée, et les mettre en accord avec les progrès réalisés dans ces derniers temps dans les armes à feu à main, de même que l'artillerie ordinaire a dû s'engager dans cette voie pour reconquérir la suprématie dont les carabines de précision l'avaient fait déchoir. Il ne faudrait pas, d'ailleurs, en conclure que les fusées du système actuel ne pourront plus être utiles à l'armée autrichienne; en effet, la défense des places offre à ces fusées un vaste champ d'action, et, à partir de l'introduction d'un nouveau système de fusées de campagne, quels que soient les approvisionnements existant en Autriche de fusées du système actuel, ils trouveront leur emploi comme armement de forteresses.

Ici nous ne pouvons nous empêcher de mettre en évidence un avantage qu'offrent les fusées et que ne présente pas le matériel de l'artillerie ordinaire, c'est qu'avec les fusées il est bien plus aisé de changer de calibre ou de système qu'avec les canons. Une fabrique de fusées bien outillée donne la possibilité de fabriquer des fusées de tout système, rien qu'avec quelques légères modifications dans l'outillage, qui peuvent être exécutées facilement dans la fabrique même.

Le mode de transport des fusées dans les parcs ou sur le champ de bataille peut rester à peu près le même, quel que soit le système des fusées adopté; et en passant d'un mode de construction à un autre, avec les fusées, on ne peut avoir à regretter que l'abandon des chevalets, qui sont de peu de valeur, ainsi que des approvisionnements, qui jamais ne seront excessifs; car, pour les fusées, comme en général pour tous les artifices de guerre, il faut tâcher de ne fabriquer, autant que possible, qu'à mesure des besoins.

Tout ceci est loin d'égaler les pertes et les difficultés d'exécution quand il s'agit de remplacer un matériel d'artillerie par un nouveau système, et quand il faut remplacer les pièces existantes par de nouvelles pièces en bronze, en fer ou en acier, qui, peut-être à leur tour et dans peu, avec les inventions incessantes des Armstrong et des Witworth, devront être abandonnées pour céder la place à de nouvelles conceptions.

Le peu d'efficacité des fusées autrichiennes dans la guerre

d'Italie s'est accréditée dans l'opinion publique sous l'influence de la presse périodique et même de beaucoup d'acteurs de ce drame pour lesquels cette campagne rapide et glorieuse a été une épopée, dont les incidents précipités, empiétant les uns sur les autres, ont pu rester confus dans la mémoire, et dont les détails nombreux ont pu s'effacer devant la grandeur des événements. Mais ceux de qui dépend la haute direction des affaires militaires en France ne paraissent pas avoir partagé ce dédain pour les fusées autrichiennes ou plutôt pour cette arme en général, comme peuvent le prouver quelques faits ultérieurs à cette époque; et d'abord citons des jugements émis en France sur les fusées de guerre à l'occasion des événements qui ont précédé la campagne d'Italie, mais qui n'ont été publiés qu'après cette campagne, et qui ont dû, nécessairement, être ainsi influencés par l'expérience qu'ont fait acquérir les événements même de cette campagne.

Nous allons citer ces jugements, non pas dans l'ordre des événements, mais dans l'ordre de la publication des ouvrages d'où ils sont extraits. Ainsi, à la fin de 1859, parut en France, du consentement de M. le ministre de la guerre, la *Description de la Campagne de Kabylie, en* 1857, par le capitaine Eugène Clerc. Dans cet ouvrage, il est, à plusieurs reprises, question de fusées; mais, pour donner un exemple du rôle que les fusées peuvent jouer dans la guerre de montagne, ainsi que des services qu'elles peuvent y rendre, il suffira de rapporter ici en entier une seule circonstance où, du côté des Français, il n'y eut d'engagés, comme artillerie, que des fuséens :

« En descendant d'Afensou à Bolias, à trois cents mètres en-
» viron de distance, on aperçoit à sa droite un petit contre-fort
» qui se détache perpendiculairement de la crête et s'avance à
» sept cents mètres, dans la direction des Aït-Oumalaou, sur
» un vaste bassin formé par la réunion d'une multitude de petits
» ravins boisés et très-tourmentés. Deux compagnies d'infan-

» terie avaient été laissées sur ce contre-fort pour protéger le » passage de l'arrière-garde.

» Les Aït-Oumalaou, réunis aux Aït-Akerma, rejetés de ce » côté par l'attaque, occupaient ce bassin en assez grand nom- » bre, et, s'approchant du contre-fort, entamaient une fusillade » très-vive avec ses défenseurs, dans l'intention évidente de » couper l'arrière-garde en ce point.

» Vers neuf heures, le commandant de l'artillerie recevait » l'ordre de se porter sur ce contre-fort avec la section des fuséens » (Jacquot) et un obusier de montagne, pour repousser cette » attaque, dégager la position, et assurer ainsi le flanc gauche » de l'arrière-garde.

» Au moment où l'artillerie arrivait, caché derrière chaque » arbre, chaque buisson, chaque ressaut de terrain, un ennemi » invisible entourait le devant du contre-fort d'un demi-cercle » de feux. La fumée et le bruit des explosions révélaient seuls » sa présence et sa force.

» Ce terrain, couvert et très-tourmenté, occupé par un en- » nemi épars, dont il fallait deviner la position, était plus » particulièrement propre à l'action des fusées. Du reste, les » obusiers n'avaient plus que quelques charges, et il importait » de les conserver, en attendant de nouvelles munitions, pour » un cas plus pressant et plus favorable. Pour ce double motif, » le commandant de l'artillerie faisait agir seulement les fu- » sées du capitaine Jacquot.

» Par quelques embuscades placées à deux cents mètres en- » viron, sur la droite, derrière le rebord d'un chemin creux, il » partait des coups très-dangereux et qui avaient déjà mis plu- » sieurs hommes hors de combat. Les premières fusées dirigées » contre elles réussissaient assez promptement à déloger les » Kabyles.

» Le feu continuait ensuite tout autour de la position, les

» quatre affûts étant mis en batterie à la fois contre les points » les plus rapprochés et les plus gênants.

» La fusillade était ainsi ralentie et éloignée, mais elle con» tinuait cependant, en reprenant par moment quelque vivacité.

» Déjà une vingtaine d'hommes avaient été mis hors de » combat sur cette position, et il fallait à tout prix chasser l'en» nemi au loin, pour permettre à l'infanterie de se couvrir par » un épaulement et de se mettre ainsi à l'abri de la fusillade.

» Jusqu'alors le tir des fusées s'était fait lentement, autant » pour assurer le tir que pour bien reconnaître les points sur » lesquels il importait de les diriger d'abord. Ces points, où les » Kabyles étaient réunis en force, étant enfin mieux connus » pour frapper un coup décisif, on accélérait tout à coup le tir » en dirigeant sur eux tous les coups avec les quatre affûts à » la fois. Sous cette pluie de fusées, les Kabyles sortaient enfin » de leurs embuscades, et se décidaient à battre en retraite de » l'autre côté du bassin, chez les Aït-Oumalaou.

» En peu d'instants, on voyait tous les sentiers qui condui» sent à cette direction se garnir de fuyards, et alors seulement » on pouvait juger du grand nombre d'ennemis rassemblés pour » cette attaque.

» Quelques fusées, lancées à d'assez grandes distances sur » les groupes les plus nombreux, précipitaient leur retraite. A » partir de ce moment, le terrain était définitivement aban» donné et la position cessait d'être inquiétée. » (*Campagne de » Kabylie, en* 1857, par le capitaine d'artillerie Eugène Clerc ; » Lille, Lefebvre-Ducrocq, 1859, pages 43 et 44.)

Or, remarquons-le, tout en rendant pleine justice aux perfectionnements qui, dans ces derniers temps, en France, ont été réalisés dans la confection des fusées, la fabrication française de ce genre de projectile ne nous paraît pas avoir atteint tout le degré de perfection possible. C'est un sujet sur lequel nous reviendrons de nouveau, nous restreignant pour le moment à constater qu'en France, par suite du manque de presses automatiques, le plus ou moins bon chargement des fusées dépend exclusivement des ouvriers, et, par conséquent, ne peut point arriver à être uniforme dans une fabrication courante. D'autre part, le mode de chargement adopté sur broche ne peut guère donner des produits qui résistent suffisamment au transport et à l'influence du temps. Aussi les résultats brillants obtenus dans les essais au tir dans les polygones français ne se soutiennent-ils pas dans l'usage. Néanmoins, les Français tirent bon parti des fusées, tout en leur reconnaissant des défauts, et sans se rebuter de ce que cette arme n'a pas encore tout le degré de perfection désirable; et c'est avec raison, car ce n'est que l'usage à la guerre qui seul peut guider et stimuler les perfectionnements des armes.

Comme preuve que les Français, tout en reconnaissant l'imperfection de leurs fusées actuelles, en attendent cependant de bons services, citons le passage suivant, qui a rapport aux fusées, et qui, dans l'ouvrage déjà cité du capitaine Clerc, prend place parmi les observations générales, déduites des faits mêmes de la campagne de Kabylie relativement à l'emploi de différentes espèces d'artillerie qui ont figuré dans cette expédition.

« Les fuséens, y est-il dit page 128, étaient employés sur- » tout là où les obusiers n'auraient pu agir facilement, c'est-à- » dire dans les ravins profonds et boisés, sur les pentes escar- » pées, comme le 24 mai, sur le contrefort, pour chasser les » Kabyles des ravins environnants.

» Ils suivaient les colonnes d'attaque afin de pouvoir occu- » per les positions favorables à l'action de l'artillerie, et qui au- » raient pu être inabordables aux mulets, les servants pouvant » alors transporter eux-mêmes quelques fusées avec les affûts » nécessaires. (Ex. attaques de Tacheraich et d'Icheriden.)

» L'incertitude de leur tir faisait une loi de ne pas les tirer » par-dessus d'autres troupes; c'était encore une raison pour les

» porter en avant, et les mettre ainsi à même d'exécuter leur » feu en dehors des colonnes sans les inquiéter.

» C'est pour ces divers motifs qu'ils prenaient part au feu » en avançant, par un mouvement exécuté le 24 juin, contre » les retranchements d'Icheriden.

» Bien qu'ils n'eussent pas beaucoup à gagner en se portant » à si petite distance, c'était une nécessité de le faire si l'on » voulait continuer à les faire agir sans danger pour les autres » troupes, et leur donner la facilité de suivre l'attaque au delà » sur un terrain qui était plus favorable à leur action. Enfin, » ils étaient employés de préférence dans les démonstrations » (comme le 25 juin chez les Beni-Jenni), parce que les fusées » étaient plus propres que les obus à attirer l'attention, et » que, du reste, cette démonstration se faisait sur un terrain qui » leur était favorable. »

Après la campagne d'Italie a paru l'*Historique du Service de l'Artillerie au siége de Sébastopol*, publié par ordre de Son Excellence M. le ministre de la guerre en France. L'auteur principal de cet ouvrage est le général Auger, successeur du général Lebœuf dans les fonctions de chef d'état-major de l'artillerie en Crimée. En mai 1859, le général Auger a été nommé chef de l'artillerie du second corps de l'armée d'Italie. Au milieu des dangers et des fatigues d'une campagne aussi active, il trouva encore le temps de vérifier les épreuves de son ouvrage. La mort vint le frapper ainsi à Solferino, au milieu des combats et de travaux qui ne dépassent pas, d'ordinaire, le seuil du cabinet. L'*Historique du Service de l'Artillerie*, arrêté un moment dans sa publication par la mort de l'illustre général, ne parut qu'à la fin de 1859. C'est ainsi que la correction des épreuves de l'*Historique du Service de l'Artillerie* eut lieu sur les champs de bataille d'Italie, et, incontestablement, l'expérience acquise dans cette campagne a dû réagir sur la discussion des résultats obtenus, et surtout sur l'appréciation générale des différentes espèces de projectiles. Aussi, nous croyons devoir passer en revue tout ce que l'*Historique de l'Artillerie* contient de marquant par rapport aux fusées, et nous nous croyons dans le vrai d'en accepter les déductions comme sanctionnées par les dernières acquisitions de la pratique et de l'expérience dans la campagne d'Italie.

« En février 1855, est-il dit dans cet ouvrage, des fusées de » guerre ont été envoyées sur les divers points les plus éloi- » gnés occupés par l'ennemi ; on a eu à regretter un assez » grand nombre d'éclatements prématurés, mais, lorsque cet » inconvénient ne s'est pas présenté, les résultats du tir ont » été satisfaisants, notamment dans la journée du 7 mars. » Depuis plusieurs jours on voyait défiler les convois nombreux » sur le plateau du nord; les voitures descendaient au bord » de la baie et y avaient formé un grand parc d'environ 2,000 » voitures ; on dirigea dessus, de la baie de Strélezka, une ving- » taine de fusées de 9 centimètres 1/2, dont moitié explosives et » moitié incendiaires ; elles arrivèrent convenablement au but, » et, au bout de peu de temps, on vit l'ennemi atteler ses » voitures et les disperser dans toutes les directions. » (*Historique du Service de l'Artillerie au siége de Sébastopol*, tome Ier, page 202.)

A la suite de ces résultats, nous voyons (page 204) qu'on réclama, outre différents approvisionnements en matériel, l'envoi de 24,000 fusées, savoir :

8,000 fusées explosives	à longue portée.
8,000 fusées incendiaires	
4,000 fusées à projectiles creux	

4,000 fusées armées de chapiteaux explosifs, destinées au tir à petites distances et à raser les parapets.

Mais jamais ce chiffre de fusées ne fut atteint dans les envois de Crimée ; les Français n'en lancèrent à Sébastopol guère au delà de 3,000 sur 2,128,000 projectiles de différentes espèces, ce qui revient à dire que, sur 700 projectiles de l'artillerie, il fut lancé une fusée.

Plus loin (page 218) nous voyons que, depuis le 2 (14) mars jusqu'au 29 mars (7 avril), « le tir des batteries fut aussi appuyé par de grosses fusées de guerre qui, croisant leurs feux avec les fusées lancées par les attaques de gauche et par les Anglais, déterminèrent plusieurs incendies dans la ville, et inquiétèrent fortement l'ennemi sur la sécurité de ses communications, de ses transports et de ses approvisionnements. »

Et page 220, que :

« Une cinquantaine de fusées de 94 millimètres furent
» aussi lancées sur la ville, et y déterminèrent plusieurs incen-
» dies qu'il fut difficile aux Russes d'éteindre à cause du tir
» des mortiers qu'on fit converger sur ces points. »

Les détails sur la reconnaissance d'Omer-Pacha, les 7-19 avril, du côté de Tchorgoun, donnent quelques renseignements sur l'emploi des fusées d'espèces différentes. Ainsi il est dit, page 260 :

« La colonne expéditionnaire se composait de quatorze ba-
» taillons turcs, d'une brigade de cavalerie anglaise, d'une bri-
» gade de cavalerie française, d'une de nos batteries à cheval,
» la 3e du 15e régiment, capitaine Armand, et deux détache-
» ments de fuséens, l'un servant des fusées de 5 centimètres
» sous les ordres du capitaine Harel, l'autre servant de grosses
» fusées à longue portée, sous les ordres d'un capitaine de l'ar-
» tillerie de marine. En outre, la batterie de montagne avait
» fourni un détachement de soixante mulets portant des muni-
» tions de réserve. La reconnaissance suivit les crêtes au delà
» de Balaclava jusqu'aux mamelons de Tchorgoun. On constata
» la présence de 1,200 à 1,500 Russes, qui se retirèrent devant
» nous, et le capitaine Harel eut occasion de tirer contre les

» postes avancés une cinquantaine de fusées qui produisirent » un très-bon effet. »

Le récit des opérations de l'attaque du 6-18 juin au 4-16 août contient, sur les fuséens, les renseignements suivants (page 361) :

« Les fuséens établis à la baie de Strélezka avaient rendu » jusque-là de très-bons services; les travaux de la batterie » n° 37 donnèrent l'idée de les porter aussi en avant; on leur » trouva, dans le voisinage, tout près de l'église Saint-Vladimir, » un emplacement très-favorable pour découvrir l'intérieur de » la rade, tous les terrains de la rive nord occupés par l'en- » nemi, et l'on y fit construire un épaulement propre à abriter » des chevalets pour lancer de grosses fusées de guerre. Cette » batterie fut construite par le capitaine Harel (4e batterie » du 12e régiment), et prit le nom de Saint-Vladimir. Le but » général des fusées était de concourir au même objet que » toutes les pièces à longue portée de la gauche de Malakoff. »

Les fusées à longue portée ont été employées par les Français à la bataille de la Tchernaia; à propos des résultats de cet emploi, nous eûmes l'occasion d'entendre, de la part des témoins occulaires de l'armée russe, des opinions bien contradictoires, louanges ou blâmes, et surtout beaucoup de fines plaisanteries. Adressons-nous donc à l'*Historique*, pour y recueillir quelques renseignements à cet égard.

Nous y trouvons (page 368 et suivantes) que, « quand les » Français eurent connaissance de notre intention de les at- » taquer sur la Tchernaia, on prit des mesures pour renforcer » la défense de ce côté ; on augmenta l'artillerie dans les » redoutes turques et la batterie Canrobert; à côté de cette » dernière, on plaça des chevalets de tir pour lancer des fusées » à longue portée. Pendant l'affaire même (page 373), des » hauteurs d'Inkermann, le général Bosquet considérait » le champ de bataille, et il donna l'ordre au poste de fu-

» séens de lancer des fusées à longue portée sur les Russes au
» moment où ils s'amoncelaient vers les gorges qui conduisaient
» aux défilés du Chouliou et de Makensie; elles arrivèrent avec
» un rare bonheur au milieu de la cavalerie et des parcs d'ar-
» tillerie et y causèrent beaucoup de désordre. »

Jusqu'ici, nous n'avons relaté que des faits à l'avantage de l'efficacité des fusées françaises, mais en voici un qui constate leur impuissance. Quand les Français remarquèrent les travaux pour l'établissement du pont flottant du côté du sud au côté du nord, les batteries françaises les plus rapprochées en étaient encore éloignées de deux mille cinq cents à trois mille mètres; néanmoins, d'après l'*Historique*, on fit converger; de tous les points possibles, contre le pont, les canons à longue portée, et l'on décida de lancer des fusées de grand calibre, incendiaires et à explosion, sur le pont, les culées du pont jusqu'au fort du nord et jusqu'aux points aboutissant aux forts Michel et Nicolas (page 368). Cependant, la construction du pont avançait toujours, et le pont fut terminé en deux semaines. Les projectiles des canons à longue portée et les fusées ont été également impuissants en cette occasion à cause de l'éloignement du but, de la flottaison de tous les matériaux du pont que leur pesanteur spécifique rendait insubmersibles, et à cause de l'impossibilité d'incendier des bois baignés dans la mer et le tablier du pont continuellement lavé par la lame.

D'après les citations que nous venons de faire, les fusées de guerre ont été employées du côté de l'attaque de Sébastopol presque dans toutes les entreprises, et le compte qu'en rend l'*Historique* est à l'avantage des fusées, tout en maintenant la réserve, dès le début, que leur perfection laisse beaucoup à désirer.

Voici, du reste, le résumé sur la matière contenu dans l'ouvrage (page 518), qu'on ne peut pas accuser de partialité pour les fusées, mais auquel on pourrait peut-être même reprocher trop de sévérité, si on le compare avec les faits énoncés dans l'ouvrage dont il doit être la conclusion :

« Les fusées de guerre ont été employées, mais, malheureu-» sement, leur nombre a toujours été trop restreint ; elles ne » se sont pas toutes comportées d'une manière régulière; elles » ont donné lieu à un certain nombre d'éclatements prématurés, » imprévus, capricieux, dont il est impossible d'assigner les » causes d'une manière bien positive.

» Il a été difficile d'apprécier directement leurs effets : com-» parées aux bombes, elles leur sont inférieures dans les limites » des portées où les bombes peuvent atteindre. Les Russes ont » aussi lancé quelques fusées en très-petit nombre; elles n'a-» vaient ni portée, ni justesse, ni puissance destructive. Quoi » qu'il en soit, on pense que la fusée de guerre est un artifice » non pas indispensable, ni qui puisse jamais remplacer le » canon, mais on la considère comme un accessoire utile et » qu'on regrettera toujours de n'avoir pas à sa disposition. »

Eh bien ! quelle que soit la sévérité du jugement que nous venons de reproduire, nous n'en repoussons aucunement la conclusion; tout au contraire, nous serions entièrement satisfaits que notre artillerie et surtout notre armée eussent accepté cette manière de voir que les fusées sont un accessoire utile qu'on regrettera toujours de n'avoir pas à sa disposition.

Les fusées russes dont il vient d'être question sont du nombre des 600 fusées de 2 pouces, les seules qu'on eût à Sébastopol, et qui y furent expédiées encore avant l'ouverture du siége. Tout en acceptant pleinement l'appréciation dont elles ont été l'objet, nous remarquerons cependant que ces fusées, quoique d'une faible portée, n'atteignaient pas moins de 1,400 mètres, et étaient encore assez meurtrières pour agir contre les hommes et les chevaux, et probablement qu'on en aurait pu faire un usage meilleur que celui qu'on en fit. Après l'occupation du côté du sud, elles sont presque toutes tombées au pouvoir des Français en parfait état de conservation, et tandis que, pendant le siége, on aurait pu les utiliser — dans les sorties pour les lancer dans les tranchées ennemies, même en les tirant directement de terre — contre les colonnes d'attaque, en les tirant aussi, même sans l'aide d'aucun chevalet, de la crête des parapets — contre les têtes des sapes et dans d'autres circonstances semblables.

Citons ici, d'après un document français, l'effet produit à Sébastopol par une de nos fusées ; on y verra la preuve incontestable que les fusées envoyées auraient pu être dépensées avec quelque utilité, et au détriment de l'assaillant. Ainsi, dans le second volume de l'*Historique du Service de l'Artillerie* (page 620), à la description du transport de l'artillerie pour armer la batterie française n° 27, pendant les nuits du 31 mars (12 avril) au 2-14 avril, il est dit qu'au transport de deux canons de 30 pendant une nuit sombre, « la place faisait un feu » excessivement vif, une sortie avait lieu, on lançait des obus » et des balles en grande quantité. Les chevaux du premier » porte-corps, effrayés par une fusée de guerre qui rasa le des- » sus de la voiture, tournèrent brusquement, et le timon fut » brisé. En même temps la roue droite du deuxième porte- » corps s'enfonçait jusqu'au moyeu dans un trou de bombe. »

Ainsi, une fusée égarée arrêta le convoi, dont le cheminement ne pouvait être interrompu ni par les projectiles explosifs de l'artillerie, ni par les balles des armes à main. Les Français durent dételer les chevaux, les abriter dans la tranchée la plus proche, et s'en retourner au parc pour y chercher des chevaux de renfort, un cric et un autre avant-train, ce qui demanda plus d'une heure, de telle sorte que les pièces ne purent être amenées à destination la nuit même, ainsi qu'il en avait été décidé, et que ce n'est que la nuit suivante qu'elles purent être placées en batterie.

Enfin, s'il n'y eut pas occasion d'employer toutes nos fusées à Sébastopol, celles qui n'ont pas été tirées pendant le siége auraient dû être lancées toutes en une fois, pour nuire n'importe comment à l'assaillant, ou du moins pour détruire les fusées; et si ce tir présentait des difficultés, il eût fallu, au moins, rendre les fusées impropres au service. Pour obtenir ce dernier résultat, il aurait suffi de les inonder d'eau dans leurs caisses de transport. Le motif d'un semblable abandonnement de ces fusées a été l'absence, réellement regrettable chez nous, de compagnies permanentes de fuséens, dont les fusées soient le service exclusif en temps de paix et de guerre.

Le fait que nos fusées sont tombées au pouvoir de l'ennemi en bon état de service a eu pourtant des conséquences qui n'ont pas été sans profit pour nous, et voici comment. Ces fusées ont été expédiées par Constantinople, Marseille, à Metz, et là, en 1859, elles ont été essayées. Le résultat de ces expériences qui nous a été communiqué a mis en évidence un mérite incontestable de nos fusées, consistant en ce que, au bout de quatre ans de confection et l'envoi de Saint-Pétersbourg à Metz, au moyen de tous les procédés possibles de transport et à la suite de toutes les éventualités qui peuvent atteindre des artifices de guerre, dont le transport et la garde ne sont pas l'objet de soins bien particuliers, il n'y eut pas une seule des fusées qui ait éclaté ou qui ait dépoté.

On en peut tirer la conclusion que nos fusées, maniées même sans soins bien minutieux pendant le transport et la garde, se conservent bonnes au moins pendant quatre ans. Ensuite, pour ce qui concerne les fusées de ce calibre, telles qu'on les a préparées chez nous jusqu'en 1859, il faut admettre sans réplique les imperfections de leur confection qui furent signalées dans l'*Historique du Service de l'Artillerie au siége de Sébastopol*, cité déjà plus haut, et les défauts qui ont été encore énumérés, dans le compte rendu des expériences de Metz, où il est dit

« qu'elles sont grossièrement fabriquées, et que les dimensions varient d'une fusée à l'autre. »

Les fusées à longue portée auraient pu nous être d'une grande utilité à la défense de Sébastopol. Le prince Menschikoff, avant la descente des alliés en Crimée, en demanda de pareilles pour agir contre les bâtiments ; mais l'établissement de Saint-Pétersbourg ne possédait, pas plus à cette époque qu'aujourd'hui, des moyens mécaniques suffisants pour confectionner des fusées à longue portée, c'est-à-dire dont les portées dépassent considérablement la portée de l'artillerie ordinaire et atteignent, conformément aux portées des fusées françaises, jusqu'à huit kilomètres. La plus grande portée qu'on peut seulement atteindre, au moyen de nos fusées, avec les moyens de fabrication qui sont actuellement en notre pouvoir, ne dépasse pas quatre kilomètres ; nous ne pouvons donc fabriquer que des fusées à moyenne portée, et, avec ces portées insuffisantes, il faut encore avouer que, le peu de justesse de ces fusées, dans leur état de confection actuelle, les rend tout à fait impropres à l'armement des batteries de côte. En outre, quand arriva la demande du prince Menschikoff, il n'y en avait pas de prêtes ; il n'y avait que des fusées de petite portée, que l'on expédia par le roulage accéléré, dans la pensée que, peut-être, les circonstances donneraient occasion d'en tirer parti en Crimée. C'étaient 600 fusées de 2 pouces, qui avaient été destinées au Caucase. Ces fusées arrivèrent à Sébastopol la veille du débarquement des alliés, et furent les seules que nous eûmes dans cette place.

A la demande du général Schilder, l'établissement de Saint-Pétersbourg confectionna et expédia à l'armée du prince Gorstchakoff, sous Silestrie, 100 fusées de grand calibre armées chacune d'un chapiteau, contenant 10 livres de poudre et établies pour détruire des parapets en terre de distances très-rapprochées. Si, avec ces fusées, on eût envoyé un officier bien au courant du service des fusées, on peut supposer que de dessous Silestrie, ces fusées auraient été expédiées à Sébastopol et y seraient parvenues à la suite des troupes du prince Gorstchakoff. Là,. peut-être, elles auraient été d'une utilité quelconque contre les travaux en terre de l'attaque, car, d'après les expériences qui eurent lieu, chez nous, des fusées de ce modèle semblables en tout à celles envoyées à Silistrie, peuvent être grandement utiles pour renverser les travaux de l'assiégeant de la dernière période de l'attaque. Outre cela, avec les moyens techniques qu'offrait Sébastopol, ces fusées auraient pu être facilement transformées, par tout officier initié à la confection des fusées, en fusées incendiaires ou à explosion, de moyenne portée, c'est-à-dire qui ne serait pas moindre de 4 verstes, en remplaçant seulement le chapiteau contenant la poudre par un chapiteau de moindre dimension, chargé soit de roche à feu, soit d'une composition incendiaire quelconque, soit, enfin, en remplaçant tout simplement le chapiteau par un obus d'artillerie, tout chargé et fixé au moyen de bandes de tôle et d'une ligature en ficelle, — manipulation bien plus simple que la confection sur place de nouvelles fusées à longue portée, à laquelle on se mit en train de recourir après l'évacuation du côté du sud.

Autant que l'établissement de fusées de Saint-Pétersbourg put l'apprendre, non de source officielle, ces 100 fusées furent d'abord expédiées de sous Silistrie à Odessa; mais l'établissement ignore quelle aurait pu en être l'application dans cette localité. Ensuite, une partie de ces fusées, en 1855, a été transportée à Nicolaïeff, et là on s'en servit pour armer des batteries de côtes; application bien difficile à expliquer, car ces fusées ne peuvent réellement être employées que contre des travaux en terre fraîchement remuée, et leur chapiteau n'est pas assez solide pour pouvoir pénétrer dans les bordages des navires, sans compter que leur peu de portée, en raison du poids de leur armature, les rend tout à fait impropres à l'armement des batteries de côtes. Le bruit a couru qu'on s'était souvenu de ces fusées à Sébastopol dans les derniers moments du siége, et que même on en fit venir, mais qu'elles arrivèrent trop tard.

Citons ici le témoignage de l'artillerie française sur l'avantage que la possession de fusées à longue portée nous aurait pu assurer à la défense de Sébastopol.

Le grand parc de siége de l'artillerie française était placé à environ 4,000 mètres de l'angle saillant du quatrième bastion, nommé par les Français bastion du Mât, sur un terrain en pente dont les crêtes abritaient le parc de notre vue; les magasins à poudre et les salles d'artifice étaient établis à 500 mètres derrière le grand parc.

D'après l'*Historique*, malgré l'éloignement du grand parc de nos ouvrages, les projectiles de l'artillerie y arrivaient parfois, tirés de grandes pièces aux angles des plus grandes portées; ainsi le 28 mars (8 avril 1855), à la veille du renouvellement du bombardement de Sébastopol, deux bombes tombèrent dans le camp des batteries françaises à pied et y éclatèrent sans causer, du reste, aucun dommage. Dans le mois d'août suivant on exécuta de Sébastopol un tir de longue portée assez précis, et, chaque soir, on dirigea des projectiles contre le parc, contre le premier corps et contre les Anglais.

Pendant ce temps, du côté des établissements d'artillerie française il n'y eut que des boulets froids de 32 et de 36, est-il dit dans l'ouvrage français, qui pénétraient en terre de 1 mètre à 1 mètre 50 cent.; mais pas un seul de ces boulets n'atteignit les magasins à poudre, et les plus rapprochés étaient encore éloignés de 200 mètres.

Malgré son peu d'efficacité, ce tir, au dire de l'artillerie française, préoccupait à cause des conséquences graves qui auraient pu en résulter; mais au début de ce tir, à cause de la période de l'attaque où il apparut, on ne pouvait pas même penser à déplacer les grands approvisionnements accumulés dans le parc, et rien ne fut entrepris pour en changer la dispostition. « Aucun accident ne le fit regretter ; mais si les Russes avaient » eu à leur disposition des fusées à longue portée, est-il dit, » alors, probablement, il eût fallu déplacer le grand parc, » et il en serait résulté momentanément, pour nous, de graves » embarras et un surcroît de fatigues pour le service des bat- » teries. » (Légende de la feuille 11e de l'*Atlas de l'Historique du Service de l'Artillerie au siége de Sébastopol.*)

Après la dernière campagne d'Italie, les Français accomplirent de nouveaux faits d'armes et s'apprêtèrent à de nouvelles expéditions dans des contrées lointaines ; ainsi, à la suite du retour en Afrique d'une partie des troupes ayant fait la guerre d'Italie, eut lieu d'abord l'expédition occidentale en Algérie, couronnée d'un succès complet sous les ordres du général de division Martinpré, chef des forces de terre et de mer dans cette expédition. Les troupes confiées au général Martinpré ont été énumérées dans le numéro du 20 octobre du *Journal des Débats*, 1859. On y voit qu'au nombre de l'artillerie de l'expédition figure une section de fuséens de la quatrième batterie de fusées. Dans le numéro du 17 novembre du même journal, il est question de l'effet des fusées dans cette expédition à l'égal de l'effet de l'artillerie à l'enlèvement du plateau d'Aïn-Taffouralt; ainsi il est dit : « Les Kabyles nous accueillirent par » une fusillade très-vive, mais les fusées et les obus de l'artille- » rie les eurent bientôt dispersés. »

Ainsi, à la suite de la guerre d'Italie, comme pour protester contre l'opinion de l'impuissance des fusées, les Français leur gardèrent assez d'estime pour en continuer l'usage et même pour les citer en premier dans le compte rendu d'une affaire où elles partagèrent l'honneur de l'action avec l'artillerie ordinaire. Mais les rapports et les correspondances sont insuffisants pour pleinement étudier les détails d'une campagne et surtout ce qui se rattache aux spécialités des différents armements. Aussi, pour nous fixer sur le rôle que les fusées ont joué dans l'expédition occidentale de l'Algérie, nous attendrons un *Historique* semblable à l'ouvrage du capitaine Clerc.

Une expédition bien plus importante que l'expédition occidentale de l'Algérie est celle des Anglo-Français contre la Chine, pour venger la défaite de Peï-ho, afin d'annuler chez les Chinois l'orgueil du seul avantage obtenu contre des navires et des troupes européennes. Dans cette expédition, comme on l'a vu par les journaux, les Français ont emporté plusieurs batteries de campagne et un parc de siége approvisionné, à ce que l'on m'a assuré, de fusées. Au reste, il serait regrettable qu'il en eût été autrement, car les fusées, comme l'ont déjà démontré les faits, peuvent être d'un grand secours en Chine, contre ces bandes de troupes nombreuses, mais peu aguerries, et contre ces villes pouvant facilement être incendiées à cause du genre de leurs bâtisses et de leur étendue, qui enlève au tir toute chance d'insuccès, et qui sont d'un accès rendu difficile à l'artillerie ordinaire par les canaux d'irrigation et les inondations dont l'agriculture couvre leurs alentours.

L'expédition anglaise a été amplement approvisionnée de fusées : ainsi, dans le numéro du *Journal des Débats* du 23 décembre 1859, est reproduit un article du *Moniteur de la Flotte*, où l'on indique que l'artillerie emmenée par les Anglais consiste en trois espèces différentes de canons : canons de campagne à âme lisse, canons de l'ancien système Armstrong, mais ne se chargeant point par la culasse, et canons de siége auxquels le système Armstrong a été appliqué en entier. Le commandement de cette artillerie a été confié au lieutenant colonel Barra, collaborateur d'Armstrong. On a joint à cette artillerie plusieurs compagnies de fuséens, sur lesquels, à ce qu'il paraît, l'on comptait beaucoup, est-il dit dans le *Moniteur de la Flotte*. Ces compagnies étaient munies de nouvelles fusées essayées déjà au polygone de Woolwich. Donc les Anglais et les Français ont trouvé les fusées dignes de paraître, conjointement avec les canons rayés, dans cette expédition lointaine, dans laquelle il fallait l'emporter, non par le nombre, mais par la suprématie que les sciences et les arts assurent, en matière militaire, sur la force inculte et où tout échec et tout mécompte auraient des conséquences extrêmement désavantageuses par leur influence morale sur l'ennemi. Il faut ajouter à ceci que l'éloignement de l'expédition, les difficultés du transport offraient des garanties que le choix des moyens de combat dont on a pourvu le corps expéditionnaire a été justifié par des études préalables, et que, par conséquent, les Anglais et les Français ont eu des raisons suffisantes pour ne pas craindre de faire comparaître les fusées de pair avec les canons rayés; sans quoi, au lieu de se charger encore de fusées, on aurait préféré accroître le matériel ou les approvisionnements de l'artillerie ordinaire (*).

(*) Ces prévisions sur l'utilité des fusées dans l'expédition anglo-française en Chine ont été confirmées par les événements, ainsi que l'ont fait connaître les succès qui firent tomber au pouvoir des armées alliées les forts du Peï-Ho. Dans les rapports français, nous voyons que les fusées prirent part à ces opérations à côté des canons rayés. Ainsi, le 14 août, d'après le rapport du général commandant en chef de l'expédition, de Montauban (*Moniteur*, 3 novembre), les premières dispositions de l'attaque eurent pour objet de faire entrer l'artillerie la première en action, pour affaiblir d'abord les défenses de l'ennemi, et lancer ensuite les colonnes d'assaut. « Les deux batteries de quatre canons » rayés et la section de fuséens se déployant à la gauche des pièces anglaises, ouvrirent le feu, avec elles, à environ 1,500 mètres des retranchements. La précision de leur tir, malgré la riposte très-vive, mais heureusement mal dirigée » de l'ennemi, eut bientôt pour effet de permettre au colonel de Beutzmann de » rapprocher sa ligne par un mouvement de feu en avant par demi-batteries. La » batterie d'obusiers de montagne entra en ligne dès que la distance diminuée » rendit son feu efficace. » Les fusées eurent donc à préparer l'assaut de concert avec les canons rayés. Aussi, après avoir partagé avec eux la tâche à accomplir, elles partagent les louanges que, dans son rapport, le général de Montauban accorde à la précision du tir de l'artillerie; il y a, en outre, dans ce rapport, un

En groupant ainsi quelques preuves nouvelles, ou du moins quelques indices sur l'utilité des fusées de guerre, il n'entre pas dans notre plan d'énumérer toutes les applications pos-

fait qui rappelle la suprématie des fusées sur l'artillerie de montagne, relativement à la portée. Ainsi, des fusées avec une portée de 1,500 mètres, peuvent encore être très-transportables à bras, avec tout leur matériel de tir, et être d'un maniement bien plus facile que l'artillerie de montagne dont la portée n'excède pas 800 mètres dans le tir à toute volée qu'on ne peut pratiquer qu'exceptionnellement à cause de son effet destructeur contre l'affût.

Dans le rapport du 24 août du général de Montauban, nous voyons que les fusées ont eu à prendre leur part dans les dispositions arrêtées pour reprendre les hostilités une fois le délai accordé aux premiers parlementaires expiré, à moins d'une soumission complète. Ainsi la batterie de 12 et les fusées reçurent l'ordre de se déployer sur les bords de Peï-Ho, de façon à contrebattre le grand fort de la rive droite, dont les batteries pouvaient prendre en flanc les colonnes d'attaque.

Après l'occupation des forts de Peï-Ho, presque sous les murs de Pékin, à la bataille de Palikiao, où fut punie derechef, avec tant d'éclat, la félonie chinoise, les fusées ont pris largement leur part dans les succès de l'armée française, et sont constamment citées dans le rapport du général de Montauban à côté de l'artillerie ordinaire. Il faudrait reproduire en entier le rapport du général de Montauban du 24 septembre (*Moniteur* du 29 novembre) pour se rendre compte de la participation des fusées dans cette affaire; aussi nous nous contenterons d'indiquer seulement les faits les plus brillants du rôle qu'y ont joué les fusées; ainsi ce sont les fuséens, cités en premier, la batterie de douze et les chasseurs à pied, qui repoussèrent la charge en masse de la cavalerie tartare dirigée contre le centre de l'armée française. Dans le dernier épisode de cette bataille, la prise du pont de Palikiao, les fusées ont concouru avec l'artillerie pour aider à s'en emparer, et il est dit dans le rapport que pendant que le général Collineau, arrivé sur le bord du canal, apercevait le pont de Palikiao, et le prenait d'écharpe avec son artillerie, le général de Montauban ordonna au colonel Beutzman de faire avancer les fuséens et la batterie de douze pour battre le pont d'enfilade, et pour tirer sur les pièces qui le défendaient. La prise et le passage de ce pont décidèrent définitivement la déroute complète de l'armée chinoise.

A notre grand regret, il nous a été impossible de nous procurer des détails sur le rôle que les fuséens anglais ont joué dans cette expédition.

Nous ne pouvons nous empêcher d'ajouter que presque simultanément avec l'expédition anglo-française en Chine, nous eûmes une expédition en Sibérie contre des peuplades à peine connues des géographes européens, les Kokans, où les fusées jouèrent un rôle assez marquant. Nous en donnerons ici quelques détails, en nous renseignant du troisième numéro du *Journal de l'Artillerie russe* de l'année 1861, où se trouve inséré un résumé du journal de campagne de la section de fuséens à cheval du détachement de Zali et du rapport du commandant de cette section, le lieutenant Wrontchensky, inséré dans le *Journal de l'Artillerie* par ordre de S. A. I. le grand maître de l'artillerie.

A la demande du gouverneur militaire de la Sibérie occidentale, M. le général de Gasfort, on expédia, au printemps de l'année 1860, un assortiment de 554 fusées de

sibles où elles pourraient nous rendre service, sur terre et sur mer, dans nos guerres offensives et défensives, à l'occident, à l'orient, dans les guerres que nous pouvons avoir à soutenir

guerre, à Omsk, dont 400 de deux pouces, avec obus de deux livres, 100 de deux pouces et demi, avec obus de dix livres, 44 fusées de 4 pouces, à fougasse et 10 fusées de 4 pouces avec obus d'un poud, le tout accompagné de chevalets et autres accessoires pour le tir et le transport de ces fusées. Toutes ces fusées étaient équipées de baguettes courtes cannelées, à l'instar des fusées françaises, et elles étaient à massif incombustible; les chevalets étaient à tubes à section carrée. Nous reparlerons en détail de ces deux derniers dispositifs, en nous occupant des perfectionnements réalisés en dernier lieu à la fabrique de fusées de Saint-Pétersbourg. Le chemin que cet envoi eut à parcourir était de 3,337 verstes, qui furent franchis d'abord en minime partie sur le chemin de fer de Saint-Pétersbourg à Moscou, et ensuite au moyen du roulage accéléré. Expédié de Saint-Pétersbourg le 21 avril (3 mai), il arriva à Omsk, le 1|13 juillet, et mit ainsi 67 jours à parcourir ce trajet. Cet envoi fut confié au lieutenant de la fabrique des fusées de guerre à Saint-Pétersbourg, Wrontchensky. Cet officier avait déjà fait ses preuves à la défense de Sébastopol, dans les rangs de l'artillerie de campagne, où il se fit remarquer par le sang-froid, l'entendement et le zèle dans les combats, ce qui lui valut d'être décoré de l'ordre militaire de Saint-Georges. Pendant la guerre de Crimée, il se prit de goût pour les fusées, dont il n'eut à suivre les effets qu'en spectateur désintéressé. La guerre finie, il changea le service de l'artillerie de campagne contre celui des fusées, en obtenant d'entrer à la fabrique de fusées de Saint-Pétersbourg, où il ne tarda pas à acquérir toutes les notions nécessaires pour être reconnu apte à organiser le service des fusées dans une expédition lointaine. Bientôt après son arrivée sur les lieux, à Omsk, on apprit que les Kokans, au nombre de trois à cinq mille, se dirigeaient, à travers la rivière *Tchou,* contre nos possessions. Ceci fit expédier en poste le lieutenant Wrontchensky avec trois chevalets et un approvisionnement de 60 fusées de deux pouces vers la forteresse Vernaïa, éloignée de 1,800 verstes d'Omsk. Le reste de l'envoi suivit sous les ordres d'un officier d'artillerie de la garnison d'Omsk; mais ce n'est qu'avec les soixante fusées qu'il eut avec lui que le lieutenant Wrontchensky put prendre part à l'expédition que nous entreprîmes pour repousser les Kokans, car le reste des fusées n'arriva pas à temps.

Voici les faits les plus saillants des résultats obtenus :

1° Au siége de Pichpeck, on essaya de tirer de ces fusées pour prendre en revers et d'enfilade les remparts de ce fort; on enfila ainsi le dessus du terre-plein derrière les parapets. L'effet en a été des plus satisfaisants; le vol plongeant des fusées, après avoir franchi le rempart qui venait d'abord en travers, longeait le revers du parapet adjacent, et faisait ainsi interrompre la fusillade de derrière ce parapet, en faisant abandonner aux tireurs ennemis leur poste; mais on ne lança ainsi que huit fusées en tout, afin de les réserver contre les sorties de nuit de la garnison, et pour être employées en campagne, dans des expéditions contre les Kokans.

2° A la nouvelle de l'invasion des Kokans et des *Kirghises des rochers* dans le pays de Zali, un détachement réuni auprès du poste Ouzoun-Agatch eut pour

contre des armées disciplinées ou contre des peuplades à demi sauvages. Toutes ces questions doivent être abandonnées au temps, pour être résolues par la force des choses, quand nous

mission d'occuper le fort de Saourokow, abandonné par les Kirghises. Ce détachement expédia dans ce but une compagnie du 8e bataillon de ligne de Sibérie, quinze Cosaques et un chevalet à fusée pour prévenir la réoccupation du fort; ce mouvement se fit de nuit. En descendant dans la vallée de la rivière Kara-Kasteck, déjà en vue du fort qu'il s'agissait d'occuper, le petit corps expéditionnaire fut accueilli inopinément par les coups de feu d'une patrouille à cheval d'un gros de l'ennemi bivouaquant aux abords du fort. Sans se laisser arrêter par cet incident, le petit corps expéditionnaire continua à s'avancer vers le fort, en se couvrant par une chaîne de tirailleurs, et précédé par son chevalet à fusées. Bientôt après les coups de feu de la patrouille vint la fusillade contre le petit corps expéditionnaire; mais une seule fusée, dirigée vers l'endroit d'où venait le feu, produisit un désordre complet; on entendit des cris et le piétinement des chevaux effrayés. La fusée ayant traversé le bivouac de l'ennemi, éclata derrière en donnant contre une légère élévation de terrain qui en arrêta le vol. L'ennemi, mis en déroute, abandonna sa position; le petit corps expéditionnaire prit possession du fort sans pouvoir poursuivre les fuyards, à cause de l'obscurité de la nuit.

3° Le détachement ayant passé de Ouzoun-Agatch à la position de Kasteck, l'on se trouva dans la nécessité d'envoyer en reconnaissance une centurie de Cosaques de Sibérie de la ligne avec un chevalet, pour reconnaître la situation de la garnison laissée au poste d'Ouzoun-Agatch, du côté duquel on entendait le canon. Avant d'arriver à six verstes du poste, la centurie fut enveloppée par une masse de Kirghises et de Kokans allant jusqu'à 5,000 hommes; malgré les attaques incessantes de l'ennemi, les Cosaques ripostaient de leurs armes à feu en s'avançant toujours dans la direction du fort. Quant aux servants du chevalet, ils lancèrent les fusées dans les directions les plus menaçantes, tantôt dégageant la voie devant la centurie, tantôt s'opposant aux attaques de l'ennemi contre les flancs ou contre la queue. Il en a été ainsi durant trois verstes, jusqu'à ce que, à la fin, la fusillade, entendue par la garnison, fit envoyer par celle-ci du secours consistant en une nouvelle centurie de Cosaques soutenue par une pièce d'artillerie légère. A l'arrivée de ce secours, quelques coups de mitraille dégagèrent la centurie expédiée en reconnaissance, qui atteignit ainsi le poste, sans laisser le moindre trophée aux mains de l'assaillant.

Les fusées, dans cette affaire, se firent remarquer par leur vol rasant et la réussite des explosions de leurs projectiles; leur effet moral sur les masses de l'ennemi, peut-être bien en partie à cause de sa nouveauté, était immense. Aussi, malgré sa supériorité en nombre, l'ennemi n'osa pas pousser ses attaques à fond; il suffisait de l'apparition du chevalet d'un côté ou de l'autre de la centurie pour faire rétrograder les assaillants. L'opinion générale, est-il dit dans le rapport détaillé sur cette affaire, a reconnu que ce n'est que grâce aux fusées que la centurie a pu se frayer un chemin au milieu des masses qui l'enveloppaient de toutes parts, jusqu'au moment de l'arrivée du secours.

4° Le 21 octobre (9 octobre nouveau style), on attaqua les Kokans et les Kirghizes des rochers, réunis dans la vallée de la rivière de Kara-Kastek, par un dé-

possèderons des moyens pour bien confectionner les fusées, et quand notre artillerie sera, sur tous ses polygones, familiarisée avec leur emploi.

tachement fort de trois compagnies d'infanterie, quatre centuries de Cosaques, quatre canons légers de l'artillerie à cheval, et deux pièces de position de l'artillerie à pied, et deux chevalets de fuséens à cheval.

A l'apparition de notre détachement, l'ennemi au nombre de 5,000 hommes à cheval, traversa la rivière et se plaça sur sa rive gauche en deux colonnes. Il s'agit alors de traverser la rivière, guéable du reste, en vue de l'ennemi; les fuséens, soutenus par une centurie de Cosaques, eurent à la traverser d'abord, et allèrent occuper le bord opposé pour protéger le passage de l'artillerie, présentant quelques difficultés à cause de la conformation des bords de la rivière et de son mauvais fond. Les fuséens ayant touché l'autre rive, ouvrirent le feu immédiatement, ce qui poussa l'ennemi à se retirer derrière les élévations longeant le cours de l'eau. Après avoir terminé le passage de l'artillerie, le détachement suivit l'ennemi, qui s'était mis en retraite. Les fuséens, de concert avec l'artillerie, occupaient les positions élevées pour atteindre l'ennemi, s'abritant successivement derrière les monticules couvrant le terrain de longues lignées. Bien que le nombre des Kokans augmentât continuellement, ils n'entreprenaient rien de définitif, se contentant d'escarmoucher en avant de notre détachement. Le terrain, très-raviné, rendant le mouvement de l'artillerie de position très-embarrassant, et le désir de faire sortir l'ennemi des plis du terrain où il se mettait à l'abri de notre feu, ont décidé alors le lieutenant-colonel Kolpakowski, commandant le détachement, de faire remonter à nos troupes la vallée du Kara-Kasteck, à la suite de quoi l'ennemi couronna les hauteurs à la droite de la vallée, et se montra en arrière de nos troupes. Les fuséens eurent à lancer quelques fusées dans ces conditions pour tenir les masses de l'ennemi à distance. Sur ces entrefaites arrivèrent les principales forces ennemies, au nombre de 7 à 8,000 hommes, en colonnes d'infanterie et de cavalerie. Une de ces colonnes de cavalerie fut ébranlée par quelques obus de l'artillerie; pour en terminer la déroute, on lança une centurie et demie de Cosaques en fourrageurs, flanqués à chacune des extrémités de sa ligne par un chevalet desservi par des fuséens à cheval. Les fuséens approchèrent à la distance d'une portée de pistolet, et avant que ne surgît la mêlée, eurent le temps de lancer deux fusées de chaque chevalet. Ces fusées labourèrent la colonne compacte de la cavalerie ennemie par des feux croisés, produisirent ainsi un désordre complet dans les lignes ennemies, et préparèrent le résultat brillant de notre attaque de cavalerie.

Pendant que les Cosaques taillaient en pièces les Kokans déroutés par les fusées, les fuséens continuèrent leur tir contre des réserves accourues en aide à la colonne attaquée, et, de concert avec l'artillerie, s'opposèrent non-seulement à leur arrivée, mais même les forcèrent à la retraite. Le combat, dans la vallée de Kara-Kasteck, dura neuf heures, pendant lesquelles parfois nos troupes étaient entourées de tous côtés par des forces au moins vingt fois plus considérables. Durant ces neuf longues heures, les fuséens ont été employés continuellement tantôt pour suppléer l'artillerie sur les points où son mouvement était impraticable, tantôt contre la cavalerie ennemie pour préparer et ensuite soutenir nos attaques

Pour finir, nous dirons seulement que la question des fusées de guerre continue à occuper sa place dans les travaux et les recherches des principales artilleries.

En Hollande, nous savons de source certaine qu'en 1859, à Delft, on s'était décidé à établir une fabrique de fusées de guerre, pour concourir à la défense de la mère-patrie et aux opérations militaires dans les colonies.

De même, en Belgique, les fortifications d'Anvers s'établissent en vue de l'effet qui peut être obtenu au moyen de fusées à longue portée du côté de l'attaque, ainsi qu'en vue d'une large application des fusées à la défense.

En 1859 on publia en Belgique, sous les auspices du ministre de la guerre, M. le général Chazal, une brochure portant le titre de *Considérations sur les Fusées de guerre*, pour répandre dans l'armée belge des notions sur les fusées.

Cette brochure se clôt par l'énumération des services qu'auraient pu rendre les fusées à l'armée belge, et il y est dit que les fusées auraient été utiles contre la cavalerie et pour remplacer l'artillerie ordinaire, dans les *polders*, pays marécageux et entrecoupés, où l'artillerie de campagne ne peut manœuvrer qu'avec difficulté, pour la défense des bords et des forts de l'Escaut inférieur et pour la défense des forteresses belges. L'exposé détaillé de l'application des différentes espèces de fusées dans ces occasions est terminé par la conclusion que l'augmentation de l'artillerie belge de quelques batteries de

de cavalerie, et enfin même côte à côte avec les canons pour en rendre l'effet plus puissant. Et ajoutons à ceci que, pour obtenir ces résultats, le personnel pour desservir ces fusées fut improvisé pour ainsi dire sur le champ de bataille même, d'hommes, que l'on peut, il est vrai, citer comme types pour l'intelligence militaire du soldat, ainsi que le sont les Cosaques, mais qui, jusque-là avaient été complétement étrangers aux fusées. D'ailleurs, ces fusées, transportées avec leurs chevalets à la distance de 5,137 verstes, en chemin de fer, par le roulage et en poste, qui arrivent dans de bonnes conditions de service, sont encore un fait à remarquer. (*Note postérieure aux lectures.*)

fuséens aurait considérablement accru la force de cette arme (*).

Terminons ces études sur l'opportunité des fusées de guerre par le fait qu'en France nous voyons pour la première fois, dans

(*) Dans les derniers événements de l'Italie, les agressions au nom de l'unité italienne et la défense pour maintenir les pouvoirs établis, les fusées n'ont pas été complétement oubliées. Ainsi, d'après des documents officiels insérés dans *le Constitutionnel* du 29 juillet 1860, sur l'organisation de l'armée napolitaine à destination de la Calabre et de Messine, au nombre de l'artillerie, est indiqué une section de fusées, attachée à la demi-batterie Locascio, et qui complétait une artillerie consistant en une batterie de position, deux batteries de campagne, deux batteries d'obusiers de montagne et une batterie d'obusiers de douze de montagne, rayés. Ce fait a quelque intérêt, car on y voit figurer les fusées à côté d'obusiers de montagne, rayés; et si l'armée napolitaine n'a pas empêché la dynastie des Bourbons de succomber, ce n'est pas faute de science militaire, manque d'armement ou imperfection d'organisation. C'était même une armée extrêmement remarquable sous tous ces rapports, où tout ce qui concernait l'artillerie était au niveau des premières armées européennes, et par conséquent digne d'être pris en pleine considération, et il n'entre pas dans notre sujet de chercher à expliquer pourquoi l'armée napolitaine, malgré sa bonne organisation et sa valeur, n'a pas pu empêcher le royaume de Naples de crouler devant une poignée d'envahisseurs.

Au bombardement d'Ancône, les Piémontais firent usage des fusées, et leur application dans cette occasion, du point de vue exclusivement militaire, était rationnelle, comme l'emploi d'un projectile d'un très-grand effet contre les cités populeuses et commerçantes. Une correspondance adressée d'Ancône, du 18 septembre 1860, insérée dans *la Patrie* du 8 octobre 1860, peint bien vivement l'effet de ce bombardement; il y est dit:

« A midi et demi, les vapeurs piémontais qui stationnaient en face du port ont » commencé à se mouvoir. Bientôt après on les a vus tourner leurs proues vers » la ville. Aussitôt on a battu la générale dans toutes les rues; la population s'est » trouvée toute surprise et s'est mise à fuir dans ses habitations; les militaires » ont couru aux armes, et les sapeurs pompiers ont été se ranger à une des extré- » mités de la rue Grande.

» Les premiers préparatifs étaient à peine faits, que les premiers coups de » canon ont retenti. Dix frégates et corvettes à vapeur, embossées au côté sud de » la ville, derrière le dôme, ont ouvert le feu contre les forts Monte-Marano, » Monte-Gardetto, la Lanterne, et surtout contre le fort des Capucins. Les canon- » niers pontificaux rendaient coup pour coup.

. . . .

» . . . . Les bombes manquaient presque toutes leur but, et, passant sur la » ville, allaient tomber dans le port, où elles effrayaient les navires marchands » qui y étaient amarrés.

» Des fusées, sifflant dans les airs comme les jets d'un feu d'artifice, produi- » saient une impression sinistre sur les habitants.

. . . .

» Tout d'un coup, vers trois heures et demie, le tir cesse, le feu s'éteint de

les mesures officielles concernant l'organisation de l'artillerie livrées à la publicité, apparaître des dispositions en prévision du service des fusées; ainsi le décret impérial du 20 février 1860,

» part et d'autre, et des hourrahs éclatent au milieu d'Ancône. On entend les » soldats, massés sur la place Saint-Augustin et aux alentours, avec musique et » grosse caisse, pousser des cris : *Vive M. de Lamoricière !*

» C'est, en effet, M. de Lamoricière qui arrive avec une colonne, après avoir » passé avec elle à travers les lignes ennemies. Sa venue est saluée avec trans» port par la troupe; mais la foule l'accueille avec tiédeur.

» ..... Mieux vaudrait, selon tous les Ancônais, qu'on terminât au plus tôt » une lutte inégale par une capitulation honorable.

» M. de Lamoricière passe devant le front des troupes accompagné de son » escorte. Lui et ceux qui l'entourent paraissent accablés de fatigue. Le général » conserve néanmoins une contenance aisée, et se retire bientôt à l'hôtel Della» Pace, où il loge.

» A peine le général s'est-il éloigné, que le feu reprend de part et d'autre. Les » boulets, les obus, les fusées pleuvent sur la ville. La lutte, cette fois, a été des » plus sérieuses, et les pontificaux, tirant plus juste que la première fois, s'effor» çaient d'atteindre les vapeurs. Ce second combat a duré une heure.

....

» Les pontificaux ont eu un canon de 36 qui a éclaté dans leurs rangs, un » homme tué par cet éclat, et cinq autres blessés. En ville, quatre femmes et un » enfant ont péri. Des boulets ont causé d'assez grands ravages. »

Nous reproduisons ici le fait de l'éclat d'un canon, probablement en fonte de fer, à en juger par le calibre et les suites de l'éclatement; car c'est un fait qui se rattache à la comparaison des fusées et des pièces en fonte, sous le rapport de la sécurité des servants, pour lancer de grands projectiles d'artillerie, dont nous nous occupons dans ces lectures à l'article des espolettes de sûreté pour les obus des fusées.

A Gaëte, les Piémontais employèrent quelques fusées, ainsi que nous l'a communiqué un major de l'artillerie napolitaine ayant participé à la défense; leur effet a été de peu d'importance, comme il en sera toujours dans les bombardements quand on ne tire qu'un petit nombre de fusées au milieu d'une grande quantité de projectiles d'artillerie. Les Napolitains n'en firent pas usage. Du reste, les moyens employés par l'attaque n'évoquaient pas, du côté de la défense, le besoin de ce genre de projectile.

En Espagne, lors de la guerre du Maroc, les grandes masses de cavalerie qu'employèrent les Marocains contre l'armée espagnole et parfois les difficultés du terrain en Afrique, firent penser aux fusées, après que la guerre était déjà engagée. On s'en procura en Angleterre dans une fabrique privée d'artifices de guerre. Les journaux ne restèrent pas muets sur leurs exploits. Ainsi, dans une correspondance d'Algésiras du 30 mars, insérée dans le *Journal des Débats* du 7 avril 1860, il est dit qu'à la brillante affaire de Gualderas, qui a amené l'empereur du Maroc à faire de nouvelles propositions de paix, à l'attaque des positions de l'ennemi : « A midi, le feu de l'artillerie était très-nourri; après les boulets, vinrent les fusées à la Congrève; après les fusées, les grenades; à ces dernières

concernant la réorganisation de l'artillerie, porte « qu'en » temps de guerre, l'artillerie à pied et le train formeront des » batteries mixtes, auxquelles sera exclusivement dévolu le » service des batteries de montagne et des fusées, et une partie » de celui des batteries de réserve. » C'est mettre les fusées, pour l'honneur du service, sur la même ligne que les obusiers de montagne, avec tout leur matériel à dos de mulet, qu'a créés la guerre d'Afrique, et le canon de l'Empereur dont sont formées les batteries de réserve.

succédèrent les boîtes de mitraille, car l'ennemi défendait furieusement ses positions.» Les avantages qu'elles procurèrent ainsi, malgré leur fabrication arriérée, à ce qui nous a été dit, dans la dernière période de la campagne et l'utilité qu'elles rendirent évidente, de l'emploi des fusées dans la marine, a décidé le gouvernement espagnol d'envoyer des officiers étudier la fabrication des fusées de guerre dans différents pays, afin d'établir en Espagne une fabrique de fusées avec toute la perfection possible. On nous fit l'insigne honneur de nous adresser ces messieurs. Autorisé par S. A. I. Mgr le grand-duc Michel, grand maître de notre artillerie, à leur faire connaître les machines et les outils commandés à Paris pour notre nouvelle fabrique de fusées de guerre, ainsi que le chef de l'état-major de S. A. I., M. l'aide de camp général Barantzoff m'en a informé par son ordre du 16 novembre 1860, n° 12501, je mis ces messieurs entièrement au courant de la fabrication des fusées de guerre en Russie et de l'outillage mécanique pour leur fabrication, dont l'exécution m'a été confiée à Paris, et qui résume tout ce que l'étude et la pratique ont pu m'apprendre en matière de fabrication de fusées.

FABRICATION DES FUSÉES DE GUERRE

-o-o-

CONSIDÉRATIONS GÉNÉRALES

Essayons d'abord d'expliquer les raisons pour lesquelles les fusées de guerre sont encore si peu perfectionnées dans notre artillerie.

Pour y réussir, il aurait peut-être fallu faire un historique complet de la fabrication des fusées de guerre en Russie; mais cela serait un nouveau livre à faire, pour lequel les renseignements détaillés manquent presque complétement, aussi nous ne dirons là-dessus que quelques mots.

On se mit à faire des fusées de guerre en Russie, comme partout, à la suite de Congrève. C'est le général d'artillerie Zasiadko qui réussit le premier à en fabriquer. Nous avons ensuite à nommer le général Kozen et le colonel Wnoukoff, et pour des recherches qui eurent lieu à Varsovie par ordre de S. A. I. feu le grand duc Constantin, le général Bontemps, qui plus tard paya de sa vie son zèle au polygone, en devenant la victime de l'explosion d'un caisson d'artillerie contre lequel il avait essayé l'effet de la balle incendiaire de Picard, et le capitaine Bem. Ce dernier publia, en 1825, sur ces travaux, un ouvrage en français et en allemand plein d'intérêt. C'est le même Bem qui, ensuite, se rendit fameux comme général du parti révolutionnaire et alla terminer sa carrière en Turquie après la guerre de Hongrie.

Les révélateurs des secrets de Congrève et des secrets autrichiens pour la fabrication des fusées de guerre ne nous ont pas manqué, mais nous n'eûmes pas de chance avec eux; mis à l'œuvre, ils eurent bien plus à apprendre eux-mêmes qu'à enseigner.

La guerre de Turquie de 1828-29 donna la première l'occasion à notre armée d'employer les fusées de guerre; elles eurent alors pour protecteur zélé le général du génie militaire Schilder, novateur ardent dans les choses de la guerre, ce qui n'empêcha pas leur peu de succès dans la guerre de Turquie et ensuite dans la guerre de Pologne, où, du reste, elles ne furent employées que par l'armée polonaise. Ces insuccès des fusées dans deux campagnes consécutives refroidirent complétement le zèle pour ce projectile en Russie; la fabrication en fut concentrée alors dans un seul endroit, à Saint-Pétersbourg, dans un établissement de très-peu d'importance, dont le but officiel était de poursuivre le perfectionnement des fusées, mais qui, en réalité, n'existait que pour faire nombre et compléter la nomenclature de nos établissements de technologie militaire.

C'est au prince Vorontzoff, lieutenant du Caucase, que la fabrication des fusées doit de s'être relevée de cette position, à partir de 1845; à cette époque, le prince demanda un approvisionnement annuel de 6,000 fusées de campagne pour la guerre du Caucase, demande qu'il porta, en 1850, au nombre de 10,000, après que l'usage sur les lieux l'eut mis à même d'appuyer sa demande par les faits des résultats obtenus, et d'affirmer que le manque de précision dans le tir des fusées qui se confectionnaient alors était en partie racheté par d'autres avantages inhérents aux fusées. On obtempéra à cette demande sans pourtant consentir à augmenter la fabrique de fusées de Saint-Pétersbourg; aussi jamais ne put-on envoyer au Caucase, du temps du prince Vorontzoff, le total des fusées demandées.

Depuis l'origine de la fabrication des fusées de guerre en Russie jusqu'en 1847, il n'y avait rien de précis dans leur fabrication, et l'uniformité manquait totalement. La consommation régulière des fusées au Caucase fit penser à combler cette lacune, et, en 1847, le colonel Kostirko, commandant alors la fabrique des fusées, reçut l'ordre de fixer sur le papier, sous forme de règlement, les traditions quelque peu flottantes de la fabrique. C'est ainsi que vit le jour notre premier manuel de la fabrication des fusées, qui n'existe qu'en manuscrit, mais qui, néanmoins, a rendu des services très-importants. Antérieurement à sa rédaction, nous n'avons aucune indication précise sur les fusées que confectionnait la fabrique de Saint-Pétersbourg. Le manuel en fixe les différents calibres, tous les détails de la construction et le dosage de la composition, et est devenu ainsi le point de départ de tous les perfectionnements ultérieurs. Ce manuel détermine aussi l'état dans lequel me fut confiée, en 1848, la fabrication des fusées de guerre en Russie.

A l'époque de la demande de fusées par le prince Worontzoff, en 1845, il y avait stagnation complète en Russie dans les recherches pour le perfectionnement des fusées de guerre. De longs tâtonnements avaient conduit à la fabrication que résume le manuel de 1847, produisant des fusées qui laissent beaucoup à désirer sous le rapport de la précision du tir, mais qui possèdent néanmoins le mérite d'être inoffensives pour ceux qui s'en servent, et de résister au transport, tant que le temps ne les a pas détériorées. Cette insuffisance de ces fusées, sous le rapport de la précision du tir, dépendait du manque de moyens d'exécution pour arriver au degré de précision et d'uniformité nécessaire dans la fabrication, et aussi du manque de méthode dans les recherches pour déterminer la meilleure construction des fusées, qui fit que les résultats des essais exécutés dans ce but ne mirent pas assez en évidence les principes qui doivent servir de base à une construction rationnelle des fusées.

Néanmoins, les limites ainsi atteintes, dans la perfection de la fabrication des fusées, étaient acceptées *comme tout ce que l'on pouvait seulement obtenir de mieux*, par le commandement supérieur de l'artillerie et par ceux de qui dépendait la direction des travaux de perfectionnement de l'artillerie. On considérait ainsi ce projectile comme sans avenir pour des perfectionnements ultérieurs, et, par conséquent, inutile à cause surtout de son peu de justesse dans le tir. Avec cette manière de voir, l'établissement des fusées n'existait en Russie, dans ces derniers temps, jusqu'en 1857, que pour agréer aux chefs des différentes armées actives dans leurs demandes de fusées; car, fait à remarquer, tandis que l'administration supérieure et centrale avait presque entièrement retiré sa confiance aux fusées, les demandes pour en avoir, de la part des chefs de troupes aux prises avec l'ennemi, allait toujours en augmentant. On n'en refusait à personne, pour ne pas s'engager dans la responsabilité d'un refus. C'est ainsi que, dans la dernière guerre d'Orient, la fabrique de Saint-Péterbourg, ne possédant que trois presses à fusées, tandis que la France en possédait vingt-six à cette époque, eut à satisfaire aux demandes des chefs de presque toutes les forces de l'Empire échelonnées le long de nos frontières d'Asie et d'Europe; aussi n'était-il possible de fournir que bien peu de fusées à la fois, et fallait-il faire attendre longuement les livraisons.

J'ai bien présent à l'esprit que ces demandes s'expliquaient de toutes manières, mais jamais par la supposition de l'utilité réelle; on en concluait que les chefs des armées actives finiraient par se lasser de ce projectile; que les demandes pour en avoir cesseraient ainsi, et qu'alors ce projectile mourrait de sa propre mort.

Sous l'influence de cette conviction, on écartait ou l'on ajournait toute sollicitation de l'établissement pour l'installation d'un moteur mécanique dans la fabrique, l'établissement de nouvelles presses plus perfectionnées que les anciennes, l'agrandissement de la fabrique, ou, en général, toute demande qui tenait au développement de la fabrication des fusées ou à leur emploi dans les troupes.

Ceci a duré jusqu'à 1856. De cette époque date une nouvelle ère pour les fusées en Russie. Grâce à l'introduction des fusées dans l'armement de notre marine, et grâce aussi à l'appui de S. A. I. monseigneur le grand-duc Michel, grand maître de l'artillerie, l'arme des fusées est en voie de prendre un développement conforme à l'état des autres branches de notre technologie militaire, et d'atteindre à la hauteur des derniers progrès, passés, dans ces derniers temps, du domaine de la science dans celui de l'application pratique. En outre, Sa Majesté l'Empereur a daigné ordonner l'établissement d'une fabrique de fusées de guerre, où doivent être réunis tous les moyens pour confectionner les fusées avec la plus grande perfection possible.

Dans l'esprit de bon nombre d'artilleurs, il existe la conviction que les objets de la pyrotechnie militaire doivent être confectionnés avec les matériaux les plus ordinaires qu'on rencontre partout, et par les procédés manuels les plus simples. Une semblable fabrication pouvait suffire au début de l'invention de la poudre, quand la poudre n'était qu'un mélange grossier de ses parties constituantes et quand le tir n'avait pour objet que de lancer des pierres à peine dégrossies ou d'informes morceaux de métal ; mais depuis, quand, par une série consécutive de recherches, on s'attacha à obtenir la justesse de tir, cette conviction n'a plus été qu'un préjugé, et est devenue un obstacle au progrès, de même que la conviction que la forme sphérique est la plus avantageuse pour les projectiles a été longtemps une entrave pour amener le tir des armes à feu à leur perfection actuelle.

Pour montrer jusqu'à quel point est restée en arrière la règle que les objets de la pyrotechnie militaire ne doivent être confectionnés qu'avec des outils à main, sans recourir à des procédés de fabrication mécaniques, il faut se rappeler qu'actuellement, pour tirer un coup d'une carabine de précision, il faut : — une poudre tellement uniforme dans ses effets, que ce n'est qu'une fabrication des plus soignées, au moyen d'un matériel rivalisant avec les usines de chimie industrielle les mieux installées, qui peut nous la procurer ; — des balles dont la confection demande une exactitude de poids et de mesure qui jadis n'était réclamée que dans des expériences de physique ; — une amorce, pour la confection de laquelle on a recours au cuivre de Sibérie, au mercure d'Espagne, à la gomme laque des Indes, à l'acide nitrique épuré, qu'élaborent les fabriques de produits chimiques, établissements dont la création se lie aux derniers progrès de l'industrie contemporaine ; — de l'alcool anhydre, qui anciennement n'était à l'usage que des laboratoires de chimie et des pharmacies. De plus, pour confectionner cette amorce, outre beaucoup d'autres matières premières, il faut toute une manufacture munie de machines-outils divers, mus par un moteur mécanique, de vastes ateliers puissamment ventilés, des séchoirs spéciaux ; en un mot, pour faire cette amorce communément appelée capsule, il faut une série d'opérations au moyen des procédés les plus parfaits, que peuvent seulement nous fournir la technologie chimique et la mécanique industrielle.

Si nous jetons un coup d'œil sur les objets purement du ressort de l'artillerie, nous nous convaincrons que leur fabrication réclame désormais les mêmes exigences ; ainsi, le temps des étoupilles en roseaux est passé, et les bonnes étoupilles à friction, qui les ont généralement remplacées, sont tout aussi difficiles à confectionner que les capsules. Les obus à balles, pour répondre à toutes les conditions qui assurent l'effet de ce projectile, ne peuvent, non plus, être établis qu'avec des espolettes dont la confection précise et peu coûteuse réclame des moyens d'exécution automatiques qui ne sont réalisables que dans des ateliers machinés et inamovibles. Les bonnes espolettes à percussion et à concussion pour les projectiles creux réclament également des moyens d'exécution tout aussi compliqués et tout aussi précis que les espolettes des obus à balles. Enfin, la confection et le chargement des projectiles des canons rayés exige un outillage tout aussi parfait que la confection des canons rayés eux-mêmes.

Malgré ces faits et beaucoup d'autres semblables, dont nous pourrions joindre ici l'énumération, il y a encore beaucoup d'artilleurs, même parmi les plus éminents, qui pensent qu'avec des moyens grossiers, tels que peuvent les posséder des batteries de campagne, condamnées à des déplacements perpétuels, on peut confectionner de bons artifices de guerre. C'est ainsi qu'à la suite de l'évacuation du côté du sud de Sébastopol, on procéda, comme nous l'avons déjà dit, à la fabrication des fusées de guerre en Crimée. Dans ce but, on prépara, presque sur le théâtre de la guerre, quelques objets pour confectionner à la main des fusées de guerre, afin de pouvoir durant l'hiver inquiéter l'ennemi dans ses cantonnements, au moyen de fusées à longue portée, faites sur place ; mais il n'en est résulté que la fabrication de quelques cartouches vides, sans qu'il y ait eu une seule fusée de chargée. Vers la fin de la guerre, cette tentative de fabrication fut abandonnée.

La correspondance officielle qui m'a été communiquée à cet égard m'a fait connaître que l'idée de confectionner des fusées sur place, en Crimée, a été évoquée, entre autres, par la conviction que les fusées de guerre peuvent être fabriquées très-facilement, et par des procédés bien plus simples que ceux que j'ai réunis à l'établissement de fusées de Saint-Pétersbourg, et qui encore me semblent insuffisants.

Il est véritablement à regretter qu'on n'ait pas confectionné une seule fusée en Crimée avec l'outillage qui y a été improvisé pour cet objet; cela aurait sans aucun doute mis en évidence, au grand jour, la difficulté de l'entreprise, et nous n'aurions pas vu émettre, dans le *Journal de l'Artillerie russe*, la proposition de charger des fusées de guerre, d'en faire les baguettes et de fabriquer des chevalets de tir pour les fusées dans les batteries mêmes de l'artillerie de campagne au camp, pour en opérer le tir à la suite de la confection. Cet article, émané d'un officier d'artillerie, a été inséré dans le quatrième numéro du *Journal de l'Artillerie russe*, pour l'année 1859 (page 62), et il traite, entre autres sujets, des moyens de propager l'instruction de la pyrotechnie dans notre artillerie de campagne.Ce qui résulte pleinement de cet article, c'est l'urgence même de la mesure indiquée par l'auteur, sans que pourtant on puisse profiter des moyens qu'il indique pour y arriver.

On nous demande souvent :

En quoi consiste le secret de la fabrication des fusées de guerre?

Le plus souvent, ceux qui nous posent cette question ne le font que pour être confirmés dans l'idée préconçue que c'est la recette de la composition motrice des fusées qui constitue tout le secret.

Contrairement à cette opinion généralement répandue, il faut dire que le secret de la fabrication des fusées de guerre gît, d'abord, dans la possession de procédés de fabrication donnant des résultats identiques, et cela non-seulement pour les mesures des différentes parties des fusées, mais aussi pour les propriétés physiques et chimiques des matériaux dont ces parties sont formées, et ensuite dans la facilité de faire de nombreuses expériences dans le courant de la fabrication, sans perte de temps, à mesure que le besoin s'en présente.

Quand on peut, aujourd'hui, fabriquer une fusée rigoureusement pareille à celle qui a été fabriquée hier, et qu'on a un champ d'épreuves suffisant à sa disposition, on n'éprouve plus de difficultés à déterminer, par la voie de l'expérience, la meilleure dimension des différentes parties des fusées, le meilleur dosage de la composition, et l'on arrive facilement à fixer ainsi tous les détails de la meilleure construction des fusées.

Mais, en pyrotechnie, pour que les procédés de fabrication produisent des résultats identiques, il faut un outillage convenable, en majeure partie automatique, dans lequel les machines remplacent, autant que possible, non-seulement la force et l'habileté des ouvriers, mais même leur attention, quand du défaut de celle-ci peut surgir la lenteur ou l'insuccès de la fabrication, et un personnel d'ouvriers habiles et consciencieux; car les combinaisons automatiques, quelque ingénieuses qu'elles soient, ne peuvent suppléer à l'intelligence humaine, et ne fonctionnent bien que tant qu'elles sont bien entretenues. Il y a, d'ailleurs, en pyrotechnie certains travaux qui réclament tant de prudence et une si minutieuse attention, qu'on ne peut les confier qu'à des mains humaines, machines-outils admirables quand elles sont dirigées avec zèle et savoir. Il nous semble bien difficile de former un pareil personnel d'ouvriers civils, travaillant à la tâche ou à la journée, bien que, dans ces derniers temps, on préconise beaucoup chez nous ce système comme supérieur au travail obligatoire fourni par des hommes au service militaire. Les travaux de la pyrotechnie militaire demandent un apprentissage que l'ouvrier civil ne peut acquérir en dehors des établissements de la pyrotechnie. On n'échapperait donc pas, avec les ouvriers civils, à l'inconvénient qu'il y a de former et d'instruire les ouvriers dans les établissements mêmes.

Parmi les nombreux désavantages que présentent les ouvriers civils sur les ouvriers militaires dans les établissements de pyrotechnie, citons-en d'abord trois, des plus graves, selon nous : 1° En général, un établissement qui ne marche qu'avec des ouvriers civils d'une spécialité très-restreinte n'est pas assez assuré dans la continuité de ses travaux et peut se trouver arrêté à tout moment par le manque de bras ; cela se rapporte surtout aux établissements de pyrotechnie ; car, dans ce genre d'établissements, outre la difficulté de trouver des ouvriers de la spécialité, on ne doit accepter les nouveaux venus qu'avec une circonspection extrême sous le rapport de leur conduite et de leur moralité. 2° Il est plus difficile d'assujettir des ouvriers civils que des ouvriers militaires à la propreté et à toutes les mesures de précaution minutieuse indispensables pour diminuer, autant que possible, les chances d'accidents dans les manipulations dangereuses. 3° Il est plus difficile d'obtenir des ouvriers civils que des ouvriers militaires l'exactitude et l'uniformité dans les travaux. Ce n'est véritablement que la discipline militaire qui peut imposer et transformer ensuite en habitude les règlements de rigueur dans les ateliers de pyrotechnie pour éviter, autant que possible, les pertes de temps, les accidents et les malfaçons. En outre, l'ouvrier civil tient à honneur de ne travailler qu'autant que cela lui plaît, quelle qu'en soit pour lui la perte de salaire ; généralement il est bien plus porté que l'ouvrier militaire à dédaigner les mesures de précaution pour s'alléger quelque peu la peine; c'est ce qu'il appelle y aller *au petit bonheur ;* et pour l'exactitude au travail, on dirait que la manière de vivre de l'ouvrier civil et de l'ouvrier militaire se reproduisent dans leur manière de travailler. Ce que l'on peut dire en faveur de l'ouvrier civil, c'est qu'il est généralement plus adroit dans les tours de mains que l'ouvrier militaire, et, pour ainsi dire, plus artiste dans le métier; mais ce sont là des qualités qui, tout en étant extrêmement précieuses dans de certaines professions, comme dans celle de forgeron, réclamant la célérité de l'exécution et la rapidité du coup d'œil, sont moins essentielles dans la pyrotechnie, qui réclame surtout la prudence et l'exactitude.

On fait l'objection que ce n'est pas la destination du soldat d'être employé, en temps de paix, à des travaux dangereux ou délétères. Pour satisfaire à cette objection, on pourrait ne former le personnel des établissements de pyrotechnie que de militaires de bonne volonté.

Mais il nous semble qu'en recrutant parmi les militaires de bonne volonté les travailleurs des établissements de pyrotechnie, et à plus forte raison en envisageant le service dans ces établissements comme rentrant dans les obligations des militaires, il faudrait, pour être juste, leur prodiguer des encouragements et leur offrir des avantages pour les dangers toujours imminents que l'on court dans ces établissements, et qu'on ne peut jamais en écarter complétement. Le moyen le plus convenable serait peut-être de leur assurer autant de bien-être que possible, en leur assignant une paye en raison du travail, ou du moins un entretien qui ne soit pas au-dessous de celui des troupes d'élite, et d'assimiler le travail dans les poudreries, les capsuleries, les compagnies d'artificiers chargés de la confection des munitions de guerre, ou même les troupes chargées de ce travail, et enfin les travaux dans les fabriques de fusées de guerre, pour les avantages matériels et honorifiques au service effectif en campagne. Une simple augmentation de salaire ou de bien-être ne suffit pas ici, ce nous semble.

Pour encourager suffisamment les ouvriers des établissements de pyrotechnie, il faudrait mettre en évidence l'honneur de ce genre de service pour un militaire, à cause des dangers qui en sont inséparables, et dont nous allons citer quelques-uns.

Ainsi, dans nos poudreries le costume des hommes préposés à suivre les meules des moulins à poudre, qui couvre l'homme entièrement de peaux épaisses et abrite la tête par un capuchon de peau de buffle à masque, avec deux ouvertures circulaires fermées par de fortes plaques en verre à glace pour les yeux, indique qu'en cas d'explosion d'un moulin, ce qui arrive presque annuellement, et quelquefois même plus souvent, les hommes qui y travaillent sont préservés, autant que possible, des brûlures; mais ceci ne les empêche pas parfois d'être fortement contusionnés ou même d'y perdre la vie. Dans les capsuleries, les ouvriers qui manipulent la poudre au fulminate de mercure, qui la grainent, la sèchent, en font des pesées, la transportent, la mettent en magasin et la distribuent dans les ateliers de chargement des capsules, etc., n'échappent journellement à la mort qu'à force d'attention, d'intelligence et d'adresse; et c'est bien pis encore pour ceux qui préparent le fulminate même : pour ceux-là, la chimie industrielle n'a pas encore su les préserver des conséquences de l'influence des vapeurs mercurielles et en général des vapeurs délétères qui se dégagent dans cette opération ; ceux-là ne jouissent même pas de l'avantage d'avoir quelques chances pour échapper aux conséquences désastreuses des travaux qui leur sont confiés; ils sont fatalement voués à la souffrance et aux ravages dans leur organisme. Mais, hâtons-nous de le dire, pour obvier autant que possible au mal, on change les ouvriers, dans ces derniers travaux aussi souvent que possible. A l'apparition de symptômes graves de l'affection de l'organisme, on libère l'ouvrier de ce genre de travail et on tâche de le rendre à la santé. La technologie militaire n'est pas la seule à donner des exemples d'une telle insalubrité de travail, l'industrie privée en offre des exemples bien plus tristes encore par les résultats, tels que la fabrication du blanc de céruse, l'étamage des glaces au mercure, la fabrication des allumettes au phosphore ordinaire, le travail des métaux à la meule, etc. Mais ce sont là les conséquences de l'impossibilité de gagner sa vie par un travail dans des conditions convenables de salubrité, par manque d'habileté ou à cause de la concurrence, qui condamnent l'ouvrier à braver les maladies et la mort pour gagner de quoi vivre misérablement, et ne lui offrent que la possibilité d'éloigner le moment de succomber à sa position au lieu de s'en rendre maître, et qui ne peuvent être invoquées pour justifier l'état des choses dans un établissement militaire.

Pour ce qui en est de la confection des munitions par les compagnies d'artificiers ou par la troupe, il n'y a que l'embarras du choix pour citer des faits qui mettent en évidence le danger qui accompagne ce genre de travaux. Enfin, en parcourant les ateliers de la fabrique de fusées de Saint-Pétersbourg, on est frappé d'une quantité de dispositifs en vue de diminuer le danger des travaux qui s'y accomplissent; c'est du plomb en feuille qui recouvre les planchers, des sonneries de toutes natures, des transmissions de mouvement lointaines. Eh bien! tous ces dispositifs, établis graduellement, ont pour origine quelque accident; à chacun d'eux se rattache le souvenir d'une ou de plusieurs victimes, et ils forment ainsi des palliatifs plus ou moins efficaces pour s'opposer au retour de cas pareils à ceux qui en ont donné l'idée. En visitant ces ateliers, arrêtons-nous devant des ouvriers qui chargent un cartouche en fer de poussier de poudre, et le compriment à une pression énorme, au moyen d'une baguette en acier trempé : ils savent parfaitement qu'un grain de sable dans le poussier peut leur coûter la vie; avec cela, dans leur besogne, ils ne peuvent pas avoir l'entraînement de gens qui s'élancent à l'assaut, et au lieu de chercher à s'exciter, comme des combattants qui ont à lutter en commun, ils doivent froidement veiller les uns sur les autres pour qu'une maladresse quelconque de l'un d'eux, comme la chute d'une clef de serrage qui s'échappe des mains au serrage d'un écrou qu'elle ne coiffait pas assez, ne vienne pas, en tombant sur une surface métallique couverte d'une poussière impalpable de poudre, compromettre l'existence de tous.

La monotonie de la menace des mêmes dangers qui se renouvelle chaque jour, pendant de longues années parfois, rend encore plus pénible l'existence des ouvriers dans les ateliers de pyrotechnie, et la plupart d'entre eux seraient heureux d'échanger les dangers continuels qui les menacent contre les chances de la guerre; aussi faudrait-il compter au même niveau et avantager également ceux qui affrontent la mort et le poison dans des ateliers et ceux qui l'affrontent sur le champ de bataille; car les uns et les autres se sacrifient à la défense du pays.

Quand on réfléchit à toutes les conséquences terribles auxquelles peut donner lieu la présence d'un mauvais sujet dans un établissement de pyrotechnie, il nous semble que le choix d'un personnel de tout établissement de ce genre, indépendamment de la question de la perfection de la fabrication, devrait être fait avec un soin exceptionnel sous le rapport de la moralité des ouvriers, en vue de la sécurité des travaux; et ceci est une nouvelle raison pour avantager dans ce service les ouvriers autant que possible. Ce n'est que quand le renvoi d'un ouvrier d'un établissement pareil sera la plus redoutable punition que l'on ait à lui infliger pour manque de soin ou de tenue que l'on pourra être sûr de leur zèle.

Pour pouvoir faire de nombreuses expériences dans le courant de la fabrication sans perte de temps, à mesure que le besoin s'en présente, il est indispensable d'avoir, à proximité de la fabrique, en propriété exclusive, un polygone suffisamment vaste, sur lequel on puisse se livrer aux essais pendant la majeure partie de l'année, dans des conditions de comfort et de salubrité en rapport avec les exigences de la nature humaine. Pour satisfaire à cette dernière condition en Russie, il faut installer la fabrique de fusées dans le midi, dans une localité où l'on puisse lui annexer un polygone d'une dizaine de verstes de longueur, dont le terrain, par la nature du sol ou par des travaux d'art, tels que nivellement, canaux ou drainage, présente une vaste superficie, n'offrant jamais de boue et séchant de suite après la fonte de la neige et la pluie.

Enfin, la possibilité de confectionner de bonnes fusées ne suffit pas pour fixer le matériel le plus convenable pour les différentes occasions où l'on peut en tirer parti : pour y arriver il faut le concours simultané des hommes techniques qui les fabriquent et des hommes de guerre qui les emploient ; et, quelque mauvaises que soient d'abord les premières fusées, pourvu qu'elles soient inoffensives à l'encontre de ceux qui s'en servent, il faut tâcher de les employer à la guerre afin de recueillir des données qui puissent guider dans les confections ultérieures. Ce n'est qu'ainsi qu'on peut espérer d'obtenir le choix judicieux du meilleur calibre applicable selon les diverses circonstances, le choix des projectiles dont on doit armer les fusées en vue des différents résultats à obtenir, la meilleure disposition des chevalets de tir, et, enfin, le mode le plus convenable de transport de l'approvisionnement de combat, et des approvisionnements de réserve. Nous insistons là-dessus, car on a souvent émis l'opinion qu'on devrait n'employer les fusées de guerre que lorsqu'elles seront définitivement perfectionnées. A ce compte, il eût fallu, lors de l'invention des armes à feu à main, renoncer à les utiliser dans les armées avant qu'elles fussent définitivement perfectionnées par les fabriques d'armes ! mais nous ne croyons pas que c'eût été là le moyen de hâter la venue des armes de précision. Et, d'ailleurs, n'est-ce pas le cas d'appliquer ici l'aphorisme vulgaire, mais irréfutable, que c'est la consommation qui stimule la production ?

Dès mon entrée à la fabrique de fusées de Saint-Pétersbourg, je m'appliquai à introduire dans cet établissement des perfectionnements dans la fabrication des fusées, profitant à cet égard des études préalablement entreprises à l'école de pyrotechnie, que j'eus l'honneur de commander avant mon entrée aux fusées. Je m'appliquai, en outre, à remplacer, autant que possible, le travail manuel par des procédés de fabrication mécanique. Les sommes qui m'étaient allouées pour l'entretien et le perfectionnement des moyens de fabrication, ainsi que les expériences, ne montaient qu'à 4,000 roubles argent par an, et elles devaient, en outre, servir à couvrir les frais de toutes sortes de petites dépenses. Avec ces moyens limités, au bout de dix ans de commandement, toutes les machines de l'établissement, excepté les presses, furent construites à neuf sur des principes qui me sont particuliers, et qui sont comme un intermédiaire entre le travail manuel et le travail automatique, ainsi que cela était rendu inévitable par l'absence, dans la fabrique, d'un moteur mécanique, et aussi par la pénurie des moyens d'exécution.

J'aurais été bien désireux de décrire les procédés de fabrication tels qu'ils ont existé à la fabrique de Saint-Pétersbourg jusqu'en 1848, et d'exposer les perfectionnements consécutifs qui y ont été réalisés, mais cela aurait trop étendu ces lectures; je ne toucherai donc au passé qu'en cas d'urgence, pour éclairer la question, et je me bornerai à faire un exposé général de la fabrication des fusées, telle qu'elle existe actuellement dans cet établissement. Je m'attacherai surtout à exposer les imperfections de la fabrication actuelle et des moyens d'y remédier en établissant une nouvelle fabrique de fusées. Pour justifier, autant que possible, les mesures que je propose en cette occasion, j'aurai aussi recours aux procédés de fabrication en usage en Autriche et en France, puissances qui, dans ces derniers temps, ont surtout participé au perfectionnement des fusées de guerre.

Avant de nous engager dans les détails techniques de la confection des fusées de guerre, jetons un coup d'œil rapide sur leur histoire.

L'origine de toute invention humaine et, par cela même, de tout engin destiné à la guerre, peut être rapportée aux temps les plus reculés; mais ces recherches rétrospectives sur l'origine des armes sont plutôt du ressort de l'archéologie que de la technologie militaire. Aussi nous ne parlerons ni des Grecs ni des Romains; nous ne nous arrêterons même pas aux feux grégeois, reconnus par beaucoup de savants comme n'étant que de la poudre dans la première époque de son invention et dans ses différents modes d'application, dont l'un formerait les fusées de guerre. Nous ne nous attacherons pas non plus à signaler la présence des fusées de guerre dans les pyrotechnies militaires des siècles passés; nous dirons seulement qu'à la fin du dix-huitième siècle, les fusées de guerre n'étaient plus en usage en Europe, mais qu'elles existaient aux Indes, d'où les Anglais les ont adoptées, après en avoir essuyé les effets sous Seringapatam, en 1799, dans la guerre avec Tipo-Saïb.

Les fusées de Tipo-Saïb, dont on conserve des échantillons, jusqu'à ce jour, au musée de Woolwich, ont des baguettes latérales en bambou, et sont formées de cartouches en tôle, armées, en guise de projectiles, d'une pointe en forme de pointe de flèche. La baguette est réunie aux cartouches par des ligatures en fil d'archal. Ces fusées, d'après leur aspect extérieur, rappellent plutôt des fusées de joie que des fusées de guerre. Leur poids varie de une à huit livres.

C'est au célèbre Congrève, en même temps ingénieur, artilleur, technologue et homme d'État, qu'appartient l'honneur de la réintégration des fusées dans les armées européennes. Le mérite qui lui revient sous ce rapport consiste surtout en ce qu'il a mis en évidence les applications variées dont sont susceptibles les fusées; mais Congrève a nui à sa propre cause par son zèle exagéré. Ainsi, en même temps qu'il fut l'introducteur des fusées, il donna l'occasion et le motif de la résistance qu'on opposa à leur introduction, en voulant substituer les fusées non-seulement aux canons, mais même aux armes à feu à main.

Les premières fusées anglaises avaient des baguettes latérales et étaient principalement incendiaires; telles étaient les fusées mises en usage par les Anglais contre Bologne, en 1806, et au fameux bombardement de Copenhague, en 1807, où les Anglais lancèrent, sous la direction de Congrève lui-même, 40,000 fusées et 14,378 projectiles d'artillerie.

Les Danois, après la bien triste occasion qu'ils eurent d'étudier l'effet des fusées, reconnurent la nécessité de les introduire dans leur armée. C'est à Schoumacher, aide de camp du roi et frère du célèbre astronome, que fut confié le soin de l'introduction des fusées dans l'armée danoise. Schoumacher le fit avec un plein succès, en réalisant pour ce projectile un perfectionnement très-important, basé sur les propriétés balistiques de la fusée.

Jusqu'à cette époque, les fusées des Indiens et des Anglais n'avaient différé essentiellement des fusées d'artifice que par la garniture, laquelle, au lieu d'être formée d'étoiles, de marrons ou de serpenteaux, consistait en un projectile incendiaire.

C'est à Schoumacher qu'appartient l'observation que la force motrice des fusées se développe en totalité dans le commencement de leur trajectoire, et que, par conséquent, la fusée peut être utilisée comme moyen de jet d'un projectile d'artillerie, qui se détacherait au moment où la fusée aurait acquis sa plus grande vitesse. Aujourd'hui, cette idée peut nous paraître bien simple, mais à cette époque elle a dû réclamer autant d'observation que de savoir. Rappelons-nous qu'à l'origine des obus à balles, pour se faire une idée de l'effet des balles, on faisait éclater des obus chargés de balles placés à terre devant des cibles ou à l'intérieur de cabanes en planches, et que par la nullité de l'effet des balles on concluait de la nullité du projectile, comme mitraille à longue portée, sans considérer que pendant le vol du projectile, par l'effet des lois de l'inertie, les balles, après l'éclat du projectile, continuent à se mouvoir avec la vitesse acquise pendant leur mouvement dans le projectile. C'est ainsi qu'il est parfois difficile aux faits les plus simples de passer de la réalité dans le cercle des notions populaires.

L'idée de Schoumacher d'appliquer les fusées au lancement des projectiles d'artillerie a été féconde. Elle a servi de point de départ au système des fusées autrichiennes, qui auraient dû être nommées fusées Schoumacher-Augustin, d'après les noms du premier inventeur du principe et de celui qui en a développé l'application.

Les Autrichiens se servirent pour la première fois de fusées de guerre au siége de Huningue, en 1815. De cette époque date leur introduction au nombre des pièces de l'artillerie de campagne autrichienne, dont elles forment actuellement une partie intégrante comme artillerie de réserve.

Congrève, après le bombardement de Copenhague, n'a pas discontinué de s'occuper du perfectionnement des fusées, et c'est en 1819 qu'il a inventé les fusées à baguettes centrales, dans lesquelles la baguette est maintenue dans le prolongement de l'axe du cartouche au moyen d'un culot en fer soudé dans le cartouche et muni d'évents à sa circonférence.

Dans ce dernier système de fusées, on ne peut employer que des compositions bien plus faibles que dans les fusées à baguettes latérales, car la somme de surface des orifices de fuite des gaz ne peut être aussi grande que dans les fusées à baguettes latérales, dans lesquelles l'orifice d'écoulement des gaz peut être même égal à la section transversale de l'intérieur du cartouche. En diminuant la force des compositions dans les fusées à baguettes centrales, il faut en augmenter la durée, ce que l'on atteint en diminuant le diamètre de l'âme et en augmentant par cela l'épaisseur de la couche de composition qui tapisse l'intérieur du cartouche. Dans les fusées, l'augmentation du temps de l'action de la force motrice est très-avantageuse sous le rapport de l'effet utile, au point de vue mécanique, qui se traduit ici en portée, mais elle est désavantageuse quant à la précision du tir par les déviations qu'elle engendre.

D'autre part, dans les fusées à baguettes latérales, on doit, autant que possible, diminuer le temps d'action de la force motrice, afin d'écarter l'irrégularité de la trajectoire, qui dépend du manque de symétrie de la fusée par rapport à la direction d'action de la force motrice.

Ces deux conditions ont donné lieu à la création de deux systèmes de fusées, que l'on désigne communément sous les deux appellations de système autrichien et de système anglais, dont la différence caractéristique pour les effets peut se formuler ainsi : — Pour les premières, grande vitesse initiale et courte durée de la force motrice ; — pour les secondes, comparativement une faible vitesse initiale, mais une action de la force motrice plus prolongée.

Conformément à ces différences de propriétés, le premier de ces systèmes de fusées donne le moyen d'atteindre une très-grande justesse de tir, qui, pour le tir élevé, peut même rivaliser avec le tir élevé des projectiles d'artillerie sphériques non centrés, lancés au moyen de pièces à âme lisse. Le second système des fusées rend possible la réalisation des portées, qui, jusqu'au dernier temps, étaient inaccessibles à l'artillerie ordinaire, et sont encore inaccessibles aux projectiles sphériques tirés par des pièces sans rayures.

Enfin, dans ces derniers temps, il s'est produit un troisième système de fusées, occupant le milieu entre les fusées autrichiennes et les fusées anglaises ; c'est le système prussien, dans lequel, avec une ouverture pour l'écoulement des gaz presque égale à la section transversale de l'intérieur du cartouche, la baguette est fixée dans le prolongement de l'axe du cartouche au moyen de trois branches en fer de la longueur de deux calibres. Ces principes qui, du reste, ne sont qu'un perfectionnement du système des fusées à baguettes centrales, paraissent être pleinement rationnels, et conviennent également au maximum de justesse et de portée.

Les fusées autrichiennes ne sont plus un secret. Les ouvrages des Schmoelczel, des Hutz, des Ristow, sur les armes à feu et sur l'artillerie, publiés en Allemagne dans ces derniers temps, et même les ouvrages publiés en Autriche, tels que le livre sur l'emploi de l'artillerie et des armes à feu en général, du lieutenant-feld-maréchal Andor Melczer de Kellemes, en ont livré le principe à la publicité. Enfin, les fusées autrichiennes tombées dans les mains des Français ont déchiré les derniers voiles du mystère qui enveloppait cet artifice de guerre. Aussi nous pouvons en parler sans indiscrétion, comme d'un objet du domaine de la science, domaine qui dans peu, sera peut-être le principal apanage des fusées autrichiennes, telles que les a créées le baron Augustin, déchues de leur valeur première qu'elles sont par l'augmentation de portée des canons et surtout des armes à feu à main.

Les fusées autrichiennes du système du baron Augustin sont exclusivement de deux calibres, expressions qui se rapportent particulièrement au diamètre extérieur des cartouches des fusées, qui est de deux pouces et de deux pouces et demi, mesure d'Autriche, ce qui représente 2,2 et 2,75 de pouces anglais. Ces fusées portent aussi la dénomination arbitraire de fusées de 6 et de 12 livres. (Voyez *planche* I.)

La disposition générale des deux calibres est semblable. Le cartouche est en tôle mince; il est rivé à froid au moyen de rivets à tête extérieurement en goutte de suif. Les cartouches n'ont pas de culot. L'issue pour l'écoulement des gaz occupe presque toute la section intérieure du cartouche; elle est formée par l'emboutissage de la surface latérale du cartouche, pour y former un petit rebord qui rétrécit l'ouverture du cartouche environ de 0,1 de calibre. La matière fusante de la fusée, qui engendre la force motrice, n'est que de la galette de poudre de guerre qui tapisse l'intérieur de la fusée d'une mince couche, et dont le dosage va bientôt nous occuper.

L'on peut dire approximativement que l'âme des fusées autrichiennes est cylindrique ; elle a, dans les deux calibres, un diamètre d'environ 3/4 de calibre, et environ 5 calibres de profondeur. Dans les fusées de 2 pouces destinées au tir élevé, le diamètre de l'âme est un peu plus grand que dans celles qui sont destinées au tir sous de petits angles, afin de diminuer le temps de l'action de la force motrice et d'augmenter ainsi dans le tir élevé la justesse de tir en y sacrifiant un peu la portée. Pour plus de précision, indiquons que dans la fusée de 2 pouces pour le tir élevé, l'âme est cylindrique dans toute sa longueur ; mais que dans la fusée du même calibre pour le tir sous de petits angles et dans les fusées de 2 1/2 pouces, elle va en augmentant de diamètre vers son ouverture. Cet évasement de l'âme, dans ces deux calibres de fusées, a été indiqué par l'expérience comme un moyen d'écarter les chances d'éclatement, en facilitant l'issue des gaz s'échappant de l'âme, et se produit par tronçons cylindriques pour faciliter le forage et assurer, dans l'exécution, plus de facilité que si l'âme devait avoir un évasement conique. La pratique n'a pas indiqué la nécessité de munir de cet évasement la composition de la fusée de 2 pouces, pour le tir élevé, probablement à cause d'un plus grand diamètre de l'âme dans toute sa longueur dans ce genre de fusée.

Le massif, dans les deux calibres de fusées, a un peu moins d'un calibre et demi de hauteur ; il est formé, dans sa partie opposée à l'issue des gaz de la fusée, de composition incendiaire chargée à sec à la presse et ayant pour base les mêmes ingrédients que la poudre, avec l'addition d'une petite quantité d'antimoine. Le massif est perforé, le long de son axe, d'un canal de 1/6 de calibre de diamètre environ, qui pénètre dans la composition motrice de la fusée à une profondeur telle qu'entre le fond de ce canal et le fond de l'âme, il reste une épaisseur n'excédant que d'environ 1/20 de calibre, l'épaisseur de la composition qui entoure la surface cylindrique de l'âme de la fusée. Le massif est maintenu dans le cartouche, outre le frottement qu'exerce la tension du cartouche sur sa surface latérale, par un enfoncement de la tôle du cartouche qui forme un renflement sur sa surface extérieure, servant en même temps d'arrêt à la ligature au moyen de laquelle on fixe les obus. Au-dessus du massif, l'on ménage un espace vide d'environ 1/8 de calibre, afin que l'obus ou son espolette ne viennent pas toucher le massif. Les coupes des fusées autrichiennes figurées sur la planche I, complètent ces détails et donnent une idée plus précise des dimensions des différentes parties des fusées.

Les obus pour le tir de plein fouet et sous de petits angles, sont fixés au moyen de rubans en fil qui sont comburés immédiatement après que la force motrice emmagasinée dans la fusée, a eu tout son développement, ce qui demande, dans la fusée de 2 pouces, environ 0,8 de secondes.

Primitivement, en Autriche, on faisait détacher les obus des fusées au moyen d'un pétard ; mais ce procédé a été abandonné, car il donnait lieu à des irrégularités dans le vol des projectiles. Il a été remplacé par le procédé actuel, dans lequel la flamme de la composition incendiaire du massif détruit les attaches du projectile sans commotion. Ce système a été introduit pour régulariser, autant que possible, le tir de plein fouet des fusées, et assurer à leur obus un feu roulant tout aussi exact que celui des projectiles sphériques lancés au moyen du canon. Les projectiles pesants qui ne se lancent que sous de grands angles, et qui, par cela même, ne fournissent pas de ricochets, sont fixés par des bandes de tôle et ne se détachent pas de la fusée dans son vol, l'expérience ayant indiqué que, pour ce genre de projectiles, la justesse n'était pas diminuée par la réunion de la fusée et de sa baguette au projectile, durant toute la trajectoire à travers l'espace, et que même, dans cette occasion, cet appendice offrait quelques avantages pour munir le projectile d'une espolette à percussion.

Ce qui produit l'instantanéité du départ dans les fusées autrichiennes, c'est que l'issue des gaz est fermée par une coiffe formée d'une rondelle en carton mince recouverte de parchemin, dont les bords sont rabattus sur la fusée. Cette coiffe est maintenue par une ligature en fil fort. Le feu est communiqué à la fusée par une lumière latérale perforée à peu de distance de l'issue des gaz et traversant le cartouche et la composition motrice, doublée en plomb pour empêcher la composition de prendre feu autrement que par la surface intérieure de l'âme. Le feu est communiqué à la fusée, à travers cette lumière, par un jet de flamme, d'une étoupille à percussion, à un point de la surface de l'âme opposé à la lumière. Ce n'est que lorsque les gaz ont atteint un certain degré de tension qu'ils s'ouvrent une issue suffisante en chassant la coiffe. Il est à supposer qu'alors toute la surface intérieure de l'âme doit être en ignition, et que l'écoulement des gaz produit dès le début par une forte quantité de gaz d'une grande densité, se maintient uniforme jusqu'à l'extinction de toute la composition motrice.

La spontanéité du départ des fusées autrichiennes et la légère détonation qui accompagne ce départ, faisaient parfois supposer aux personnes qui assistaient au tir de ces fusées qu'elles étaient munies de pétards, dont la détonation produisait le déplacement initial de la fusée.

Les baguettes des fusées autrichiennes sont en sapin bien sec; elles sont longues de 9 pieds pour la fusée de 2 pouces, et de 13 pieds pour la fusée de 2 1/2 pouces, à section carrée de

0,85 et de 1,23 de pouce. Ces baguettes, pour les empêcher autant que possible de gauchir, sont formées de plusieurs morceaux chevillés et collés ensemble; pour les fixer aux fusées, celles-ci sont munies de manchons rivés sur le côté opposé à la rivure longitudinale du cartouche à forme légèrement pyramidale. La baguette, taillée du bout de la forme du manchon, est réunie à la fusée au moment du tir; à cet effet, on la chasse dans le manchon, au moyen d'un marteau d'un poids déterminé; elle se maintient dans le manchon par le seul effet du frottement qu'augmente l'élasticité du fer du manchon.

Pour le transport dans les montagnes, on se sert de baguettes brisées en deux, qui se réunissent au moment du tir. Cette réunion s'obtient au moyen de deux manchons en tôle, *a*, *b* (*planche* I, *fig.* 10), fixés chacun sur l'extrémité d'une des moitiés de la baguette, coupée de biais en sifflet.

Complétons ces données générales, qui constituent la base du système des fusées autrichiennes, par quelques chiffres, qui donneront la possibilité d'apprécier plus approximativement la valeur balistique de ce projectile. Ces chiffres sont empruntés à l'ouvrage du général Kellemes.

Les fusées de 6 sont armées d'obus de 3 livres 1/4 pour le tir rasant, ce qui constitue les fusées de tir, comme on les appelle en Autriche (*Schussraketen*), et d'obus de 5 livres pour le tir élevé ou fusées de jet, d'après la dénomination autrichienne (*Wurfraketen*), termes dont nous proposons d'adopter la traduction littérale en français *fusées de tir* et *fusées de jet*, ainsi que nous le ferons dans ces lectures, comme rendant parfaitement la classification des deux espèces de fusées, par rapport à la forme de leur trajectoire, et que l'on peut définir en disant que les *fusées de tir* sont celles qui, sans avoir le tir aussi rasant que le canon, l'ont assez pour atteindre les cavaliers et même les fantassins le long d'un espace assez étendu, tandis que les *fusées de jet* ne les atteignent qu'à leur point de chute à cause de leur trajectoire élevée.

La fusée de 6 est armée encore de boîte à balles en tôle, contenant 28 balles en plomb de 3 onces chacune, et de projectiles incendiaires de 5 livres.

Les fusées de 12 ne sont employées que comme fusées de jet; on les arme d'obus de 6, 8, 12 livres, de bombes de 16 livres et de projectiles incendiaires de 8 livres, et enfin de balles à feu à parachute comme moyen d'éclairage et comme moyen pour donner des signaux.

Les obus des fusées de tir de 6, pesant 3 et 1/4 de livre, ont une portée de but en blanc de 250 pas, dont l'étendue est augmentée, sur un terrain favorable aux ricochets, jusqu'à 900 pas. La limite du tir rasant est de 800 pas jusqu'au premier point de chute du projectile, portée que les ricochets étendent parfois jusqu'à 1,400 pas. On ne compte plus sur les ricochets des obus des fusées de tir de 6 lancés à une distance au-delà de 800 pas jusqu'au premier point de chute, quel que soit l'avantage du terrain pour ce genre de tir; car, alors, les ricochets diminuent très-rapidement en nombre et en étendue; il s'en produit ainsi d'autant moins que le premier point de chute de l'obus est plus éloigné. La portée maximum des obus des fusées de tir de 6 correspondant à l'angle de la plus grande portée de la fusée, est de 1,000 à 1,200 pas; la plus grande portée des fusées de jet de 6, armées d'un projectile de 5 livres, est de 800 pas.

Les boîtes à balles des fusées de 6, éclatent à la distance de 120 à 130 pas du chevalet; le premier point de chute des balles a lieu de 300 à 400 pas. Avec un terrain favorable aux ricochets, leur effet peut être porté jusqu'à 600 pas, distance à laquelle les balles possèdent encore une force de percussion suffisante pour traverser des planches en sapin de l'épaisseur d'un pouce.

On tire les fusées à boîte à balles tout aussi bien de plein fouet qu'à élévation, et l'on a recours à ce dernier mode quand il s'agit d'agir contre des troupes abritées par les plis du terrain ou par quelque autre obstacle matériel. Le général Kellemes recommande l'usage des fusées à boîte à balles contre les attaques de l'infanterie, et surtout contre les charges de cavalerie, en disant que, dans ce dernier cas, les gerbes de flamme et de fumée des fusées, leur sifflement, la détonation des boîtes, enfin l'effet meurtrier des balles, des débris de boîtes, du cartouche lui-même et des éclats de baguettes, produisent une si grande confusion au milieu d'une troupe à cheval, que, lancées à temps et en quantité suffisante, elles feront presque toujours manquer toute attaque de cavalerie.

Pour les fusées de 12, les limites des portées auxquelles elles sont destinées sont : pour les obus de 6 livres, de 800 à 1,400 ; pas pour les obus de 12 livres, de 600 à 1,200 pas, et pour la bombe de 16 livres, guère au delà de 600 pas.

Les batteries de fuséens de campagne n'emportent pas de fusées de 12, armées d'obus de 12 livres ou de bombes de 16 livres, car les éclats de ces projectiles se dispersent à des distances assez grandes pour atteindre le personnel des fuséens qui en font usage. Aussi leur emploi est-il réservé exclusivement à la guerre de siége et à la défense des places, où les hommes qui tirent les fusées peuvent être à couvert contre les éclats. On les considère en Autriche comme surtout utiles à la guerre de siége pour être lancées de la seconde parallèle de la distance de 470 jusqu'à 520 pas.

Pour le système de fusées à baguette centrale, nous nous contenterons de renvoyer aux dessins relatifs à l'ensemble de ce système qui accompagnent ces lectures, nous réservant d'en reparler en exposant les perfectionnements que la guerre d'Orient nous a appris en matière de fusées. Nous nous bornerons ici à donner quelques détails sur le système prussien, dont nous avons déjà indiqué l'ensemble.

Il paraîtrait que, jusqu'à présent, il n'y a eu, en Prusse, que des fusées de deux pouces établies sur ce principe ; du moins ce sont les seules sur lesquelles nous ayons quelques notions. Le cartouche en est long de 15 pouces (*pl.* XVII, *fig.* 1, 2, 3); l'issue pour les gaz, comme dans les fusées autrichiennes, occupe presque en entier la section transversale du vide du cartouche, excepté un petit rebord, destiné plutôt à maintenir la composition qu'à rétrécir l'orifice de fuite. Le diamètre de l'âme est d'un pouce.

La composition de ces fusées est le pulvérin de la poudre de guerre, tiré de la poudrerie de l'État de Spandau, sous la forme sous laquelle on le produit pour la fabrication courante de la poudre et à l'état où il se trouve avant la formation de la galette.

Les fusées sont chargées pleines, au moyen d'une presse hydraulique, après quoi l'âme en est forée au moyen d'une machine à forer, avec un foret en acier.

Les baguettes de ces fusées n'ont qu'environ 3 pieds; elles ont le même diamètre que les fusées. Trois gouttières profondes en occupent toute la longueur. Ces baguettes sont réunies aux fusées au moyen de trois branches en fer correspondantes aux arêtes entre les gouttières, laissant un espace libre de 4 pouces entre le bout de la fusée et la baguette. Ces branches sont fixées par une de leurs extrémités à un collet qui embrasse le bas du cartouche, et par l'autre extrémité à un manchon dans lequel la baguette est fixée.

Le poids de cette fusée avec sa baguette est de 7 livres de Prusse.

Au moyen de ces fusées, on lance des projectiles sphériques de l'artillerie et des projectiles explosifs spéciaux à ces fusées, d'une forme cylindro-ogivale, pesant 5 livres, muni d'une espolette en bois réglée pour la distance extrême.

Pour unir ces projectiles aux fusées, la fusée est munie d'un collier en fer (*fig.* 1 *et* 2, H) qui dépasse le cartouche, et qui est fixé à la fusée par des goupilles. Ce collier est taraudé intérieurement jusqu'au cartouche et reçoit une saillie disposée sur la base du projectile, et qui est filetée pour être vissée dans la partie taraudée du collier.

Il nous est impossible de suivre, dans ces lectures, un ordre rigoureusement méthodique, comme le comporterait un ouvrage didactique sur la matière. Ainsi, après avoir décrit les différents systèmes de fusées dont nous venons de parler, ce serait ici le lieu d'en exposer l'efficacité; mais nous avons dû suivre un autre ordre d'idées. Pour le système autrichien, nous nous sommes trouvé dans la nécessité d'en parler dès le début de ces lectures; quant au système anglais, nous ne possédons pas de données bien précises; il ne nous reste donc à exposer ici que ce que nous savons du système prussien, et nous le faisons d'autant plus volontiers que, malgré le peu de renseignements que nous avons à ce sujet, nos données sont très-remarquables, tant sous le rapport des procédés d'observation que sous celui de la nature des résultats. Ces données consistent en un tableau des résultats du tir de 120 fusées, dont nous pouvons certifier l'authenticité et que voici :

NOMBRE de Fusées tirées.	ÉLÉVATION en degrés.	PORTÉE MOYENNE jusqu'au premier point de chute, en pas.	DÉVIATIONS moyennes en pas.		Pour cent, dans un carré de 100 pas de côté, dont le centre coïncide avec le point de la portée moyenne.	TEMPS du mouvement jusqu'au premier point de chute ou secondes.	PÉNÉTRATION en terre en	
			Longitudinales.	Latérales.			Pieds.	Pouces.
10	10	328.7	75	5	40 °/o	2.51		
10	12	433.7	94	15	50	3.32		
15	15	615.6	103	14	27	4.84	3	6
15	20	805.0	37	12	67	6.37	5	6
15	25	986.9	50	27	60	4.80	4	2
15	30	1135.7	57	26	40	10.21	4	7
15	35	1290.0	43	31	67	11 24	3	9
10	40	1350.9	38	48	40	13.14	4	1
15	45	1439.2	44	29	40	14.73	4	3

Pour vérifier ce tableau, nous avons construit, d'après les données qu'il renferme, une courbe pour exprimer la relation entre l'angle d'élévation et la portée qui donne en même temps une idée approximative de la forme de la trajectoire (voyez *pl.* XVII, *fig.* 4).

On ne peut s'empêcher d'être étonné de la régularité de la courbe obtenue, dont l'aspect démontre pleinement que les fusées du système prussien sont tout aussi aptes à se soumettre à des lois déterminées du mouvement à travers l'espace que les projectiles lancés par les pièces de l'artillerie.

Pendant longtemps, en Prusse, les fusées n'ont été qu'un objet d'étude, non-seulement pour arriver à leur meilleure confection, mais aussi pour se rendre mieux compte des propriétés de la poudre, car les fusées de guerre ne sont qu'une manière d'utiliser la force motrice de la poudre de guerre. Ne différant que par les détails mécaniques de son emploi dans les canons et les fusils, elles présentent surtout un moyen d'étudier les effets de la poudre sous forme de galette, et, par conséquent, dans la voie indiquée par M. le général Piobert, qui, en observant la combustion de la galette, a su établir une théorie rationnelle sur les effets de la poudre dans les armes à feu et les projectiles explosifs.

Ce ne fut qu'en 1856, lors de la question de Neufchâtel, lorsque la guerre parut imminente entre la Suisse et la Prusse, qu'on pensa, en Prusse, à la formation de batteries de fuséens, pour suppléer au manque de l'artillerie de montagne, idée que rendait facilement exécutable la solution du problème d'un système de fusées réunissant la facilité du transport avec une justesse de tir suffisante, dont nous venons d'exposer le principe auquel on arriva après avoir essayé de tous les systèmes connus et probablement non sans profiter des perfectionnements réalisés dans les fusées en France, et que révéla la guerre de Crimée.

Pour organiser des batteries de fuséens, on prit pour base de transporter l'approvisionnement de combat des batteries à bât, à dos de cheval, et de faire suivre en même temps les batteries par un approvisionnement de réserve dans des caissons spéciaux. En même temps, on procéda à la création de moyens pour une fabrication rapide de fusées en grand, ce qui nous procura l'occasion de voir, à l'arsenal de Spandau, au printemps de 1857, la fabrication de huit moules doubles à fusée pour charger à la presse hydraulique des fusées de deux pouces, chaque moule pouvant contenir deux fusées pour être chargées simultanément. Le personnel des batteries de fusées était formé à cette époque, et on l'exerçait au maniement et au tir des fusées, ainsi qu'à la manœuvre sur le terrain en rase campagne. Nous regrettons de ne point avoir à donner sur les fusées prussiennes d'autres renseignements, lesquels seraient sans doute d'un grand intérêt à cause du fini qu'on apporte en Prusse dans les objets qu'on se décide à introduire dans l'armée, et à cause du haut degré de développement de la pyrotechnie militaire dans ce pays; car, depuis l'introduction de la poudre dans les armées européennes, cet art a toujours été plus développé en Allemagne que partout ailleurs.

Les fusées du système anglais sont introduites en France, en Russie et en Prusse; les fusées du système autrichien sont employées en Bavière, dans le Wurtemberg et en Suisse, outre les pays qui donnèrent lieu à la création de ces systèmes. Ces deux systèmes ont reçu, presque dans chaque pays où ils ont été introduits, des perfectionnements ou des modifications plus ou moins essentielles, mais qui n'en ont pas modifié les caractères les plus saillants. Il nous semble qu'il ne faudrait pas s'assujettir à l'usage exclusif d'un seul de ces systèmes, comme on le fait généralement, car chacun de ces systèmes est doté d'avantages particuliers, et, dans une organisation complètement développée de l'arme des fusées de guerre, il serait utile d'introduire les deux systèmes.

Ainsi, sous le rapport économique, les fusées à baguettes latérales coûtent bien moins cher que les fusées à baguettes centrales, à cause de l'absence des culots, et il est bien plus facile et plus expéditif de les confectionner pour cette même raison ; mais, en revanche, elles sont d'un transport plus difficile, à cause de la longueur de leurs baguettes. Aussi croyons-nous qu'on ne peut en recommander l'usage que pour les occasions où la longueur de la baguette n'offre pas de difficultés sérieuses. Dans ces conditions, on peut même les préférer aux fusées à baguettes centrales, pour lancer les projectiles de l'artillerie à de petites distances, à cause de la précision du tir qu'elles permettent de réaliser dans cette application des fusées et recourir aux fusées à baguette centrale dans toutes les occasions où la facilité du transport est une des premières conditions à remplir et dans les occasions où les fusées à baguette centrale offrent sur les fusées à baguette latérale quelques avantages particuliers, comme : 1° Pour lancer des projectiles explosifs à minces parois, ou autrement appelés fougasses destinées à raser les parapets en terre, à cause de la plus grande pénétration en terre des fusées à baguette centrale, laquelle dépend beaucoup de leur forme symétrique, par rapport à leur longueur; 2° pour le tir à longue portée, par la possibilité qu'il y a de munir les fusées à baguettes centrales d'une force motrice d'une bien plus longue durée que les fusées à baguettes latérales.

Après avoir ainsi groupé quelques données qui permettent de comparer entre eux les systèmes des fusées anglais, autrichiens et prussiens, nous appellerons l'attention sur la différence d'aspect des trajectoires que décrivent dans l'air les fusées de ces différents systèmes.

Le manque de symétrie dans les fusées autrichiennes, par rapport à l'action de la force motrice agissant dans l'axe du cartouche de la fusée, produit une déviation dans le vol de ces fusées pendant tout le temps que dure la production de la force motrice, qui imprime à la trajectoire des fusées une courbure dont la concavité est tournée du côté de la baguette.

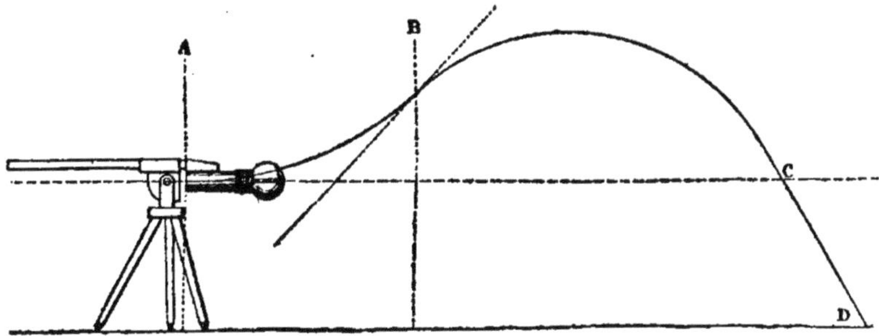

Quand l'on tire la fusée autrichienne, la baguette placée dans le plan vertical du tir, au-dessus du cartouche, ainsi que l'indique le dessin ci-dessus, et que l'on empêche celle-ci de prendre un mouvement de rotation par rapport à sa longueur à l'origine de son mouvement de propulsion par un dispositif convenable du chevalet de tir, cette courbure de la trajectoire ne produit pas de déviations latérales, elle ne donne lieu qu'à un relèvement de la fusée AB, qui augmente, pour ainsi dire, l'angle de tir de la fusée. L'aspect de la trajectoire, au départ de la fusée, étant concave du côté de la baguette, est en même temps convexe du côté de la terre. Avec la fin du développement de la force motrice ayant lieu dans le point B, la trajectoire se modifie dans sa courbure, devient concave du côté de la terre, et prend ainsi la forme d'une trajectoire de projectile allongé, traversant l'espace en raison d'une vitesse acquise.

En Autriche, ces deux parties distinctes de la trajectoire portent les dénominations de Aufswung (*Essor*), pour la partie AB due à l'action immédiate de la force motrice, et d'*Élongation* (mot français), pour la partie BD de la trajectoire de la fusée fournie par la vitesse acquise à partir du moment où la production de la force motrice a cessé.

Nous croyons qu'il serait convenable, faute de mieux, d'adopter, en ce cas, en français, la nomenclature autrichienne, en acceptant le mot *Essor* et conservant celui d'*Élongation*, en ayant égard à l'usage que l'on fait en Autriche de ce dernier mot, bien que le mot élongation soit, en français, un terme d'astronomie dont la signification propre, se rapportant à la distance apparente des planètes au soleil, n'a rien de commun avec les trajectoires des projectiles.

Dans les fusées à baguette centrale, la trajectoire est constamment concave du côté du terrain, l'*Essor* se confond, pour la continuité de la courbure, avec l'*Élongation*, pour nous servir des deux expressions que nous venons d'adopter.

L'aspect de la trajectoire des fusées à baguette centrale diffère de la trajectoire des projectiles de l'artillerie surtout en ce qu'au départ, la fusée cède bien plus à l'influence de la pesanteur que les projectiles de l'artillerie, et par conséquent décrit une trajectoire plus courbe, et d'autant plus courbe que la vitesse de la fusées, à l'origine de son mouvement, est moindre. Du reste, les fusées à baguette centrale sont de véritables projectiles allongés, dans le sens adopté par l'artillerie, et pour peu que les perfectionnements ultérieurs parviennent à limiter la durée du développement de la force motrice de la fusée au temps pendant lequel la fusée est guidée par le chevalet du tir, ces fusées ne différeront d'un projectile allongé tiré par le canon que par les détails de construction et une manière différente d'utiliser la poudre à canon, notamment en galette, au lieu de l'utiliser en grains. Aussi il nous semble que la direction à suivre pour augmenter la justesse du tir des fusées à baguette centrale, c'est de diminuer autant que possible le temps de la durée du développement de la force motrice, tout en en augmentant autant que possible la puissance, et de diminuer autant que possible la longueur de la fusée et de la baguette, en un mot, de rapprocher autant que possible la fusée d'un projectile allongé de l'artillerie, tant sous le rapport de la forme du projectile que sous le rapport du mode d'action de sa force motrice, direction, du reste, dans laquelle les fusées prussiennes se sont déjà grandement avancées.

La différence des propriétés de la trajectoire des fusées à baguette latérale avec les fusées à baguette centrale, rend impossible la comparaison de l'efficacité du tir de ces deux systèmes par les rapports des angles de tir aux portées. Ainsi, les angles de tir sont généralement beaucoup moindres dans le système des fusées autrichiennes tirées par le procédé autrichien que dans le système à baguette centrale; mais cela ne donne aucune indication sur les propriétés rasantès des trajectoires de ces deux systèmes; car, comme nous l'avons vu, les fusées autrichiennes se relèvent en quittant le chevalet, et elles décrivent ainsi, à l'origine de leur vol, une courbe qui se développe audessus de leur position primitive, tandis que les fusées à baguette centrale s'abaissent dès leur départ.

En comparant ainsi les différents systèmes de fusées, dans ce que nous venons de dire et ce que nous avons dit antérieurement, nous avons cité des faits qui se rapportent aux propriétés balistiques des fusées. Ces faits ne sont que les résultats de l'observation, mais ils dénotent la possibilité d'une théorie mathématique de la construction et du tir des fusées; en un mot, d'une balistique des fusées.

C'est là une science à créer encore, et qui incontestablement rendrait service aux recherches pour perfectionner ce projectile, mais nous croyons que l'on se tromperait fort en supposant que c'est là l'unique chemin à prendre ou le plus avantageux; à l'appui de quoi nous pouvons citer que c'est bien plus aux praticiens que l'on doit les perfectionnements et le tir de précision des armes à feu à poudre en grains, tant pour ce qui regarde les armes à main que pour les canons, qu'aux savants de premier ordre qui se sont successivement occupés de questions de balistique extérieure et intérieure, et parmi lesquels figurent Galilée, Newton, Jean Bernouilly, Euler, Legendre, Lambert, Borda, Tempelhoff, Bezout, Robins, Hutton, Poisson et autres, sans parler des contemporains ayant donné chacun son apport, sans parvenir pourtant à des formules qui puissent représenter toujours les résultats du tir conformément aux besoins de la pratique.

Aussi n'est-ce que par la voie expérimentale, étayée par le calcul, comme d'un moyen auxiliaire, que nous croyons qu'il faut s'astreindre à chercher à perfectionner les fusées de guerre.

Passons maintenant à la fabrication des fusées.

DÉTAILS DE LA FABRICATION DES FUSÉES DE GUERRE.

Fabrication de la composition motrice. — La composition motrice des fusées est formée des mêmes ingrédients que la poudre. Le moyen le plus rationnel de la fabriquer est de ne l'apprêter qu'à mesure des besoins, et directement avec les éléments constituant la poudre, et en ne se servant que de charbon fraîchement préparé.

Il s'ensuit que la fabrication de la composition des fusées est analogue à la fabrication de la poudre jusqu'à la production de la galette. On peut accepter comme type le plus parfait des travaux de ce genre les procédés en usage à cet égard aux poudreries royales de la Prusse, surtout pour ce qui concerne la préparation du charbon. Le salpêtre et le soufre sont facilement obtenus chimiquement purs ; en outre, ces substances, une fois épurées, se conservent indéfiniment sans s'altérer. Toute la difficulté dans le choix des matériaux de bonne qualité pour la confection de la composition des fusées, gît dans le charbon, qui doit toujours être calciné au même point et fraîchement préparé. Le procédé de fabrication du charbon dans nos poudreries, au moyen de grands fours, est très-défectueux ; il produit pour chaque fournée tous les degrés de calcination, à partir du bois à peine grillé jusqu'à la cendre, c'est-à-dire jusqu'au résidu incombustible d'une partie du bois entièrement comburé ; en outre, d'après le rendement du charbon, dont on obtient au poids 28 pour 100 de bois employé, tout le charbon obtenu est plutôt du charbon roux que du charbon noir. Or, le charbon roux a pour inconvénient de rendre les compositions trop brisantes. Enfin, dans nos poudreries, le charbon s'emploie à différentes anciennetés de fabrication, car on ne le prépare qu'en hiver seulement et en très-grande quantité à la fois.

Dans nos poudreries, on se livre actuellement aux recherches pour perfectionner la fabrication du charbon. La marche des expériences fait espérer qu'on aura bientôt une solution satisfaisante de la question pour les poudreries.

Ces perfectionnements seront utilisés dans la fabrication du charbon pour les fusées, lors de la construction d'une nouvelle fabrique de fusées, afin d'établir, dans la fabrique même, la préparation du charbon, et afin de fabriquer la composition des fusées par le mélange direct des éléments qui la constituent. Mais actuellement, à cause du manque de moyens pour le réaliser, on fabrique la composition des fusées, à l'établissement de Saint-Pétersbourg, en transformant le pulvérin de la poudre, que l'on reçoit tout préparé de la poudrerie d'Ochta. Cette transformation consiste en ce que l'on ajoute 10 pour 100 de charbon au pulvérin obtenu par la trituration de la poudre à canon.

Dans les fabriques de poudre, conjointement avec la fabrication de la poudre, on obtient beaucoup de poussier, qui en partie se transforme en poudre. L'artificier doit se méfier de ces poussiers ne formant parfois que des balayures, dans lesquelles la proportion de la composition de la poudre se trouve altérée. La composition de ces poussiers est très-variable, selon leur provenance, mais généralement, c'est le charbon qui y prédomine.

Les fabriques de poudre seraient très-portées à livrer ces poussiers en place de pulvérin, car ils forment un produit accessoire, dont il serait plus avantageux pour la fabrique d'être délivré que de se trouver dans la nécessité de l'utiliser derechef dans la confection de la poudre, ou d'avoir à en extraire le salpêtre.

A la réception du pulvérin, il est bien difficile de distinguer le bon du mauvais. Les éprouvettes pour la poudre, déjà si incomplètes pour l'objet auquel elles sont destinées, ne peuvent servir à aucune appréciation à l'égard du pulvérin. A cause de cela, on se trouve dans la nécessité de recevoir d'abord de la poudre à canon, d'en vérifier la valeur au moyen des procédés en usage pour la poudre de guerre, et ensuite de transformer cette poudre en pulvérin, ce qui se fait, à la fabrique d'Ochta, dans des tonnes de trituration, sous l'inspection d'un délégué de la fabrique des fusées. A la fabrique des fusées, on ajoute 10 pour 100 de charbon, que la fabrique des fusées reçoit aussi de la poudrerie. Ce mélange se produit au moyende balles de bronze, dans des tonneaux inclinés, mis en rotation par des ouvriers.

A mon entrée à la fabrique des fusées, il y avait quatre tonneaux mélangeoirs horizontaux du système généralement en usage. Ces tonneaux étaient installés dans une baraque non chauffée, et mis en mouvement par huit ouvriers séparés des tonneaux par une légère cloison seulement. En hiver, ces hommes étaient condamnés à travailler à la gelée, c'est-à-dire à la température de l'air extérieur, et toute l'année ils étaient exposés à plus de chances de périr que de rester sains et saufs ; car la trituration du mélange ternaire de la poudre est tellement dangereuse, que nulle part, pendant cette opération, on ne tolère la présence des ouvriers à proximité des tonneaux.

En Russie, dans notre système de fabrication de poudre, le mélange ternaire se produit, non pas en tonneaux, mais sur des tables, au moyen de mollettes en bois, et, par conséquent, par un procédé bien plus imparfait que celui des tonnes, dont on s'est privé en cette circonstance par mesure de sûreté ; ainsi, ce dont on s'abstenait, par crainte d'accident, à la poudrerie, se pratiquait dans des conditions bien plus défavorables à la fabrique des fusées ; car, à la poudrerie, les tonneaux sont mis en mouvement non par des ouvriers, mais au moyen d'un moteur hydraulique.

J'obtins l'autorisation de placer les ouvriers ayant la mission de tourner les tonneaux, au loin de ces tonneaux, dans une construction chauffée, dans laquelle les hommes ont eu à tourner des volants dont le mouvement de rotation était communiqué aux tonneaux par des transmissions de mouvements mécaniques. Pour plus de sûreté, on érigea un parapet de terre entre la baraque contenant les tonneaux et l'édifice abritant les hommes moteurs.

Pour l'uniformité du travail, les tonneaux furent munis de compteurs donnant d'une manière visible, dans la salle où étaient abrités les ouvriers, l'indication du nombre de tours accomplis par les tonneaux dès leur mise en train, et on plaça sous les yeux des ouvriers une pendule qui, conjointement avec les compteurs, les guidait pour la vitesse de rotation à donner aux tonneaux.

Grâce à ces dispositions, on pouvait espérer de diminuer les chances de l'explosion, qui peut dépendre parfois d'une trop grande vitesse de rotation, et espérer en tout cas, l'explosion survenant, de sauver la vie aux ouvriers.

Ce n'est que dans cette dernière éventualité que les espérances ont été justifiées par les événements ; car la régularisation du travail par la pendule et les compteurs n'empêcha pas l'explosion des tonneaux, qui eut lieu en 1854, à une époque où les tonneaux, à cause d'une grande demande de fusées pour le Caucase, ne cessaient pas de travailler. Un jour, presque à la fin de l'ouvrage, au bout de plusieurs milliers de tours accomplis, tous les quatre tonneaux sautèrent en l'air ; il se produisit deux explosions successives, dont le souvenir ne s'effacera jamais de ma mémoire. Je me trouvais en ce moment à proximité. Les deux détonations furent suivies du bruit de la chute des poutres et des débris des parties qui avaient constitué la baraque des tonneaux. Quand la fumée se fut un peu dispersée, en place de cette baraque, on ne vit qu'une excavation recouverte de décombres ; mais les ouvriers qui mettaient les tonneaux en mouvement n'ont pas eu le moindre mal.

Après cet événement, il s'est agi d'établir de nouveaux tonneaux. Je me suis appliqué à diminuer le danger de la trituration du mélange ternaire. C'est ce qui m'a amené à établir des tonneaux mélangeoirs inclinés sur leur axe de rotation.

Dans ces tonneaux (voyez *pl.* XXIII), la composition se mélange plutôt par le déplacement des balles d'un fond à l'autre que par la chute des balles d'une certaine hauteur, ainsi que cela a lieu dans les tonneaux mélangeoirs qui tournent autour de leur axe géométrique. Il s'ensuit que, dans les tonneaux inclinés, il y a moins de choc entre les balles. Outre cela, la pulvérisation et le mélange dans les tonneaux inclinés se produisent bien plus rapidement que dans les tonneaux ordinaires, et l'expérience a indiqué que le temps du travail peut être réduit de moitié avec ces nouveaux tonneaux. Ainsi, avec les anciens tonneaux, il fallait dix heures de travail, pendant lesquelles on imprimait aux tonneaux 4,200 révolutions, avec une vitesse de rotation de 7 tours par minute. Avec les nouveaux tonneaux il suffit d'un nombre de tours deux fois moindre, à la même vitesse de rotation, pendant cinq heures de travail.

Dans chaque tonneau on introduit 2 pouds de pulvérin, 8 livres de charbon et un poids égal à ces deux poids réunis de balles de bronze d'un demi-pouce de diamètre.

Les bons résultats obtenus au moyen des tonneaux inclinés, à l'établissement des fusées de guerre, ont motivé l'introduction de ces tonneaux dans nos trois poudreries de l'Etat, pendant la guerre d'Orient, pour accélérer la fabricationde la poudre.

Dans la nouvelle fabrique des fusées, en Russie, il sera établi des tonneaux inclinés; seulement, comme il est question de préparer dans cet établissement la composition des fusées directement avec des matières premières qui la constituent, il y aura deux espèces de tonneaux, les uns pour pulvériser les matières, les autres pour en opérer le mélange. Les premiers seront en cuivre, les seconds en bois de chêne, doublés intérieurement de peaux épaisses; ces tonneaux seront aussi munis de compteurs, mais d'un système différent de celui dont sont munis actuellement les tonneaux de la fabrique des fusées de Saint-Pétersbourg.

La différence du système est motivée ici par la différence des moteurs employés dans les deux cas, de l'homme ou de la machine à vapeur. L'homme-moteur rend nécessaire un compteur, afin de pouvoir continuellement vérifier le travail produit et lui rendre impossible de se soustraire à la tâche qui lui est imposée. Avec la machine à vapeur, il faut un compteur pour limiter le zèle du moteur. Dans ce dernier cas, le compteur ne servira pas à indiquer le nombre de tours à accomplir encore, mais sera disposé de manière à servir de procédé automatique pour désembrayer le tonneau de la transmission de mouvement de la machine à vapeur, après l'accomplissement total d'un nombre de tours préalablement indiqués sur le compteur.

La planche XXIII donne les détails de ce dispositif. Le tonneau est mis en mouvement de rotation au moyen d'une courroie sans fin qui enveloppe la poulie B (*fig.* 1 et 2), qui s'embraye et se désembraye avec l'axe P, au moyen du levier d'embrayage CD. G est le compteur dont les indications se produisent au moyen de l'excentrique F et de la pièce E (*fig.* 3). Le compteur met en mouvement le plateau H (*fig.* 1), contre lequel s'appuie le levier C. Ce plateau est muni d'une ouverture qui livre passage à l'extrémité du levier d'embrayage C sollicité par le poids ployé sur le bras D, après que le nombre de tours sur lequel est réglé le compteur se trouve épuisé, et détermine ainsi l'arrêt du tonneau, en rendant libre la poulie B.

En Autriche, la composition motrice des fusées se prépare directement avec les ingrédients qui constituent la poudre de guerre. A cet effet, le charbon se produit par le procédé des fosses, en petite quantité, en carbonisant 250 livres de bois de Bourdaine, dont on obtient 20 p. 100 au poids, de charbon noir. Le soufre, après son épuration par la distillation, est versé encore liquide dans des moules en bois en quantité d'environ 30 livres par moule ; en se refroidissant lentement dans des quantités aussi considérables et dans l'intérieur de moules formés d'un mauvais conducteur de la chaleur, il se solidifie sous forme de cristaux infiniment petits, très-faiblement agrégés entre eux, ce qui le met dans un état particulièrement favorable à la trituration. Il semblerait même que le soufre préparé de cette manière est particulièrement avantageux dans les compositions sèches, car il paraît leur donner plus de solidité, soit après le battage, soit après la compression, que le soufre qu'on obtient par la pulvérisation mécanique du soufre en canon, expression qui sert dans le commerce à désigner le soufre raffiné ayant la forme de bâtons de petite dimension rapidement refroidis après leur coulée.

En France, on charge les fusées avec de la poudre de mine, telle qu'on la fabrique pour la vente, sous forme de grains ronds, de 2 à 4 millimètres de diamètre.

Un pareil mode de chargement d'une composition sèche est très-rationnel, tant sous le rapport de l'homogénéité du chargement, que sous celui de la diminution du danger, pourvu que l'on ait des presses assez puissantes, afin de désagréger les grains, pour les transformer en masses d'une contexture uniforme.

Les avantages du chargement des fusées avec une composition préalablement grainée, ont décidé dans la nouvelle fabrique des fusées, en Russie, l'établissement des appareils de grainage de Champy, pour grainer la composition en grains sphériques.

D'après les expériences du chimiste français Proust, le dosage de la poudre qui donne le plus de gaz avec la moindre quantité de résidu solide, est formé de six parties de salpêtre, une partie de soufre et une partie de charbon ; ce dosage constitue la poudre de guerre en France, dont la proportion est de 75 de salpêtre, 12 1/2 de soufre et 12 1/2 de charbon pour 100. Ce dosage représente donc la composition motrice des fusées, la plus active que l'on puisse employer. La composition autrichienne lui cède en force, n'étant formée que de 72 parties de salpêtre, de 14 de soufre et de 14 de charbon pour 100.

La poudre de guerre russe est composée de 75 parties de salpêtre, de 10 parties de soufre et de 15 parties de charbon. Ce dosage est peut-être trop pauvre en soufre et trop riche en charbon, pour une décomposition complète du salpêtre, et par cela même la poudre russe, après sa déflagration, doit probablement produire plus de résidu solide que la poudre française.

La composition des fusées russes, ainsi qu'il a été dit plus haut, est formée de poudre de guerre, avec un excédant de 10 pour 100 de charbon. Son dosage représente donc 75 parties de salpêtre, 10 parties de soufre et 25 parties de charbon. Le dosage des fusées françaises à longue portée étant le dosage de la poudre de mine, est formé de 62 parties de salpêtre, 18 parties de soufre, 20 parties de charbon noir. Pour que ces divers dosages puissent facilement être comparés, ils sont ramenés, dans le tableau qui suit, à 75 parties de salpêtre, par rapport auxquelles on a calculé les chiffres que représente la quantité de soufre et de charbon de chaque dosage.

DÉSIGNATION DES COMPOSITIONS.	DÉSIGNATION DES INGRÉDIENTS.		
	Salpêtre.	Soufre.	Charbon.
Poudre de guerre française	75	12,5	12,5
— russe	75	10	15
Composition des fusées autrichiennes	75	14,5	14,5
— russes	75	10	25
— françaises	75	21,7	24,2

Ce tableau représente les limites indiquées par l'expérience, entre lesquelles se trouvent contenues toutes les compositions motrices possibles des fusées de guerre, à partir des plus vives jusqu'aux plus lentes. La dernière appartient aux fusées aux portées extrêmes. C'est la composition motrice des fusées à longue portée française, dont le dosage peut être représenté par le dosage des fusées russes ralenti par l'addition d'environ 10 pour 100 de soufre.

Dans les fusées françaises, l'insuffisance de la quantité des gaz, due à la lenteur de combustion de la composition, se rachète par la longueur de l'âme des fusées, qui procure une grande surface de première inflammation ; aussi, à l'observation du vol des fusées, la composition motrice des fusées françaises parait-elle bien plus vive que la composition russe, quoique cela soit l'inverse de la réalité, et que cela dépende de la différence de l'étendue de la surface intérieure de l'âme relativement beaucoup moindre, dans les fusées russes, que dans les fusées françaises.

La plus grande durée de la comburation d'une composition plus lente autour de l'âme, procure l'avantage d'une plus longue durée de l'action de la force motrice, condition essentielle pour allonger le vol des fusées et établir ainsi des fusées à longue portée.

Les expressions de composition vive ou lente, forte ou faible, sont généralement acceptées et employées à peu près dans le même sens par tous les artificiers ; pour leur donner plus de précision, rappelons ici que par vivacité ou force, en opposition à lenteur ou faiblesse des compositions, en comparant les compositions entre elles, l'on comprend la quantité relative de gaz que dégage la combustion de la composition, dans une unité de temps sur une unité de surface en ignition. Après nous être ainsi fixés plus rigoureusement sur la signification de ces expressions, revenons sur nos pas pour appeler l'attention sur un fait dont nous venons de traiter, et qui, de prime abord, peut paraître paradoxal, c'est qu'il faut diminuer la force ou la vivacité du dosage de la composition motrice des fusées pour en augmenter la portée, sauf à augmenter l'effet total de la force motrice emmagasinée dans la fusée et sa durée par des dispositions convenables de la fusée même.

La pratique a procuré encore les indications suivantes, qui doivent guider l'artificier dans ses recherches de dosage de composition de fusées de guerre. Le charbon doit être employé en aussi petite quantité que possible, comme étant un corps dont la trop grande quantité rend les compositions friables; et plus susceptibles d'attirer l'humidité. La composition la plus forte, comme nous l'avons indiqué, est celle du dosage de la poudre de guerre française; pour l'affaiblir, on peut y augmenter la quantité du soufre jusqu'au cinquième du poids du salpêtre; une augmentation de soufre plus considérable accroît trop la quantité de résidu solide, ce qui fait que les propriétés brisantes de la composition ne diminuent pas en raison de son affaiblissement, probablement parce que les évents des culots des fusées sont obstrués par le résidu solide. Après avoir atteint la limite de la quantité du soufre formant un cinquième du poids du salpêtre dans la composition française, on est obligé de recourir au charbon pour un affaiblissement ultérieur, et à mesure que l'on augmente la quantité de charbon, on peut bien augmenter encore un peu le soufre, car alors le résidu de la combustion est moins compacte.

La chimie ne fournit pas de données suffisantes pour obtenir un dosage par des considérations théoriques. Moritz Mayer, le savant technologue militaire prussien, un des premiers artilleurs qui aient cherché à baser la pyrotechnie militaire sur des principes rationnels, a créé une théorie générale du dosage des compositions pyrotechniques, qui, par rapport aux fusées de guerre, se résume au principe d'affaiblir la composition normale de la poudre, au moyen d'un dosage qu'il nomme nitre-soufre, formé d'environ trois parties de salpêtre et d'une partie de soufre. L'addition du nitre-soufre a pour premier résultat d'augmenter la quantité de salpêtre et de diminuer relativement le charbon dans la masse totale de la composition, ce qui déjà est contraire aux indications de la pratique, qui enseigne la nécessité de diminuer et non d'augmenter la proportion de salpêtre dans les compositions pour les affaiblir. Néanmoins, nous fîmes des expériences très-étendues pour vérifier la théorie de Moritz Mayer, et le résultat rendit évident que ce procédé affaiblissait bien les compositions des fusées par rapport à leur force motrice, c'est-à-dire par rapport aux portées et à la courbure des trajectoires, mais non pas par rapport aux propriétés brisantes de la composition à l'égard du cartouche et qui ne diminue pas sensiblement avec l'augmentation du nitre-soufre, au point qu'en augmentant d'une manière continue la proportion du nitre-soufre, on peut arriver à des compositions impuissantes pour déplacer les fusées, mais cependant assez énergiques pour produire l'éclatement des cartouches. On peut, il nous semble, expliquer ce résultat par l'augmentation du résidu solide auquel donne lieu le nitre-soufre, qui rétrécit trop les évents, à l'écoulement des gaz.

Fabrication des pièces métalliques des Fusées de guerre. Dans ces derniers temps, l'industrie privée a dépassé de beaucoup la technologie militaire. Pour le travail des métaux, la construction des machines à vapeur, l'établissement des chemins de fer, l'application de la fonte et du fer dans des proportions colossales aux travaux du génie et à la navigation, ont créé des moyens d'exécution qui ont laissé bien en arrière les forges à bras, la petite serrurerie et quelques machines-outils pour tourner et forer les canons, qui représentaient, il n'y a guère encore que quelques années, à l'exception des moteurs, tout le domaine mécanique des plus grands arsenaux de l'artillerie. Pour rappeler en quelques mots les immenses perfectionnements réalisés par l'industrie privée dans les arts mécaniques, nous citerons les ponts tubulaires en tôle d'une seule portée, plus longs que le pont fixe de la Néva, et que l'on ne met en place qu'après leur entière exécution; les marteaux-pilons à vapeur que d'habiles ouvriers manient avec une égale aisance pour forger une pièce de 200 pouds, ou pour briser une coquille de noix, tenus entre les doigts sans endommager l'amande, ni toucher aux doigts, et comme contraste à ces travaux et à ces outils gigantesques, nommons les machines qui transforment le papier en enveloppes à lettres collées, et qui en fabriquent par centaine à l'heure tout en y appliquant un timbre d'affranchissement, ou les machines automatiques qui comptent l'argent plus vite et plus exactement que les meilleurs garçons de caisse, en classant en même temps les monnaies par rapport à leur poids en trois catégories, c'est-à-dire celles dont le poids est normal et celles dont le poids est trop grand, enfin celles où il est insuffisant.

Pour réaliser toutes ces merveilles, l'industrie privée a dû s'approprier des moyens pour travailler les métaux et pour exécuter des mécanismes de toutes les dimensions possibles, avec une précision qui n'appartenait jusque-là qu'aux instruments astronomiques, aux chronomètres et à des appareils semblables. Ce n'est que tout à fait dans les derniers temps, que les machines-outils automatiques pour travailler les métaux, commencèrent à passer des établissements privés aux arsenaux, et chacun de nous se rappelle l'apparition des premières machines à raboter dans nos établissements militaires. Avec un pareil développement des arts mécaniques, la fabrication des pièces métalliques qui font partie des fusées ne présente aucune difficulté, tant que l'on a à sa disposition des moyens d'exécution suffisants; malheureusement ces moyens ne sont pas encore à la disposition de notre fabrique actuelle de fusées.

C'est à l'industrie privée que la fabrique doit recourir pour avoir les culots des fusées et les douilles des baguettes; une fois ces pièces obtenues, l'établissement confectionne les cartouches et y fixe les culots préalablement terminés. Ces travaux s'exécutent avec l'aide de quelques machines-outils qui ont pour objet de faciliter le travail manuel, mais qui sont bien loin de constituer un outillage automatique complet. Ces machines-outils consistent en : — 1° Une cisaille pour couper la tôle, pareille à celle de la fabrique de capsules de guerre, à Paris, destinée au découpage du cuivre en feuilles ; elle est formée de deux lames horizontales, en acier fondu de la longueur des plus grandes feuilles de tôle. Une de ces deux lames est fixe, l'autre est mobile, et on peut lui imprimer un mouvement alternatif dans les conditions voulues pour trancher la tôle, placée dans l'intervalle entre les deux lames ; — 2° Une machine pour percer des ouvertures le long des rectangles de tôle qui doivent former les cartouches. Dans cette machine, on perce deux ouvertures à la fois, une de chaque côté de la feuille, et qui doivent recevoir un seul rivet. Après le percement de ces ouvertures, pendant le mouvement ascensionnel des poinçons au-dessus de la surface de la tôle, la feuille de tôle se déplace, mécaniquement, d'une quantité déterminée pour obtenir l'espacement voulu entre les rivets. La même machine sert pour tous les calibres des fusées, car on peut y régler la distance entre les poinçons d'après la largeur des rectangles, et faire varier le déplacement de la tôle d'après la distance entre les rivets ; — 3° Une machine à rivets. Ces rivets sont formés de fils de fer coupés carrément à l'une de leurs extrémités, et transformés en têtes plates à l'extrémité opposée. Anciennement on fabriquait ces rivets à la main, en débitant d'abord, au moyen d'une cisaille à main, du fil de fer d'un dixième de pouce d'épaisseur en morceaux de 4 dixièmes de pouce de long. Ces morceaux étaient munis d'une tête que l'on obtenait par le martelage à froid sur l'extrémité du morceau inséré dans des tenailles de cloutier. Avec une fabrication pareille, un seul ouvrier dans 12 heures ne pouvait guère produire au delà de 500 rivets. En 1858, je remplaçai ce procédé primitif par une machine à rivets de M. Stoltz de Paris. Cette machine tranche le fil et le transforme immédiatement en rivets, et elle produit ainsi 50 rivets par minute. Il faut trois hommes pour mettre la machine en mouvement, dont deux ne servent que de moteurs, et par conséquent auraient pu être remplacés par un moteur mécanique ; le troisième dirige le travail de la machine. Ces trois ouvriers employés directement à la fabrique des rivets, ne pourraient en produire que 1,500 au bout de leur journée, tandis qu'au moyen de la machine à rivets, ils en produisent 38,000.

Ces trois machines sont mises en mouvement à bras, par des hommes, à cause de l'absence d'un moteur et absorbent la force de neuf hommes. Ces machines ne servent qu'à préparer les rectangles qui doivent former les cartouches et les rivets. Le reste de la fabrication des cartouches s'opère à la main et consiste dans le roulage sur un mandrin d'acier, des rectangles qui sont ensuite rivés à la main à froid.

Avec un système de fabrication pareil, les cartouches terminés présentent d'un côté une rivure dont l'épaisseur est double de celle de la tôle employée pour faire des cartouches, et dont le poids est encore augmenté par le poids des rivets.

Cette rivure ne présente pas d'inconvénients dans les fusées à baguettes latérales; dans ce cas, l'excédant de poids d'un côté du cartouche sert même à équilibrer en partie le poids de la baguette, que l'on fixe généralement dans ce genre de fusée, du côté opposé à la rivure.

Mais dans les fusées à baguette centrale, il est essentiel que le cartouche ait une épaisseur uniforme dans son pourtour. Cette condition, on peut la réaliser en soudant les cartouches. Pour cela, le meilleur procédé, c'est de limer les bords des rectangles en chanfrein, afin que ces bords superposés n'aient pas plus d'épaisseur que la tôle, de réunir préalablement ces bords par quelques rivures, et enfin de les souder à la soudure forte, dont l'excédant doit être enlevé de l'intérieur et de l'extérieur du cartouche, au moyen de fraises et de râcloires.

La fabrication des cartouches des fusées de guerre, en tôle, par des procédés manuels, est longue et dispendieuse; il serait à désirer que l'industrie trouvât un moyen de la simplifier, en créant une fabrication mécanique de tubes en fer, sans soudure apparente, à parois d'égale épaisseur dans toute leur circonférence.

La fabrication des chaudières tubulaires a résolu ce problème à l'égard des tubes en fer que nécessite ce genre de chaudière. Ces tubes, d'après leur diamètre et l'épaisseur de leurs parois, correspondent aux dimensions des cartouches des fusées de guerre; il est regrettable seulement qu'ils ne soient pas exempts de stries intérieures produites par des dépôts d'oxyde et d'impuretés qui adhèrent à la surface de l'emboutissoir sur lequel on les étire, qui les rendent impropres à l'application comme cartouche de fusée de guerre, ainsi que des essais exécutés à plusieurs reprises tant en France qu'en Russie l'ont mis en évidence. Ces stries ne sont pas nuisibles quand on emploie ces tubes dans les chaudières, car alors la pression de la vapeur s'opère contre la surface extérieure du tube, qui, avec ces stries longitudinales, y résiste comme une voûte formée d'éléments séparés, et la pression extérieure ne tend, dans ce cas, qu'à rapprocher les bords latéraux des stries; mais, dans les fusées, la pression est intérieure, et les stries diminuent sensiblement la résistance du cartouche.

Il faut donc s'en tenir aux tubes en tôle pour les cartouches des fusées de guerre, rivés ou soudés à la main, jusqu'à ce que l'industrie ait réalisé de nouveaux progrès dans la fabrication des tubes en fer.

En Autriche, les cartouches des fusées sont en tôle rivée à froid, sans chanfrein sur les bords superposés de la tôle. En France, les cartouches sont rivés et soudés; seulement, pour ne pas augmenter l'épaisseur du cartouche le long de la soudure, les parties superposées du cartouche sont chanfreinées, et comme il est extrêmement difficile d'exécuter à la lime un chanfrein régulier sur les bords d'une tôle de faible épaisseur, ce travail se fait en France au moyen d'une machine spéciale basée sur les principes d'une machine à raboter, mais où le rabot est remplacé par une fraise.

Dans la nouvelle fabrique de fusées, en Russie, pour confectionner les cartouches, il a été décidé d'introduire : — un tranche-tôle, d'un nouveau système, agissant au moyen d'une mollette tranchante à sa circonférence, qui se déplace le long de la section à produire ; — des machines à percer la tôle, le long des rectangles préparés pour les fusées, du système en usage actuellement à la fabrique de Saint-Pétersbourg, mais d'une exécution plus précise et avec quelques légères modifications pour faciliter le travail ; — une machine à chanfreiner la tôle, inventée par M. Bouttevilain, fabricant de tubes étirés, à Paris, basée sur le principe de l'étirage ; — des machines à cylindre de laminoir pour rouler les cartouches, outillage que complétera la machine à rivets de M. Stoltz ; — des fours pour recuire la tôle et souder les cartouches, et tous les accessoires d'un atelier de serrurie bien outillé.

Il est parfois nécessaire de munir le cartouche du bout du massif de la fusée, d'un enfoncement annulaire de la tôle, faisant une saillie peu élevée à l'extérieur, pour mieux maintenir le massif de la fusée, et parfois, comme dans les fusées autrichiennes, pour servir de point d'appui à la ligature qui réunit le projectile au cartouche de la fusée. Il est assez difficile de repousser la tôle à la main, dans un cartouche terminé, pour produire cet enfoncement annulaire. Pour faire vite et bien, il faut recourir ici à des procédés mécaniques d'emboutissage. La fabrication des chaudières tubulaires a dégrossi ici le problème en faveur de l'artificier, car les tubes de ces chaudières sont aussi munis de renflements pareils destinés à les mieux fixer dans les parois verticales formant les bouts des chaudières. Il serait trop long d'entrer dans les détails de ces outils, dont il y a plusieurs systèmes, ce serait une étude spéciale à faire, aussi dirons-nous seulement qu'en les appliquant aux cartouches des fusées, on peut en simplifier le dispositif en utilisant les presses à charger, et les moules qui préservent les cartouches dans le chargement, pour produire l'emboutissage voulu, ainsi que j'espère pouvoir le réaliser dans la nouvelle fabrique des fusées de guerre en Russie.

Pour obtenir la précision nécessaire dans les culots, définitivement fixés dans les cartouches, il faudrait ne les forer qu'après les avoir mis en place; on en agit ainsi en France, dans les deux fabriques de fusées de Metz et de Toulon. Le culot y est d'abord forgé au marteau-pilon avec une ouverture au centre; mais le diamètre de cette ouverture est de beaucoup moindre que le diamètre définitif. Les culots forgés ne sont tournés que du côté intérieur du cartouche; c'est dans cet état que le culot est mis en place et fixé au cartouche. Les évents des culots sont forés simultanément, après que le culot a été réuni au cartouche. Le forage des évents s'opère au moyen d'une machine à percer, à cinq forets, qui donnent la possibilité de disposer les évents avec la précision la plus rigoureuse, par rapport à l'axe géométrique du cartouche; l'ouverture centrale des évents est élargie et taraudée au moyen de procédés mécaniques spéciaux, pour assurer à l'emplacement de cette ouverture le même degré de précision qu'aux évents. Pour fabriquer les douilles des baguettes et tarauder l'extrémité de ces douilles en vis, pour être vissées dans les culots, on dispose également en France d'un outillage mécanique.

A la fabrique de Saint-Pétersbourg, par manque de marteaux-pilons et de moyens pour produire de la serrurerie de précision, les culots et les douilles des baguettes sont commandés dans des ateliers de construction de machines et ne se fixent dans les cartouches qu'entièrement terminés. Avec ce mode d'exécution, malgré tous les soins qu'on y applique, il est impossible de fixer les culots de manière à ce que les évents et l'ouverture du milieu soient suffisamment bien centrés; car le culot, placé avec toute l'exactitude possible, se dérange toujours un peu pendant l'opération de la soudure, qui s'opère au feu de forge. Une autre source d'inexactitude, c'est que les évents et l'ouverture centrale se remplissent de soudure, qu'il faut ensuite enlever avec des forets et un taraud à main, opération qui altère les dimensions, la forme et la direction de toutes les ouvertures du culot.

Dans la nouvelle fabrique des fusées, en Russie, on a en vue d'établir un marteau-pilon et toutes les machines-outils nécessaires à la confection précise des culots et à leur placement dans les cartouches; les culots ne seront munis d'orifice central et d'évents que définitivement fixés dans les cartouches.

Le perçage des orifices centrals, leur taraudage et le taraudage des vis des baguettes, s'opérera au moyen de machines à percer et à tarauder appropriées à ces travaux. Quant au perçage des évents, il nous semble que le système en usage à Metz, de les percer simultanément avec une seule et même machine, munie de forets divergents pour donner l'inclinaison voulue aux évents, le cède sous le rapport de la simplicité du travail et sous celui de la facilité de l'entretien et du réglage des machines-outils destinées à ce travail, au perçage des évents successivement un à un, sur une machine à percer munie d'une plate-forme à diviser pour régler la distance entre les évents, et d'un dispositif pour déterminer la position de leur axe par rapport à l'axe de la fusée, selon les exigences de la construction de la fusée. Aussi c'est à ce dernier système que nous avons eu recours dans le choix des procédés pour établir la fabrication des culots de fusée dans la nouvelle fabrique en Russie.

La commande des culots à l'industrie privée entraîne de si grandes difficultés et coûte tellement cher, qu'on cherche même à réaliser des procédés pour les fabriquer avec les moyens dont dispose actuellement l'établissement de Saint-Pétersbourg, en ne commandant que des disques en fer, qui seraient transformés à l'établissement en culots.

C'est ici le lieu d'indiquer, après avoir cité plus haut les miracles que réalise l'industrie privée, l'assistance que peuvent en attendre les établissements militaires. Ils auront d'abord toujours énormément à en apprendre, car elle a constamment les devants, à cause de sa liberté d'action et du puissant stimulant qui la fait continuellement progresser et qui n'est que l'aiguillon des intérêts privés. Mais l'on commettrait, ce nous semble, une bien grande erreur en substituant aux établissements de la technologie militaire l'industrie privée. Le moins de ce qui pourrait arriver, c'est la nécessité, après la première guerre, ainsi que cela s'est passé en Angleterre à la suite de la guerre d'Orient, de revenir à la fabrication par l'État, et de recréer ainsi des établissements abandonnés non sans de grandes pertes. Sans contredit, l'industrie privée peut produire à meilleur compte que les établissements du gouvernement, et avec une concurrence suffisante, elle peut livrer à très-bon marché; mais pour évoquer cette concurrence, il faut que la demande soit considérable, assurée pour longtemps, et que les objets à fabriquer ne varient pas de modèle, pour qu'ils puissent être produits mécaniquement. Donner ces assurances à l'industrie, c'est déjà se limiter dans les perfectionnements de son matériel, mais on accepte en même temps un inconvénient bien autrement grave. Cet inconvénient est que ce que l'industrie privée a de plus difficile à réaliser et ce qui surtout lui est très-dispendieux, c'est un degré de perfection constant dans la fabrication courante et l'identité dans les produits; et quand cela forme une des conditions essentielles des objets que l'on commande, cela en hausse considérablement la valeur. Ajoutons que dans ces occasions, la réception devient tellement difficile et demande un si grand nombre de vérificateurs que, la plupart du temps, elle absorbe à elle seule tous les avantages d'économie.

Pour éclairer la question par un exemple, prenons une branche de l'industrie à l'assistance de laquelle les gouvernements doivent toujours recourir pour l'entrée rapide en campagne, c'est la construction des équipages militaires. Un carrossier qui établit une voiture, la construit d'après de certaines proportions, mais presque sans échelle, en se guidant par quelques mesures générales, dans lesquelles il ne tient aucun compte, pour certaines pièces, d'un millimètre, et pour d'autres, de plusieurs centimètres même en plus ou en moins. La détermination des mesures, dans ces occasions, s'opère pendant l'exécution même, sans dessin préalable, mais selon les convenances. La raison d'une fabrication semblable est qu'il faut à l'industrie une fabrication rapide, et que le fabricant n'attend pas de l'acheteur la vérification des mesures en millimètres, mais seulement la vérification si l'objet répond à sa destination. Dans ces conditions, le travail va bien plus facilement et plus vite que lorsque les objets sont soumis aux conditions de l'identité, si urgentes dans le matériel de guerre pour l'uniformité des approvisionnements en pièces de rechange et pour la rapidité des réparations.

C'est surtout en Russie qu'il est difficile d'obtenir de l'industrie des travaux de précision, car l'enseignement professionnel n'y existe presque pas. La plupart du temps, les ouvriers, dans les différents métiers qui ont pour objet le travail du bois et des métaux, ne possèdent que les notions rudimentaires que l'homme acquiert dans un état de société peu avancé, dans lequel il doit, seul et sans secours d'autrui, subvenir à ses besoins les plus variés avec des outils tout aussi imparfaits que peu nombreux. L'enseignement professionnel est même presque encore impossible en Russie, car ce qui doit en constituer la base, la lecture, l'écriture, l'arithmétique, le dessin et les éléments de la géométrie descriptive, n'ont pas encore suffisamment pénétré dans la classe ouvrière.

Les difficultés qui surgissent quand on a commandé un petit nombre d'objets de précision à l'industrie privée se renouvellent en partie quand on se trouve forcé de recourir à un établissement du gouvernement que l'on n'a pas sous sa dépendance directe. Il s'ensuit que dans un établissement de fusées de guerre, qui a pour objet non-seulement une fabrication courante, mais encore des recherches pour perfectionner les fusées, il faut avoir des moyens de pouvoir exécuter tous les objets variés que ces recherches peuvent réclamer, tels que projectiles de fusées, chevalets pour le tir des fusées, etc., etc. Ce principe a été admis, même en France, pour l'établissement de fusées de Metz, bien que Metz ait une industrie richement dotée pour tout ce qui concerne la fonte et le travail des métaux, et que l'arsenal de Metz soit situé à proximité de la fabrique des fusées; aussi est-il question, dans la nouvelle fabrique de fusées en Russie, de réunir tous les moyens pour exécuter les travaux de fonte et de forge, dont on peut avoir besoin dans les expériences avec les fusées de guerre, et même en partie pour leur fabrication courante.

Chargement des fusées. A la réapparition des fusées de guerre dans les armées européennes au commencement de ce siècle, on en opérait le chargement au mouton, engin d'une bien simple construction, mais qui, dans ce cas, est d'une application bien dangereuse, à cause de la facilité de l'inflammation de la composition des fusées par le choc. Généralement partout le chargement par le choc est actuellement remplacé par le chargement au moyen d'une pression graduelle. La pression qu'il faut pour charger des fusées d'une composition sèche, doit être au moins de 1,500 pouds par pouce carré. Une pareille pression est obtenue par les presses autrichiennes et françaises pour charger les fusées, tandis que les presses actuelles de la fabrique des fusées de guerre de Saint-Pétersbourg ne donnent au maximum que 80 pouds de pression par pouce carré.

Pour un bon chargement, une presse à fusées doit satisfaire aux conditions suivantes :

1° Produire une pression constante, suffisamment puissante.

2° La compression de chaque charge de la composition ou de chaque lanterne de la composition, en parlant la langue du métier, doit durer un certain temps, qui doit être toujours le même, car il faut un certain temps pour transformer une composition pulvérulente au moyen de la pression en masse solide, et le plus ou moins de temps de la compression influe sur la densité du corps comprimé.

Le temps qu'il faut ici dépend peut-être du temps nécessaire au développement de l'attraction entre les molécules, ou peut-être, plus simplement, du temps nécessaire à l'échappement de l'air contenu entre les particules rapprochées. Avec une durée de compression insuffisante, la compression venant à cesser, la composition se soulève visiblement à l'œil, en soulevant la baguette, phénomène qui démontre entièrement à la vue la nécessité d'un temps de compression constant et uniforme, pour obtenir, aux différentes hauteurs d'une seule et même fusée et dans les différentes fusées d'un seul et même calibre, un chargement uniforme.

3° L'effet de la presse doit être indépendant de la volonté des ouvriers.

4° Le nombre des ouvriers auprès de chaque presse doit être aussi restreint que possible, par prévision des accidents, en cas d'inflammation pendant le chargement.

Les fusées de guerre se chargent de deux manières : — Sur une broche, ainsi que les fusées d'artifice pour produire l'âme de la fusée, — ou sans âme, c'est-à-dire massives. Dans ce dernier cas, on obtient le vide de l'âme par le forage. En chargeant sur la broche, on se trouve dans la nécessité de donner à l'âme une forme tronconique afin d'avoir la possibilité de retirer la broche après le chargement. Mais la forme tronconique de la broche nécessite une série de baguettes avec un vide dans l'âme, dont le diamètre diminue en raison de l'amincissement de la broche, ce qui est d'un bien grand désavantage dans le chargement sur la broche, car en changeant trop tôt de baguettes, on fausse ordinairement la broche, ce qui serait d'un inconvénient relativement peu important si cela n'était souvent accompagné de l'inflammation de la composition. Aussi, dans les établissements où le chargement s'opère sur la broche, ainsi que cela se pratique en France et en Autriche, les inflammations pendant le chargement, m'a-t-on assuré, arrivent assez souvent. Les avantages du chargement sur la broche consistent à économiser une petite quantité de composition, ce qui est d'un avantage bien peu réel, si l'on prend en considération que, dans une bonne fabrication, le chargement sur la broche ne libère pas entièrement du forage. Le forage dans cette occasion, est nécessaire pour enlever la couche de la composition tapissant l'âme de la fusée, dont la densité n'est pas assez uniforme à cause de la différence entre les diamètres de la broche et le diamètre du vide de la baguette, qui varie pour chaque baguette à mesure que le chargement s'élève. Aussi ne conçoit-on le chargement sur la broche que comme une nécessité dans les premiers temps de la fabrication des fusées, quand l'on ne possédait pas de moyens prompts et exempts de danger pour forer l'âme dans un chargement plein.

Les presses de la fabrique des fusées actuellement en usage (voir *planche* XXIV) ont pour objet un chargement massif ; ce sont de grandes presses à vis, mises en mouvement par des hommes, au moyen d'un volant horizontal A, fixé sur la tête de la vis B ; la pression de la vis sur la tête de la baguette s'opère non directement au moyen de la vis, mais au moyen d'une tige traversant librement la vis le long de son axe C. Cette tige est suspendue dans l'intérieur de la vis, et est terminée à son extrémité inférieure par le pressoir P, maintenu par des coussinets en bronze F qui ne lui permettent que le mouvement dans la direction de sa longueur. Quand l'extrémité inférieure du pressoir P rencontre la tête de la baguette D, il s'y appuie sans empêcher la vis de continuer à descendre. Dès ce moment la pression de la tige C sur la tête de la baguette est augmentée au moyen d'un levier composé E E[1], dont les axes de rotation sont fixés sur l'un des rayons du volant. L'extrémité libre du levier E[1] est chargée d'un poids régulateur Q de la grandeur duquel dépend la puissance de la pression. Pour annoncer aux ouvriers que la pression voulue est atteinte, le volant qui met la vis en mouvement porte une sonnerie G qu'on entend quand l'extrémité libre du levier a été soulevée d'une quantité déterminée.

Pour préserver le cartouche de déchirements pendant le chargement, on le place dans un moule en fonte H. Les premiers moules en usage à la fabrique de Saint-Pétersbourg étaient formés de deux moitiés tronconiques, qu'on réunissait avec des cercles en fer ; le placement et l'enlèvement de ces cercles n'étaient pas sans danger à cause de la composition des fusées qui s'élève en poussière pendant le chargement, et qui en tombant couvre d'une pellicule presque toutes les parties de la presse et du moule. Actuellement les moules tronconiques ont été remplacés, par mesure de sécurité, par des moules à boulons, dont les moitiés se réunissent au moyen d'écrous qui se vissent sur les boulons.

Dans les presses actuelles de l'établissement de Saint-Pétersbourg, les moules sont placés sur des planches horizontales en fonte Z qui glissent horizontalement entre les montants de la presse et qui servent à déplacer les moules de dessous les vis pour faciliter le placement des fusées dans les moules pendant le chargement, l'introduction des lanternes de composition et le placement et l'extraction des baguettes; et enfin pour opérer le démoulage des fusées chargées. La planche Z se déplace, selon le calibre des fusées en chargement, par un ou deux ouvriers dont c'est l'unique travail. Ils agissent directement sur une poignée fixée à la planche Z, indiquée sur le dessin.

Les baguettes dont on se sert généralement dans le chargement des fusées se font en fonte ou en acier, car des baguettes de bronze s'écraseraient sous la pression.

Dans le chargement des fusées à baguettes centrales, il est nécessaire d'empêcher la pénétration de la composition dans les évents et l'ouverture du milieu des culots. A cette fin, on bouche l'ouverture centrale avec une vis en fer, et l'on remplit les évents de terre glaise. Cette terre glaise sert en même temps pour former un vide au-dessus du culot, dont l'objet est de faciliter l'écoulement des gaz, l'expérience ayant appris que ce vide était indispensable pour diminuer les éclatements de fusée, et que la meilleure forme à donner à ce vide était tronconique. Dans ce vide, la surface intérieure du culot forme la base du cône, et sa surface latérale est formée par la composition de la fusée qui touche le bord intérieur du culot et qui forme une surface conique, dont la génératrice est inclinée environ de 30 degrés à la base du cône. Pour obtenir ce cône, on commence le chargement de la fusée par une quantité suffisante de terre glaise pour boucher les évents et pour former la base du cône s'élevant au-dessus de la surface intérieure du culot. La première baguette à charger porte, à son extrémité inférieure, un creux conique; on se sert de cette même baguette pour comprimer les premières charges de la composition ; car l'expérience a indiqué qu'une baguette à bout plat altérerait la forme du cône de terre glaise, même à travers plusieurs couches de composition déjà comprimées. Pour arriver à comprimer les dernières couches de la composition avec une baguette à bout plat, le creux conique diminue graduellement de profondeur dans les baguettes que l'on change à mesure de l'élévation du chargement, jusqu'à la dernière baguette où ce creux se transforme en surface plane.

Pour compléter ces notions sur le chargement, nous dirons que, pour les fusées de deux pouces, chaque lanterne de composition pèse 5 zlt, cette quantité de composition comprimée forme une hauteur d'environ 3 dixièmes de pouce. Pour d'autres calibres de fusées, les poids des lanternes se déterminent de manière à ce que les hauteurs des couches comprimées soient les mêmes; ce qui fait que généralement les poids des lanternes sont proportionnels au carré des calibres. C'est dans ce même rapport que doivent augmenter les pressions des presses pour obtenir le même poids spécifique de la composition comprimée dans les différents calibres. Avec le chargement massif, le nombre de baguettes employées pour charger une seule et même fusée dépend surtout de la disposition de la presse ; mais généralement on ne se sert d'une baguette que pour charger sur une hauteur ne dépassant guère quatre pouces.

Quant au poids spécifique de la composition des fusées, d'après toutes les données qui nous sont connues, ce poids doit être aussi grand que possible, ce qui assure le plus de probabilité à l'uniformité de la densité à différentes hauteurs de la composition d'une seule et même fusée, et le plus d'uniformité de la densité dans des fusées différentes.

Les presses pour charger les fusées de l'établissement de Saint-Pétersbourg ont été construites il y a une trentaine d'années. Elles sont fort ingénieuses, et peuvent être très-utiles dans bon nombre de travaux de pyrotechnie; mais elles ont les inconvénients suivants :

1° Leur force est insuffisante et ne peut pas être augmentée considérablement par l'augmentation des dimensions de la presse ou du poids régulateur, à cause des frottements qui augmenteraient très-rapidement avec l'agrandissement de ces pièces, et surtout l'augmentation du poids régulateur.

2° La pression de ces presses n'est pas assez uniforme; elle dépend trop de la plus ou moins grande vitesse, de la descente de la vis et de l'état des surfaces frottantes du levier régulateur, ainsi que nous nous en sommes convaincu au moyen d'un dynamomètre hydrostatique, construit afin de mesurer la pression de ces presses. Ce dynamomètre a été établi sur les principes de la presse hydraulique; il consiste en un cylindre pareil au grand cylindre d'une presse hydraulique, muni d'un piston. Cet appareil se place sur la planche de la presse qui reçoit habituellement le moule avec la fusée à charger.

Dans le cylindre, sous le piston, on injecte de l'eau au moyen d'une pompe d'injection; la tête du piston de cet appareil est soumise à la pression de la presse comme une tête de baguette dans le chargement d'une fusée. Pour mesurer la pression qui s'exerce sur la tête du piston, le cylindre est muni d'une soupape de sûreté à levier. Ce levier porte des divisions et est chargé d'un poids que l'on peut déplacer le long de ces divisions. Après quelques tâtonnements on parvient à trouver l'emplacement du poids qui équilibre la pression sur la tête du piston; il suffit alors de connaître la division qui correspond au poids et de faire un calcul, que nous croyons inutile d'expliquer à cause de sa simplicité, pour avoir la grandeur de la pression sur la tête du piston. Ce dynamomètre aurait pu être rendu plus usuel en y adaptant un mesureur de la pression du système des manomètres de Deborde, ou autre, qui, au moyen d'une aiguille, indiquent directement la pression sur un cadran.

La vérification de ces presses a démontré que leur pression varie, malgré leur régulateur, dans de très-grandes limites, et change parfois d'un tiers en plus ou en moins de la pression à obtenir, selon la vitesse communiquée aux volants de la vis et selon l'état des surfaces soumises aux frottements.

3° Dans ces presses, il n'y a pas de dispositif qui limite le temps de la compression; ce temps est entièrement abandonné à l'appréciation des ouvriers.

4° Ces presses réclament la présence d'un trop grand nombre d'ouvriers; ainsi, pour charger une fusée de quatre pouces, il en faut onze, dont sept pour manœuvrer la vis, deux pour le déplacement du moule, et deux pour introduire les lanternes de composition et manœuvrer les baguettes. Outre ces hommes, il y a encore un sous-officier qui doit être présent au chargement, ce qui porte à douze le nombre d'individus exposés aux accidents dans le cas de l'inflammation d'une fusée.

Le chargement de la composition, sa transformation par la pression en masse solide, sont facilités par un humectage de 4 à 7 pour 100 d'eau ou d'esprit de vin plus ou moins fort. L'humidité, dans ce cas, diminue-t-elle le frottement entre les particules, ou facilite-t-elle l'issue de l'air? Il est de fait que, pour comprimer la composition jusqu'à une densité déterminée, il faut bien moins de force qu'il n'en aurait fallu avec une composition tout à fait sèche. Sous le rapport des propriétés pyrotechniques, une composition contenant encore de l'humidité, brûle moins vite qu'une composition sèche, et à cause de cela est moins brisante. L'humidité dans les compositions solides, surtout si elles sont contenues dans des enveloppes imperméables, sur quelques-unes de leurs faces, ainsi que cela a lieu pour les fusées de guerre, ne s'évapore pas entièrement, même au bout de longues années ; mais à certaines efflorescences de salpêtre, l'on se rend compte que cette évaporation s'opère incessamment et sans discontinuer.

La difficulté d'avoir des presses assez puissantes à l'origine de la fabrication des fusées, a donné sans doute l'idée d'humecter la composition dans le chargement comme palliatif pour faciliter le chargement et pour diminuer les cas d'explosion des fusées ; mais l'humectation de la composition entraîne de très-grands désavantages ; la composition humide, — en se desséchant petit à petit, avec plus ou moins de rapidité, selon l'époque de l'année et l'état de l'atmosphère pendant lequel a lieu le chargement, et selon les circonstances qui ont accompagné la manutention et le transport des fusées, — varie continuellement et donne lieu à des effets très-variables dans le tir. D'autre part, l'humidité dans les compositions est un élément de détérioration volontairement introduit, qui rouille le fer du cartouche, et, par une dessiccation trop rapide, désorganise souvent la composition elle-même.

L'humectation de la composition des fusées pendant le chargement, est un moyen qui peut bien procurer quelques avantages passagers, mais ces avantages sont éphémères et n'auraient jamais dû faire recourir à un procédé si peu rationnel, car il rend variable un des éléments les plus essentiels dans un projectile qu'on ne peut espérer de perfectionner qu'en réalisant d'abord une identité parfaite dans la fabrication et autant que possible à l'abri de modifications ou de la détérioration par le temps.

Dans la nouvelle fabrique des fusées, on a en vue d'établir le chargement au moyen de la composition sèche, et d'établir dans ce but, des presses suffisamment puissantes qui remédieraient en même temps aux autres inconvénients des presses actuellement en usage à l'établissement de Saint-Pétersbourg ;

mais avant de les décrire, arrêtons-nous un instant aux presses en usage en Autriche et en France.

Le chargement des fusées en Autriche s'opère avec de la composition sèche en poudre impalpable, sur une broche pour former l'âme de la fusée ; ce mode de chargement a pour but d'économiser la composition. Pendant le chargement, le cartouche est placé dans un moule en bronze (*planche* VIII, *fig.* 1) formé de deux moitiés réunies au moyen de quatre forts boulons en fer C. D. C' D' munis d'écrous en bronze. Pour plus d'exactitude dans la réunion des deux parties du moule, les surfaces en contact sont munies de repères formés de deux cônes F. F'. pénétrant dans des cavités correspondantes. Une des moitiés du moule porte dans son intérieur un logement pour recevoir le manchon de la baguette du cartouche, et extérieurement est munie de deux oreilles en fer G G pour aider à soulever et à transporter le moule. La broche est en acier fondu ordinaire, trempé et revenu jusqu'au bleu. La partie de la broche qui forme le vide a la forme tronconique, terminée à sa partie supérieure par une pointe obtuse, formée d'une portion tronconique surmontée d'un cône. Cette forme de la broche a été indiquée par l'expérience comme la plus convenable pour en faciliter l'extraction après le chargement de la fusée. La broche est terminée à sa partie inférieure par une culasse qui sert à la maintenir dans le moule. Cette culasse a la forme tronconique et se termine à sa partie inférieure par une vis. La culasse de la broche se loge entre les deux moitiés du moule dans une cavité qui en a la forme.

Avant de placer le cartouche dans le moule, on introduit dans le manchon du cartouche destiné à la baguette un embouchoir en acier qui en a bien exactement la forme intérieure. Afin d'empêcher le déchirement du cartouche par le chargement le long de la surface qui constitue la face intérieure du manchon, la surface extérieure du cartouche est recouverte d'une chemise en papier écolier, formée d'un tour de feuille et collée le long des joints. Cette chemise a pour objet de ménager le moule, car l'expérience a indiqué que la pression qui s'opère pendant le chargement produit l'adhérence du cartouche au moule, et qu'alors, en retirant la fusée, on arrache du moule une mince couche de cuivre, produisant sur la surface du cartouche l'effet d'une dorure, ce qui, à la longue, ne manquerait pas d'user le moule et d'en altérer les dimensions intérieures. Une simple feuille de papier, si mince qu'elle soit, suffit pour s'opposer à cette adhérence et préserver ainsi le moule de l'usure.

Pour introduire le cartouche dans le moule, on couche celui-ci sur un établi en bois Q, les écrous des boulons en haut (voyez *planche* VI). Cette opération s'exécute au moyen d'une grue à pivot M, placée dans l'atelier qui sert aussi pour soulever la moitié supérieure du moule et pour la mettre en place.

La chaîne de cette grue est terminée à son extrémité libre par deux bouts de chaîne munies chacune à son extrémité d'un crochet que l'on engage soit dans les oreilles du moule pour le transporter, soit dans la partie supérieure du creux du moule qui contient la fusée, et de la partie opposée qui contient l'écrou de la broche, quand il s'agit de soulever la moitié supérieure du moule couché.

Pour serrer et desserrer les écrous du moule, on se sert d'une clef qui a deux longues poignées et que deux ouvriers manient en y appliquant tous leurs efforts quand il s'agit de serrer ou de desserrer les écrous. Le moule contenant le cartouche et la broche, et convenablement boulonné, se place sous la presse au moyen de la grue.

La presse consiste en un bâtis en fonte A (voyez *planche* VII (1), portant dans sa partie supérieure un écrou

(1) Une partie du mécanisme de la presse pour charger les fusées est disposée sous le plancher YY' (*planche* VII) et ne s'aperçoit pas de l'atelier. Aussi, sur le

traversé par une forte vis de pression en fer B. La vis B est mise en action au moyen d'une roue hydraulique R (*planche* VI) par le dispositif suivant. Le mouvement de l'axe de la roue hydraulique se transmet au moyen d'engrenage à l'axe *a* qui porte la bielle *b*. De la bielle *b* le mouvement est transmis au moyen d'un tirant en fer *s* au balancier horizontal en fer *p*, traversant un arbre vertical en bois *x*. L'arbre est muni de pivots en fer à ses extrémités qui tournent dans des coussinets en bronze. Le mouvement circulaire continu de la bielle *b* est transformé sur l'arbre en mouvement circulaire alternatif dans un espace angulaire assez restreint. Sur la partie supérieure de l'arbre *x* est fixé un balancier en fer horizontal *z*, long d'environ cinq pieds, au moyen d'un collet et de deux vis de pression qui maintiennent le balancier sur l'arbre au moyen du frottement. Le balancier *z* transmet le mouvement au balancier J fixé sur le haut de la vis B de la presse, au moyen de deux tirants en fer *g* et *g'* ayant chacun environ trois pouces carrés de section transversale. Par suite de cette transmission de mouvement, la rotation continue de la roue hydraulique, produit un mouvement continu alternatif de descente et de montée de la vis B (*planche* VII) dans des limites qui constituent une hauteur ne dépassant pas deux pouces. La pression exercée par la vis B dans sa descente est augmentée par un volant W (*planche* VI), pesant environ 50 pouds. Ce volant est mis en rotation au moyen d'une courroie sans fin et de deux poulies dont la plus grande est fixée sur l'axe à la bielle, et la plus petite sur l'axe du volant. La pression de la vis B est transmise au moyen d'un pressoir en fer C. à section carrée (*planche* VII), glissant entre des coussinets en bronze. Dans le mouvement ascensionnel de la vis, le pressoir C est relevé au moyen des poids P et P', agissant chacun par une transmission

dessin de la planche VII, les pièces qui le composent, ne sont indiquées que par supposition et au juger, d'après les pièces visibles et les effets à produire.

de mouvement formée de leviers coudés et de tirants en fer, ainsi qu'il est marqué sur le dessin.

Pour placer le moule sous la presse, entre les montants du bâtis de la presse, sous le pressoir C, est disposée une plaque en fonte K', glissant horizontalement sur le plateau de la presse K, sur lequel elle est guidée par des rainures. Le déplacement de la plaque K' s'opère au moyen du levier L (*planche* VI), ayant son axe de rotation en O, et qu'un ouvrier fait fonctionner à la main.

Le plateau de la presse K se meut entre des coulisses établies sur les côtés intérieurs des montants de la pressse A (*planche* VII), entre lesquels il peut être soulevé ou descendu par l'ouvrier manœuvrant la presse au moyen des manivelles α et β. Le mouvement de ces manivelles se transmet au moyen du système d'engrenage 1, 2, 3, 4, à une vis sans fin en contact continu avec deux écrous E E' des deux vis D D' immobiles par rapport à leur axe et soutenant le plateau K. Le mouvement de montée et de descente du plateau K est indiqué à la portée de la vue de l'homme placé auprès des manivelles α et β au moyen d'un indicateur G, que met en mouvement le levier F, dont l'un des bras est, par son extrémité, mené par le plateau K, tandis que l'extrémité de l'autre bras conduit la tige G de l'indicateur. L'extrémité supérieure de la tige G reproduit les déplacements du plateau sur une hauteur réduite et en sens inverse des mouvements du plateau ; elle se meut en regard de divisions qui indiquent les différentes positions dans lesquelles le plateau de la presse doit être placé pour comprimer les lanternes successives de la composition introduites dans le cartouche.

Comme pour charger une seule fusée on a un jeu de baguettes de longueur décroissante d'une manière continue, et comme chaque baguette sert à comprimer plusieurs lanternes de composition, il y a pour l'indicateur G autant d'échelles qu'il y a de baguettes, et chaque échelle est formée d'autant de subdivisions qu'il y a de lanternes à comprimer avec une seule et même baguette. Ces échelles sont désignées par les numéros distinctifs que porte chacune des baguettes, et se trouvent placées sur les pans d'un prisme à base polygonale H, pivotant autour de son axe vertical parallèle à ses arêtes; en tournant le prisme, on peut amener chacune des échelles contre la pointe de l'indicateur G. Supposons que le travail de la presse soit en pleine activité, et suivons-en les différentes phases. L'échelle de l'indicateur porte le même numéro que la baguette dont on se sert pour comprimer la composition. L'homme auquel est confiée la manœuvre de la presse observe le mouvement du pressoir C et profite de son mouvement ascensionnel pour agir sur les manivelles α et β, afin de mettre à portée du pressoir la tête de la baguette, en donnant une position fixe au moule avant que le pressoir ne commence à descendre, et maintient ainsi le moule immobile pendant tout le temps de la descente du pressoir, pour soumettre la tête de la baguette à toute l'énergie de sa pression.

Pour placer chaque fois le moule à une hauteur convenable, il faut que l'homme manœuvrant la presse suive avec attention le nombre de pressions déjà exercées avec la même baguette, et fasse arriver l'indicateur contre la division de l'échelle qui se rapporte au numéro de la lanterne de la composition que doit comprimer la baguette. Au changement de baguette, l'homme manœuvrant la presse change l'échelle de l'indicateur G; en faisant pivoter le prisme à échelles H, il amène l'échelle correspondante à la nouvelle baguette. Les lanternes de composition autour de la broche se compriment en une fois, mais les lanternes de composition, qui doivent former le massif, se compriment chacune deux fois, en laissant le moule immobile le temps nécessaire pour produire deux pressions au moyen du pressoir C. Pour charger la fusée de deux pouces, on introduit 44 lanternes de composition.

Les lanternes de composition sont mesurées et introduites au moyen d'appareils spéciaux. Préalablement, la composition est étalée dans des caisses plates en bois, où elle occupe une hauteur d'environ 1,25 de pouce, avec fort peu de tassement. C'est dans cette couche de composition que l'on découpe à la main, avec des espèces d'emporte-pièces, des pastilles de composition que l'on introduit, au moyen de ces mêmes emporte-pièces, dans le cartouche. Ces pastilles sont avec une ouverture centrale, ou bien elles sont pleines selon qu'elles sont destinées à être placées autour de la broche ou à former le massif de la fusée.

L'appareil pour introduire la composition autour de la broche (voyez *planche* VIII, *figure* 3) est formé de deux cylindres concentriques en laiton, A et B, dont le plus grand entre librement dans le cartouche, et dont le plus petit a un vide suffisant pour le passage de la broche. Ces deux cylindres sont réunis entre eux au moyen de trois tiges en fer E E′ E″, pénétrant entre les cylindres d'en haut. Chaque tige est maintenue au moyen de deux vis *m n*, qui traversent en même temps les cylindres et les tiges. Les tiges s'élèvent au-dessus des cylindres d'environ un pied et demi, et sont réunies par le haut au moyen d'un disque G, et par une pièce en laiton à trois branches G′. L'espace annulaire entre les deux cylindres A et B est occupé par un troisième cylindre creux C (*figure* 4), muni de découpures *x y z*, dans lesquelles pénètrent les extrémités inférieures des tiges E E′ E″. Le bord supérieur du cylindre C tient au disque de laiton D, qui est placé librement entre les tiges E E′ E″, muni qu'il est de découpures en rapport avec la saillie de ces tiges. Au centre du disque D est fixée la tige F, passant librement à travers le disque G et le milieu de la pièce G′. La tige F est surmontée, au-dessus du disque G, d'une tête en bois H. Pour introduire la composition dans le cartouche au moyen de cet appareil, on soulève d'abord le cylindre intermédiaire pour former à sa base un vide annulaire entre les cylindres A et B. On maintient l'appareil en cet état, et en même temps on l'implante dans la couche de composition, après quoi on presse au moyen d'une main la tête H de l'appareil, tout en maintenant immobiles les tiges E E′ E″ de l'autre main. La composition contenue dans l'espace annulaire se trouve ainsi comprimée; pour l'extraire de la couche de composition, on soulève tout l'appareil, en ayant soin, dans cette opération, que le cylindre intermédiaire ne se déplace pas par rapport aux autres cylindres, et l'on transporte ainsi la pastille de la composition dans l'intérieur du cartouche. Pour l'y déposer, on commence d'abord par l'introduction de l'appareil dans le cartouche jusqu'à la pièce G′, et ensuite, par la pression sur la tête de l'appareil, on fait tomber la pastille dans le cartouche.

Pour introduire les pastilles de composition, il y a autant d'appareils que nous venons de décrire, qu'il y a de baguettes creuses, ce qui en porte le nombre à 14 pour la fusée de 2 pouces. Ces appareils diffèrent entre eux par les dimensions qui déterminent le diamètre de l'orifice central de la pastille pour le rendre en rapport avec le diamètre de la broche à l'endroit qu'elle doit occuper, et par l'emplacement de la pièce G, qui limite la profondeur que les appareils ne doivent pas dépasser à leur introduction dans le cartouche. Pour former les pastilles destinées au massif de la fusée et les introduire dans le cartouche, il n'y a qu'un seul appareil. Il est établi sur le même principe que les précédents; mais il est d'une construction bien plus simple, par la raison qu'il n'a pour objet que le découpage et la compression d'une pastille massive sous une ouverture centrale. Pour introduire ces appareils et former les pastilles bien verticalement dans la couche de la composition, et aussi avec régularité, afin d'obtenir d'une certaine quantité de composition le plus grand nombre possible de pastilles, la boîte qui contient la composition est recouverte, à quelque distance de la composition, d'une plaque en cuivre épaisse de deux lignes environ, percée d'ouvertures du diamètre de l'intérieur du cartouche, par lesquelles on introduit successivement les appareils à pastilles.

Avant d'introduire dans le cartouche les lanternes de la composition qui doivent former le massif de la fusée, après que le chargement a dépassé la broche, on nettoie avec soin les parois du cartouche, au moyen d'un racloir en bois, afin d'en détacher toute la poussière que le chargement a pu y faire adhérer, sous forme d'écaille de composition d'une faible densité, et l'on en enlève les débris accumulés sur la partie déjà comprimée, au moyen d'une puisette en laiton représentée en plan et en perspective. (Voyez *planche* VIII, *figure* 7.)

Cette opération est envisagée comme indispensable, afin de loger la partie massive de la composition avec toute la solidité possible, et de prévenir ainsi le dépotement des fusées.

Avec le procédé décrit de l'introduction de la composition dans le cartouche pendant le chargement, l'introduction des lanternes de composition ne produit presque pas de poussière; toutefois, après la compression exercée sur chaque baguette avant d'extraire la baguette, le moule est soigneusement épousseté sur sa surface supérieure.

On termine le chargement de la fusée avec de la composition incendiaire préparée sous forme pulvérulente. Pour l'introduire dans la fusée, on n'en fait pas préalablement de pastilles, mais l'on se contente d'un simple mesurage au volume, au moyen d'une mesure en laiton dont on déverse le contenu dans la fusée.

Les baguettes de chargement sont en acier fondu avec une certaine quantité de nikel, connu en Autriche sous le nom d'acier de météore. Les baguettes sont trempées et revenues au bleu. Pour charger une fusée de deux pouces, il y a quinze baguettes, dont une massive et quatorze munies de creux cylindriques dans l'axe, dont le diamètre diminue en raison de la diminution de la grosseur de la broche, de sa base à son sommet. La tête de toutes les baguettes est pleine et munie d'un rebord large d'un pouce, autour de la baguette qui sert à dégager les baguettes après la compression de la composition; au moyen d'une fourche en bronze légèrement cambrée dans la partie avoisinant la naissance des dents, dont on se sert comme d'un levier à main, en appuyant la cambrure de la fourche sur la surface supérieure du moule, et en faisant buter les pointes de la fourche sous les rebords de la pointe de la baguette. On dégage ainsi la baguette, qui est emprisonnée dans le cartouche par la composition qui pénètre dans le vent qui se trouve entre la baguette et le cartouche, et entre le creux de la baguette et la broche, sans développer presque de frottement, ce qui n'est guère le cas quand, pour dégager la baguette, on lui imprime un mouvement de rotation, comme cela se pratique assez habituellement dans le chargement des fusées de guerre.

Les baguettes sont retirées à la main; car même celles de la fusée de deux pouces et demi, à cause de leur faible poids, ne réclament pas de moyen mécanique à cet égard. Après que le chargement des fusées est terminé, le moule s'enlève de dessous la presse au moyen de la grue, et se couche sur l'établi, sur lequel on l'ouvre en s'aidant de la grue pour en extraire la fusée avec la broche. Pour retirer la broche, on a recours à un appareil spécial formé d'une vis en fer A (*planche* VIII, *figure* 2) maintenue fixe, qui porte un écrou en bronze muni de deux poignées B. La vis a dans son centre une ouverture dans laquelle on fixe la culasse de la broche, au moyen de l'écrou E, qui se visse sur son extrémité inférieure. Il suffit alors de relever l'écrou à poignée B pour dégager la fusée de sa broche. La fusée, retirée de la broche, est nettoyée du papier au moyen d'un racloir en acier, après quoi on recouvre le cartouche extérieurement d'une couche de vernis à l'huile ; en même temps la composition du côté du massif est recouverte d'une couche épaisse de peinture à l'huile au blanc de céruse.

Le chargement des fusées, en Autriche, s'opère avec une précision extraordinaire, et tous les détails de ce chargement méritent d'être étudiés comme étant des travaux de pyrotechnie parfaitement entendus. Nous allons, en conséquence, jeter un coup d'œil sur la disposition de l'atelier de chargement. C'est (*planche* VI) une bâtisse en pierre, avec des murs de grande épaisseur ayant trois compartiments. Le toit est en charpente recouverte de minces planchettes. Le compartiment du milieu est occupé par le moteur, qui est une roue hydraulique, et chaque compartiment latéral contient une presse. La roue hydraulique qui fait marcher les presses est ainsi séparée des presses au moyen de murs épais. Les tirants *g*, *g'*, qui transmettent le mouvement de la roue de la presse, traversent des ouvertures dans les murs ; à côté de la presse se trouve un établi sur lequel sont placées les baguettes et qui supporte aussi l'appareil N pour extraire les broches des fusées chargées. L'axe de rotation du levier L, qui sert à déplacer la plaque supportant le moule, est disposé sous cette table. La composition des fusées *e*, par mesure de précaution pour le cas d'inflammation d'une fusée pendant le chargement, est gardée dans le compartiment de la roue hydraulique, ainsi que les appareils à former les pastilles de composition et qui servent à l'introduction de la composition dans la fusée. Ces appareils, chargés de composition, se transmettent à travers une ouverture *f* pratiquée dans le mur de séparation, fermant au moyen d'un volet à coulisse qui ne s'ouvre que pour livrer passage aux appareils de chargement.

La composition incendiaire qui termine le massif de la composition des fusées *i* est conservée dans l'atelier de chargement même ; car cette composition n'a pas de propriété explosive. Q représente l'établi où l'on serre et desserre les moules ; M le centre de la grue; T la table pour le nettoyage, le vernissage et la mise en peinture des fusées chargées.

Dans chaque atelier, il y a pour chaque presse dix hommes qui sont désignés par numéro et qui ont chacun leurs fonctions distinctes.

N° 1. Chef de l'atelier, sous-officier et maître artificier.

N° 2. Aide de maître artificier manœuvrant la presse.

N° 3. Artificier préparant les lanternes de composition sous forme de pastilles.

N° 4. Artificier pour transmettre les appareils à introduire les pastilles du n° 3 à l'homme préposé au chargement.

N° 5. Artificier chargeur pour introduire la composition dans la fusée et manœuvrer les baguettes de chargement.

N° 6. Manœuvre chargé de déplacer la plaque avec le moule horizontalement.

N°s 7 et 8. Manœuvres chargés de placer les cartouches vides dans les moules et d'en extraire les fusées chargées.

N° 9. Manœuvre chargé d'extraire la broche des fusées chargées et d'en nettoyer la surface extérieure.

N° 10. Vernisseur pour la mise en peinture et le vernissage des fusées.

Pour activer le chargement, chaque presse est munie de deux moules, qui sont continuellement en œuvre; et tandis que l'un des moules est sous la presse, l'autre est sur l'établi pour en extraire la fusée chargée et la remplacer par un cartouche vide.

Le chargement s'opère avec une très-grande célérité. Dans dix heures de travail continu, on charge sur une presse 50 fusées de deux pouces ou 40 fusées de deux pouces et demi, ce qui représente de douze minutes à un quart d'heure par fusée.

Pour assurer la régularité des effets de la presse que nous venons de décrire, on maintient, autant qu'il se peut, dans une uniformité constante, la vitesse de descente du pressoir; on y arrive en rendant uniforme, autant que possible, la vitesse de rotation de la roue hydraulique par la constance du niveau dans le réservoir placé au-dessus de la roue. On déploie toute l'attention possible à la manœuvre de la presse, dont dépend surtout la régularité de ses effets. Ainsi, si le moule n'a pas été soulevé à une hauteur suffisante pour soumettre la baguette à la pression, la pression est incomplète. D'autre part, si le moule est élevé à une trop grande hauteur, il en résulte le dérangement de la presse; car alors le pressoir, dans sa descente, sera arrêté par un obstacle insurmontable. Pour écarter, dans cette dernière occasion, la rupture de quelques parties de la presse, le balancier z n'est maintenu sur l'arbre vertical x qu'au moyen du frottement, ce qui fait qu'à l'arrêt du pressoir, ce frottement est surmonté et le balancier tourne sur l'arbre. Le déplacement du balancier, par rapport à l'arbre, est indiqué instantanément par la non-concordance de deux traits de repère, dont l'un est placé sur l'arbre et l'autre sur le collet du balancier. Ces traits de repère servent non-seulement à indiquer le dérangement de la presse, mais ils guident aussi pour replacer le balancier dans une position convenable.

Il y a plus de quarante ans qu'ont été établies ces presses. A cette époque, la construction des machines était bien moins avancée qu'actuellement, ce qui explique la défectuosité de leur système. Ces presses produisent bien les pressions voulues, mais leur emploi réclame une attention tellement soutenue, que véritablement, si nous ne les avions pas vues fonctionner, elles nous sembleraient absolument inapplicables à des travaux courants de pyrotechnie.

Passons maintenant à la description des presses pour charger les fusées en usage en France, à Metz et à Toulon. Le système en est fort simple. Ce sont des presses hydrauliques, semblables à celles dont on se sert pour extraire l'huile des graines oléagineuses appliquées à la fabrication des fusées de guerre. Les fusées se chargent au moyen de ces presses sur des broches en acier, avec des baguettes en acier dans des moules en fonte.

En France, ce n'est pas le désir de l'économie, comme en Autriche, qui a fait adopter le chargement sur la broche (car, dans les fusées françaises, à l'encontre du système autrichien, le volume de la broche ne forme qu'une très-minime partie du volume de la composition), c'est la conviction de l'impossibilité de forer sans danger une composition aussi dure que celle que l'on obtient en France dans le chargement des fusées, et aussi inflammable au frottement que l'est généralement la poudre comprimée. C'est ainsi que des convictions arrêtées sans avoir été vérifiées avec la persistance nécessaire, enrayent parfois le progrès.

Le cylindre de la presse C est logé dans le palier en fonte de la presse. (Voyez *planche* XVI, *figure* 5.) Le piston en fonte de ce cylindre B supporte le plateau mobile de la presse A. On injecte l'eau dans le cylindre C au moyen de deux pompes foulantes, que l'on manœuvre à bras, formant un appareil séparé de la presse, ayant quelque analogie avec une pompe à feu à deux corps de pompe et à balancier. Les pompes sont placées dans un local contigu à celui de la presse. L'eau est injectée dans le cylindre au moyen d'un tube en cuivre qui, partant des pompes, traverse sous le plancher et aboutit au cylindre de la presse. En outre, le cylindre de la presse est muni d'un tube de vidange, pourvu d'un robinet au moyen duquel l'eau du cylindre est ramenée dans la bâche des pompes pour faire cesser l'action de la presse et abaisser le plateau.

Le plateau mobile de la presse est guidé par deux colonnes en fer H, J, fixées sur la base de la presse et soutenant le sommier de la presse G. Le sommier de la presse peut être placé plus ou moins haut, selon la hauteur des fusées à charger, et être fixé dans plusieurs positions au moyen de demi-cylindres en fer β pénétrant dans des entailles sur la superficie des colonnes α et maintenus en place au moyen d'anneaux Δ.

Le sommier, dans son milieu, porte une ouverture verticale qui le traverse d'outre en outre et qui se ferme au moyen d'une plaque E pivotant sur un boulon et munie d'une poignée. Cette ouverture est destinée au passage de la fusée et des baguettes de chargement. Pour manœuvrer avec facilité les baguettes qui, à cause de leur poids, ne peuvent pas être facilement soulevées à la main, on a disposé au-dessus de l'ouverture centrale du sommier une poulie F mouflée à quatre brins, munie d'un crochet pour soulever les baguettes; la corde de cette poulie, en quittant le mouflage, s'enroule sur un treuil placé à terre, que l'on met en mouvement au moyen d'un système d'engrenage. Pour pouvoir être accrochées par le crochet de la poulie, les baguettes portent sur la baguette horizontale de leur tête un enfoncement avec une traverse en fer à fleur de tête, pareille à une anse de projectile creux de grand calibre.

Le cartouche de la fusée est garanti, pendant l'opération du chargement, par un moule en fonte D, formé de deux moitiés tronconiques extérieurement; les deux moitiés du moule se placent sur une base en fer N, qui supporte en même temps la broche destinée à former l'âme de la fusée. Ils se réunissent au moyen de cercles en fer *p*, *q*, *s*. La base du moule (*fig.* 2) est munie de trois ouvertures *e*, *e*, *e*, disposées autour de la broche et destinées à enlever la fusée chargée de dessus la broche. Ces ouvertures se recouvrent d'un disque d'acier *b*, percé au centre, placé sur la broche, dont la surface supérieure a la forme du culot de la fusée qu'elle supporte pendant le chargement.

La base du moule est munie des montants L, M, pourvus chacun de saillies *x*, *y*, *z*. Ces saillies servent à soutenir la base du moule dans de certaines opérations, au moyen des supports

P et Q (*fig.* 5). Les tiges verticales de ces supports tournent librement dans les colliers R′ et R, dont elles forment les axes des charnières au moyen desquelles chaque collier formé de deux moitiés peut s'ouvrir. Ces colliers se ferment au moyen de vis à mains W, V, qui servent en même temps à les maintenir à toute hauteur, selon les exigences des opérations, le long des colonnes. Les supports P, Q, tout en formant les axes des charnières, pivotent sur eux-mêmes, dispositif qui sert à faire monter et descendre librement la base du moule, sans que les saillies x, y, z, y mettent obstacle, ainsi que l'indique la position donnée au support P.

Pour fixer la fusée dans le moule, ou pour mouler, comme on le dit, sur les lieux, on fixe les cercles au moyen de la presse même. A cet effet, après avoir placé les cercles, on intercale entre eux des tasseaux en bois u; on insère, en outre, entre les tasseaux et les cercles p, q, des cales formées de plaques de tôle; enfin, on place deux tasseaux sur le cercle supérieur p, que l'on soumet à la pression directe de la presse en soulevant le plateau de la presse, et en les buttant contre le sommier de la presse.

Au moyen de cette opération, il n'y a d'abord que le cercle inférieur s qui soit fixé. Une fois en place, on retire les cales de dessous le cercle q, et l'on continue de soulever le plateau pour fixer le cercle q. Enfin, on retire les cales de dessous le cercle p, qui est fixé en dernier directement par la pression des tasseaux supérieurs. Nous avons vu à Metz un dispositif pour placer tous les cercles en une fois, dans lequel les cercles étaient réunis au moyen d'un châssis en fer; mais nous supposons que ce procédé, quoique plus expéditif, est moins sûr que celui que nous venons de décrire; car l'usure seule de l'intérieur des cercles peut en altérer les dimensions intérieures, et, à cause de cela, rendre le serrage des deux parties du moule incomplet, sans parler de la difficulté d'ajustement pour que des cercles maintenus à des distances fixes les uns des autres puissent bien serrer les deux moitiés d'un moule conique.

La fusée moulée, on en opère le chargement, qui consiste d'abord en une certaine quantité de terre glaise sèche pour boucher les évents; puis vient la poudre de mine, et enfin, pour terminer, la terre glaise. La poudre nécessaire au chargement est conservée en petite quantité, à peu près ce qu'il faut pour charger une fusée, en dehors du local où se trouve la presse, dans une poire à poudre munie d'un tube qui pénètre dans l'intérieur du local. Ce tube est fermé au moyen d'un dispositif qui sert en même temps de fermeture, et de mesureur pour déterminer exactement au volume chaque charge ou lanterne à introduire à la fois dans la fusée.

Pour comprimer la composition autour de la broche, on emploie cinq baguettes, munies chacune d'un canal dont le diamètre diminue dans les différentes baguettes, en raison de l'amincissement de la broche; la sixième baguette est massive.

Les pressions sur les têtes des baguettes croissent avec la hauteur, ainsi que l'indique le tableau suivant :

PRESSION	FUSÉES	
	DE 12 CENTIM.	9,5 CENTIM.
	kilog.	kilog.
Sur les deux premières baguettes	170,000	92,000
— deux secondes baguettes	185,000	108,000
— deux troisièmes	200,000	120,000

La pression qu'exerce la presse est indiquée par le manomètre dépendant du cylindre de la presse. Ce manomètre consiste en un petit cylindre contenant un piston. L'espace de dessous le piston est mis en communication avec l'espace intérieur du cylindre de la presse. Le piston du petit cylindre est maintenu par un ressort qui cède à la pression produite à l'intérieur du cylindre de la presse et met en mouvement une aiguille indicatrice marquant ces pressions. Le cadran de cette aiguille porte 300 divisions, dont chacune correspond à 1,000 kilog. de pression sur la surface de la section transversale du piston de la presse.

Pendant le chargement, le chef de la presse doit suivre continuellement les indications de l'aiguille du manomètre, et commander d'arrêter aux hommes manœuvrant les pompes d'injections. Comme le cylindre n'est pas muni de soupapes de sûreté, le jeu des pompes arrêté, la pression persiste, si toutefois il n'y a aucune fuite dans le cylindre, tant que reste fermé le robinet de vidange qui fait écouler l'eau de dessous le cylindre de la presse dans la bâche des pompes. Mais les presses ne contiennent aucun dispositif pour que la pression voulue, lorsqu'elle a été atteinte, soit maintenue un certain temps, indépendamment de la volonté des ouvriers, et que l'on puisse préalablement régler ce temps d'après les exigences du chargement.

Le démoulage de la fusée chargée s'opère, au moyen de la presse, de la manière suivante. D'abord l'on enlève les cercles du moule ; à cette fin, l'on place sur le moule un cylindre creux en fer *m* (voyez *fig.* 1), qui ne s'appuie que sur les bords du moule, sans toucher à la fusée ; ensuite on élève le plateau de la presse pour faire butter le cylindre en fer contre le sommier, à la suite de quoi les supports P et Q se placent sous une des saillies des montants L, M. Lorsque la base du moule se trouve ainsi soutenue, on abaisse le plateau A, afin d'y placer les pieds en fer K' et *h* (voyez *fig.* 3), de manière que chacune de ces pièces placées sous le plateau par sa base, ait sa partie supérieure au-dessous du cercle inférieur du moule.

Ensuite l'on a soin que les tasseaux qui doivent se trouver entre les cercles soient à leur place; après quoi, il ne reste qu'à élever le plateau. Les pièces K' et *h* viennent d'abord butter contre le cercle inférieur, qu'elles soulèvent; ensuite est soulevé le cercle *q* par l'entremise des tasseaux *u*, *u*, et enfin le cercle *p*. Les cercles sont remontés aussi successivement parce que les tasseaux *u* étant placés sans cales, leur longueur est un peu moindre que l'intervalle entre les cercles.

Pour retirer la fusée de dessus la broche, on enlève les cercles entièrement à la main, et l'on écarte les moitiés du moule. La base du moule est consolidée dans sa position au moyen de deux pièces de bois qui appuient dessus et qui buttent contre le dessous du sommier de la presse. Le plateau de la presse A reçoit un disque (voyez *fig.* 3), muni de trois courtes tiges *f*, que l'on place contre les ouvertures de la base du moule; en soulevant le plateau, les tiges *f* pénètrent dans ces ouvertures, et soulèvent le disque *b* et en même temps la fusée, qui se dégage ainsi de la broche.

Le chargement de la fusée de 12 centimètres demande d'une heure et demie à deux heures, celui de la fusée de 9,5 centimètres environ une heure.

Les inconvénients de ces presses, sans parler de l'inconvénient du chargement sur la broche et de la lenteur du travail, consistent surtout dans le manque d'uniformité de la pression à chaque compression, et dans le manque d'uniformité de la durée des pressions; car ces deux conditions essentielles du chargement dépendent exclusivement de l'exactitude et de l'habileté avec laquelle les ouvriers accomplissent leur consigne, sans qu'il reste aucun indice, après le chargement, de leur négligence ou du manque d'habitude, pour maintenir chaque lanterne de composition à la limite de la pression voulue et pendant un laps de temps déterminé d'avance. On peut aussi reprocher à ces presses qu'elles réclament un trop grand nombre d'ouvriers pendant le chargement, et que ces ouvriers ne sont guère mis à l'abri en cas d'accident; aussi m'a-t-on assuré que, pendant la guerre d'Orient, il y a eu bien des victimes parmi les hommes employés au chargement des fusées.

J'ai cherché à profiter de ce que la pratique et l'étude des presses pour charger les fusées décrites plus haut, c'est-à-dire des presses actuellement en usage en Russie et du système autrichien et français, ont pu m'enseigner, afin de réaliser une presse qui corrige autant que possible les défauts particuliers à chacun de ces trois systèmes de presse, et avec lesquelles on puisse obtenir des pressions dépassant même les limites des presses françaises, afin qu'on puisse, au lieu de 300,000 kilogrammes, exercer une pression de 400,000 kilogrammes, ou de 24,000 pouds, mesurée sur la section transversale du piston de la presse.

J'ai cru pouvoir, en outre, adopter en principe de ne pas faire varier la pression avec la hauteur du chargement, à l'encontre de ce qui se fait en France, où comme nous l'avons vu, la pression est augmentée après chaque deux changements des baguettes de chargement, et où le maximum de la pression est réservé à la composition autour de la broche qui avoisine le sommet de la broche et celle qui forme le massif. Ceci a peut-être une raison d'être quand le chargement s'opère sur une broche; car, à mesure que le chargement s'élève, la surface sur laquelle s'exerce la pression augmente, et, par conséquent pour conserver la pression, si ce n'est constante, du moins dans de certaines limites, par unité de surface, il faut qu'elle augmente chaque fois que la surface de pression a dépassé une certaine étendue, et, si elle reste la même en France pour la composition qui avoisine la pointe de la broche et le massif, c'est que les broches françaises à charger les fusées sont très-effilées; et encore, nous paraît-il que, même avec le chargement sur une broche, si la pression dépasse de beaucoup le maximum de pression nécessaire pour obtenir le maximum de densité de la composition, il n'y a pas lieu de la varier, et l'on peut s'en tenir à une pression constante en imitant en cela ce qui se fait en Autriche, où le chargement s'opère aussi sur une broche, et, à plus forte raison, on peut en agir ainsi quand il s'agit de charger des fusées pleines.

En partant de ces principes, j'ai cherché à réaliser un système de presse hydraulique, mise en mouvement par la machine à vapeur pour charger les fusées de guerre, où la compression de chaque lanterne de composition soit non-seulement constante, mais toujours d'égale durée, et puisse être réglée à volonté dans de certaines limites, tant sous le rapport de la pression que sous celui du temps de la compression.

J'ai cherché aussi à faciliter, autant que possible, toutes les opérations du chargement, pour accélérer le chargement et diminuer le nombre d'ouvriers auprès de la presse. Enfin, pour accélérer autant que possible le travail de la presse et écarter autant que possible l'influence de la lenteur inévitable avec les presses hydrauliques, quand il s'agit de produire des pressions très-énergiques, j'ai eu recours à un système, du reste en usage dans l'industrie, de deux pompes d'injection de différentes grandeurs, munies d'un dispositif automatique qui fait qu'après que les deux pompes ont produit le maximum d'effet, c'est la petite pompe seule qui termine la pression. Pour réaliser ces conditions essentielles, je me suis arrêté aux dispositions suivantes, qui présentent, en outre, différents avantages que leur description mettra en évidence.

Le corps de la presse (voyez *planches* XXV, XXVI, XXVII et XXVIII) est formé par quatre montants en fer à section carrée A, A', A'', A''', établis sur un palier en fonte E et réunis à leur portée supérieure par un sommier en fonte B.

Le cylindre de la presse E' est logé dans le palier de la presse. Le piston du cylindre D soutient un plateau F, guidé par les quatre montants. Ce plateau supporte un chariot mobile G, glissant dans des rainures, destiné à soutenir le moule en fonte H, contenant la fusée à charger. Le chariot G se déplace pour rendre commode le moulage et le démoulage des fusées, l'introduction des lanternes de composition et la manœuvre des baguettes de chargement. Ce déplacement s'opère mécaniquement et est commandé par l'ascension et la descente du plateau, au moyen du dispositif suivant (*planche* XXVI) : Une corde est fixée au-dessous du chariot, les bouts de la corde passent par-dessus deux poulies de renvoi disposées chacune à l'une des extrémités du plateau s'avançant d'entre les montants. Les extrémités de la corde, tombant verticalement, sont chargées de poids T, *t*, qui produisent le déplacement du chariot. Le poids *t*, qui doit produire le déplacement du chariot à la descente du plateau, ne dépasse que de peu la force du frottement du chariot chargé du moule, contre les rainures du plateau. Le bout opposé de la corde supporte un poids T au moyen d'une poulie fixée à la partie supérieure du poids. La corde enveloppe la demi-circonférence inférieure de la poulie et remonte pour être fixée au bord du plateau. Ce second poids est égal au double du frottement du chariot sur le plateau, augmenté du double du poids *t*, et d'une certaine quantité en plus pour surmonter les résistances nuisibles et surpasser l'effet du poids *t*. Quand le plateau est à son maximum d'élévation, l'effet du grand poids, qui est soulevé alors, se réduit à produire une pression du chariot contre deux buttées *g* (*planche* XXV), qui le maintiennent sous le sommier de la presse. Cette position, le chariot la garde dans la descente jusqu'à ce que le grand poids vienne à toucher le fond du puits dans lequel il est placé. Ce poids ne devient alors qu'un moyen d'immobiliser l'axe de la poulie qu'il porte, afin que la poulie laisse filer le cordage entraîné par le petit poids qui, en même temps, déplace le chariot avec le moule. La corde est doublée du côté du grand poids, pour que le déplacement latéral du chariot ait une vitesse double de celle de l'abaissement du plateau. Ce rapport entre ces deux vitesses n'a pour objet que de diminuer la hauteur du bâtis de la presse.

Au bas de sa descente, le plateau s'arrête quand le piston de la presse touche le fond du cylindre ; le chariot s'arrête alors au bout du plateau par l'effet d'une buttée. Les brins de la corde n'en restent pas moins tendus par l'effet du petit poids *t*, qui continue à être suspendu dans l'air, sans toucher le fond du puits où il se meut, et par la vis de tension T'', servant de point d'attache au bout de la corde opposée au petit poids. Quand le chariot est arrêté au bord du plateau, le moule est dans une position convenable pour retirer la baguette, introduire une lanterne de composition et replacer la baguette. A l'ascension du plateau, les choses, pour le chariot, se passent dans un ordre inverse, c'est-à-dire que l'ascension du plateau ramène le chariot avec le moule entre les montants de la presse, sous le sommier, où ce moule prend une position immobile par rapport à son déplacement latéral, un peu avant que l'ascension du plateau ne soit terminée.

L'ascension du plateau est produite par l'injection de l'eau sous le piston de la presse, au moyen de pompes Ξ, ξ (*planche* XXVII) mues par la machine à vapeur de l'établissement. L'injection de la grosse pompe Ξ a lieu au moyen du tube *a* (*planche* XXVI), et l'injection de la petite pompe ξ au moyen du tube *a'*. Le tuyau d'injection de la grosse pompe est muni d'une soupape de retenue *a''* formée d'un clapet surmonté d'un taquet dans le couvercle de la soupape. Cette soupape reste fermée quand la petite pompe injecte à elle seule l'eau dans le cylindre, comme cela a lieu pour terminer les compressions de lanternes de composition, ainsi que nous le verrons ultérieurement.

L'eau injectée par les deux pompes ne commence à soulever

le cylindre de la presse qu'à la fermeture de la soupape de vidange du cylindre de la presse; jusque-là, elle est ramenée dans la bâche des pompes au moyen du tube *b* (*planche* XXV), et du tube de décharge *d''*; plus loin, nous donnerons une explication plus détaillée du retour de l'eau dans la bâche des pompes.

Une lanterne de composition étant introduite dans la fusée, maintenue dans le moule, et la baguette étant mise en place pour opérer la compression de la composition, il faut fermer la soupape de vidange du cylindre. Cette opération a lieu au moyen d'un levier J manœuvré par un ouvrier spécial qui, à cet effet, relève le levier jusqu'à ce que sa position soit maintenue par la buttée du petit levier *p'* contre un arrêt faisant partie d'un petit levier *l* tournant autour de l'axe *z* (*planche* XXVI), et qui est chassé vers le haut par l'effet du ressort R. Pour se rendre compte comment cette opération ferme la soupape de vidange, il faut en étudier le dispositif de plus près. La soupape de vidange est fermée par un clapet soumis à l'action de la tige *b'*, au moyen de laquelle le clapet peut être maintenu en place pour intercepter l'issue de l'eau par le tube de vidange *b*. La tige *b'* est commandée par la camme *b''* faisant corps avec le manchon *u'* (*planche* XXV), qui tourne librement sur l'axe *u*, et dont l'extrémité opposée à la camme est munie d'un levier *q* chargé du poids Q. Le poids Q doit équilibrer le maximum de la pression intérieure dans le cylindre, et maintenir ainsi la soupape fermée. Pour annuler en temps convenable l'effet du poids Q contre la soupape de vidange, l'axe *u* est muni d'une pièce d'embrayage *u''* qui s'embraye par le contact de surfaces planes placées dans la direction de la longueur de l'axe *u* avec le manchon *u'*; deux de ces surfaces sont au-dessus de l'axe *u*, et deux au-dessous. L'emplacement de ces surfaces est tel que le manchon *u'* peut prendre un certain mouvement de rotation par rapport à l'axe *u*, ou bien, en parlant le langage de l'atelier, il y a du jeu dans l'embrayage. L'axe *u* est muni encore d'un levier coudé en équerre *p p'* (*planche* XXVI), faisant corps avec lui, chargé du poids P. Quand la soupape de vidange est ouverte, les poids Q et P s'équilibrent, le contact entre les surfaces d'embrayage se fait alors au-dessous de l'axe *u*, et les deux bras des leviers *q* et *p* (*planche* XXV) ne forment qu'un seul levier lesté à ses extrémités de poids qui s'équilibrent; car alors la pression de la soupape contre la camme *b''* est nulle. En relevant le levier J, on relève le poids P, ce qui fait abaisser le poids Q, dont l'effet ne tarde pas alors à se manifester contre la soupape de vidange par l'action de la camme *b''*, et contre la tige *b'*.

Par les dimensions et les dispositions des pièces, le levier J, solidaire du levier *p*, trouve un point d'appui dans son mouvement ascensionnel dans l'arrêt du levier *l* contre l'extrémité inférieure du levier coudé *pp'* à l'instant où la pièce d'embrayage *u''* entre dans une position intermédiaire telle que les oscillations du levier *q* deviennent possibles dans les deux sens. Alors la fermeture de la soupape de vidange ne dépend que du poids Q, qui, en même temps, exerce l'office d'un poids régulateur d'une soupape de sûreté formée par la soupape de vidange.

La soupape de vidange étant fermée, le plateau s'élève rapidement par l'effet simultané des deux pompes, à raison de 2 pouces d'ascension par seconde ; cette ascension amène, ainsi que nous l'avons expliqué, le moule sous le sommier de la presse, où celui-ci s'arrête par rapport à son déplacement latéral, avant que la baguette ne vienne butter contre le sommier de la presse. La compression de la composition suit immédiatement l'arrêt du mouvement ascensionnel de la baguette par le sommier de la presse, et est d'abord produite au moyen de deux pompes dont l'effet continue jusqu'à ce que la résistance de la composition à la compression dépasse la force de ces deux pompes. Alors la puissance de la presse est augmentée par la cessation de l'injection de l'une des deux pompes, et notamment de la pompe la plus grande, et l'injection sous le cylindre de la presse continue seulement par l'effet de la petite pompe.

L'injection de la grande pompe cesse d'elle-même automatiquement au moyen du dispositif suivant. La soupape d'aspiration de la grande pompe Ξ (*pl.* XXVII) est rendue dépendante de la petite pompe, de manière à ne plus se fermer quand, dans celle-ci, la pression a atteint une certaine limite, ce qui fait que, cette limite atteinte, la grande pompe continue à aspirer à chaque soulèvement du piston, mais n'injecte plus l'eau dans le cylindre de la presse, car cette eau est refoulée par l'ouverture de la soupape d'aspiration. La soupape d'aspiration de la grande pompe est rendue dépendante de la petite pompe par le moyen suivant : la petite pompe est munie d'un orifice latéral communiquant avec un vide cylindrique occupé par un petit piston λ, dont la tige met en mouvement le levier Λ, soulevant la soupape d'aspiration S de la grande pompe Ξ. Ce petit piston reste inactif tant que la pression intérieure dans la petite pompe n'a pas surmonté l'effet d'un poids Ω, dont est chargé le bras du levier, opposé au bras sur lequel agit le petit piston.

Pour déterminer la limite de la compression définitive, la tige de la petite pompe est chargée des poids Ψ, desquels dépend directement l'injection de l'eau par la petite pompe, car la machine à vapeur ne fait que soulever la tige de la petite pompe chargée de ses poids régulateurs Ψ, en soulevant le châssis φ (*pl.* XXVIII), et sa descente s'opère par l'effet des poids seuls. Il en résulte que, quand la pression voulue est atteinte, la tige de la petite pompe reste immobile, car alors l'équilibre s'établit entre la résistance de la composition à la compression et l'effet du poids sur la tige de la petite pompe.

Un des problèmes à résoudre dans l'établissement de la presse, c'était de faire durer plus ou moins la pression atteinte, selon l'installation préalable de la presse pour le travail, mais de manière à ce que la durée de la compression de chaque lanterne de la composition fût constante.

La pression atteinte, la machine à vapeur n'en continue pas moins à mettre en mouvement le piston de la grande pompe et le châssis qui sert à soulever le piston de la petite pompe. Cette propriété du dispositif des pompes de la presse a été utilisée pour maintenir la pression pendant un certain temps, au bout duquel elle cesse d'elle-même. A cet effet, la tige du petit piston supporte deux bras horizontaux, α, β (*pl.* XXVIII), entre l'extrémité libre desquels est tendue une corde à boyaux pour former un véritable archet de serrurier. Cette corde enveloppe une poulie Δ, placée sur un axe supporté par le châssis φ, servant à l'élévation du piston de la petite pompe. Quand le piston de la petite pompe suit les mouvements du châssis, c'est-à-dire avant que la limite de la pression ne soit encore atteinte, la poulie reste immobile, mais elle prend un mouvement de rotation alternatif, dans les deux sens contraires, quand le piston devient immobile et que le châssis continue à monter et à descendre. Ce mouvement alternatif de la poulie dans les deux sens se transforme sur l'axe de la poulie en mouvement alternatif de rotation dans un sens, au moyen d'un encliquetage qui réunit la poulie à l'axe disposé de manière à ce que la poulie puisse tourner librement sur l'axe dans un sens et l'entraîner dans l'autre. Cet axe est à ses extrémités muni de pivots, dont l'un s'engage dans un trou disposé sur le châssis φ, tandis que l'autre pivot est maintenu par un pont, en se servant d'un terme d'horlogerie, fixé sur le même châssis. Une partie de l'axe de la poulie Δ est filetée et forme une vis sans fin qui engrène avec l'engrenage incliné de la roue Σ. Cette roue est maintenue par deux bras faisant corps avec le châssis φ, dans les extrémités desquels pénètrent les deux bouts du moyeu de la roue pour former l'axe de cette roue. En même temps, le moyeu de la roue est percé carrément, et est traversé par une tige verticale qui est soutenue par les bras Π Π′ (*planche* XXVII), fixés au portant des pompes. Cette tige peut tourner librement dans les extrémités des bras qu'elle traverse. La roue Σ, pendant que le châssis est en mouvement et que le piston de la petite pompe est immobile, prend un mouvement alternatif le long de la tige Π Π″, à laquelle elle communique en même temps un mouvement de rotation périodique dans un même sens. Sur le haut de la tige Π Π″ est fixé un plateau circulaire horizontal Σ′, qui reproduit les mouvements de rotation de la roue Σ, et qui, par conséquent, est mis en rotation par le châssis φ dès l'arrêt du piston de la petite pompe.

Le plateau Σ′ est muni, à sa circonférence, de 120 ouvertures verticales, dans lesquelles s'implantent des broches, Θ. Ces broches commandent l'extrémité d'un petit levier coudé Θ′, (voyez *pl.* XXVII), qui, au moyen d'un levier coudé Θ″ (voyez *pl.* XXV), avec lequel il est réuni par un tirant en fer, formant une transmission comme on en pose dans les appartements pour les sonnettes d'appel, produit une traction sur la chaîne *y* pour abaisser le levier L. Le levier L est fixé sur l'axe *z* (voyez *pl.* XXV); son mouvement entraîne cet axe, et par cela même le petit levier *l*. Le levier *l* venant à s'abaisser, le levier *p*′ devient libre, et il se produit l'inverse de ce que nous avons vu plus haut à la fermeture de la soupape de vidange, c'est-à-dire que l'effet du poids Q est équilibré par le poids P, la camme *b*″ est éloignée de la tige de la soupape de vidange, et la soupape, n'étant plus maintenue, s'ouvre, et suspend ainsi l'effet de la presse.

La marche de la machine à vapeur étant uniforme, le plateau Σ reçoit un mouvement de rotation uniforme et d'une vitesse déterminée, s'avançant de la distance entre deux broches pour chaque oscillation double du châssis. Le temps que durera la compression dépendra donc de la distance entre les broches implantées, et sa durée sera en raison inverse du nombre de celles-ci, et comme les durées des compressions successives doivent être égales entre elles, il s'ensuit que, selon l'installation préalable des broches, la durée du temps de la compression pourra varier de un à un cent vingtième de tour du plateau Σ', en passant par tous les multiples entiers du nombre de 120, ou autrement la durée de la compression pourra être réglée pour persister pendant 120, 60, 40, 30, 24, 20, 15, 12, 10, 8, 6, 5, 4, 3, 2 et 1 oscillations doubles du châssis seul, le piston de la petite pompe étant immobile, ce qui produit une variété de temps pendant lesquels on peut faire durer la pression suffisante pour toutes les exigences de la pratique dans le chargement des fusées.

Avec l'ouverture de la soupape de vidange, le moule avec la fusée s'abaisse et se déplace en même temps de dessous le sommier de la presse, les deux pompes se remettent à injecter; l'eau qu'elles fournissent ainsi pourrait s'opposer à la descente du piston de la presse, mais on en profite pour modérer la vitesse de descente du piston, au moyen du dispositif suivant : il n'y a que le filet d'eau de la petite pompe qui pénètre dans le cylindre, l'eau de la grande pompe, durant l'ouverture de la soupape de vidange, est ramenée dans la bâche des pompes; dans ce but, au-dessous de la soupape de retenue *a''* (*pl.* XXVI), est disposée une tubulure *d* (*pl.* XXV), avec une boîte à clapet *d'* et un tuyau de décharge *d''* qui ramène l'eau dans la bâche des pompes. Le clapet, dans la boîte *d'*, intercepte la communication entre la tubulure *d* et le tube de décharge *d''*, ce clapet est maintenu par le levier *e* fixé sur l'axe *v*. Cet axe venant à tourner pour laisser à la soupape de vidange b' la possibilité de s'ouvrir, le levier *e* ne presse plus sur la tête du clapet, qui est alors soulevé par le jet d'injection de la grosse pompe, de préférence à la soupape de retenue a'', parce qu'il oppose moins de résistance au jet d'injection. En effet, pour soulever le clapet, ne butant plus contre le levier e, il n'y a à vaincre que le poids du clapet et de légers frottements, tandis que, pour soulever la soupape de retenue a'', il y a, outre le poids et le frottement de cette soupape, la pression qu'exerce la veine fluide chassée du cylindre par la pression du plateau de la presse et de toutes les pièces qu'il supporte. Quand il s'agit de recommencer la pression de la presse, le clapet de la boîte d' est maintenu par le levier e, mis en mouvement par le levier L, soulevé par la poignée pour coopérer à la fermeture de la soupape de vidange. Alors l'eau injectée, ne pouvant vaincre la résistance du clapet, soulève la soupape de retenue a''.

Ce dispositif, pour arrêter l'effet de la presse, avait parfaitement réussi, trop bien même ; car sitôt la soupape de vidange ouverte, la pression s'annulait sous le piston de la presse, et rien ne s'opposant ainsi à la descente rapide du piston de la petite pompe chargée de ses poids régulateurs, il survenait parfois de bien grands chocs entre le support des poids régulateurs de la petite pompe et la traverse inférieure du châssis mobile φ imprimant le mouvement ascensionnel de la petite pompe, selon la position réciproque de ces deux pièces au moment de l'ouverture de la soupape de vidange. Pour obvier à l'inconvénient des chocs qu'engendre la chute trop rapide des poids régulateurs, on a eu recours à un dispositif au moyen duquel l'ouverture totale de la soupape de vidange est précédée par une fuite d'eau extrêmement minime à travers un canal de deux millimètres de diamètre. Cette fuite d'eau s'est trouvée être suffisante pour produire l'abaissement du piston de la petite pompe avec assez peu de vitesse pour rendre tout effet de choc insensible, quelle que soit la position du piston de la petite pompe par rapport au châssis mobile φ, à l'instant de l'ouverture de la soupape de vidange. Cette légère fuite d'eau est produite par la soupape *c* (*planche* XXVI), formée d'une tige en laiton qui s'appuie sur la saillie d'une camme disposée sur l'axe *z*. Dès l'origine de la rotation de l'axe *z* dans l'opération de l'ouverture de la soupape de vidange, la camme pivote de manière à permettre à la soupape qu'elle soutient de s'abaisser. La tête de cette soupape ferme un canal vertical de deux millimètres de diamètre, qui aboutit à la chambre de la soupape de vidange. Quand la soupape *c* s'est abaissée, l'eau qui s'échappe par le canal dont nous venons de parler trouve une nouvelle issue du même diamètre pour gagner le tuyau de décharge *b* du cylindre de la presse. Cette fuite d'eau ne tarde pas à être suivie de l'ouverture totale de la soupape de vidange par l'accomplissement des effets des leviers mis en jeu pour ouvrir cette soupape; elle ne dure ainsi que très-peu de temps, mais un temps suffisant, comme l'a démontré l'expérience, pour répondre pleinement à son but.

Complétons cette description par quelques dispositions de détail :

L'axe *u* est encore muni d'un levier J' (*planche* XXV), pareil au levier J, et dont l'objet est le même. Ce levier est disposé à l'autre bout de l'axe *u*, afin que l'ouvrier puisse fermer la soupape de vidange en se trouvant d'un côté ou de l'autre de la presse. Les leviers L L' donnent aussi la possibilité d'arrêter à la main le travail de la presse, si la nécessité s'en présente, en ouvrant la soupape de vidange, d'un côté ou de l'autre de la presse.

Le poids régulateur de la petite pompe est formé de plaques en fonte qui s'empilent les unes sur les autres, et qui sont munies chacune d'une échancrure pour le passage de la tige de la pompe. Pour pouvoir varier les pressions sur la tige de la petite pompe, il y a trente-cinq plaques, dont chacune correspond à une pression de 500 pouds sous le piston de la presse, et quatre plaques plus petites et de différente grandeur qui correspondent aux pressions de 50, 100, 150 et 200 pouds sous le piston de la presse. En combinant ces quatre dernières plaques entre elles, on peut produire dix pressions depuis 50 pouds jusqu'à 500, différant entre elles par 50 pouds. Donc, au moyen de ces trente-neuf plaques, on peut, sous le piston de la presse, produire toutes les pressions entre 0 et 18,000 pouds différant entre elles successivement de 50 pouds (en ne tenant pas compte de la presion que produit le poids de la tige de la petite pompe). Le cylindre de la presse est muni d'un manomètre Caly-Cazalat et d'une soupape de sûreté. Les pompes sont également munies de soupapes de sûreté. Le but de ces appareils est de vérifier la concordance de la pression réelle de la presse avec le poids régulateur, placé sur la tige de la petite pompe, et d'écarter toute chance d'accident par un excédant de pression dans l'une de ces parties, pour quelque raison que ce soit.

Voici quelques détails de plus sur l'emplacement du manomètre et des soupapes de sûreté.

L'espace intérieur du cylindre de la presse communique avec le manomètre au moyen du tube *M* (*planche* XXV). La soupape de vidange sert en même temps de soupape de sûreté pour le cylindre, ainsi que nous l'avons déjà vu, et à la description que nous en avons faite, nous n'avons qu'à ajouter que le poids Q peut être déplacé le long du levier *q*, et produire ainsi une plus ou moins grande pression sur la soupape de sûreté selon la pression à obtenir au moyen de la presse. Des soupapes de sûreté des pompes, c'est surtout celle de la petite pompe qui est importante : elle sert à vérifier la pression qui interrompt l'action de la grande pompe; elle est disposée sur le corps de la petite pompe, ainsi que l'indique la *pl.* XXVIII, *fig.* Y. La soupape de sûreté de la grande pompe est disposée vis-à-vis le tube d'injection de cette pompe *a* (*planche* XXVII), et n'a pu, par conséquent, être représentée sur cette planche.

La presse est encore munie d'autres dispositifs pour parer à des causes accidentelles de dérangement; ainsi, une des conditions essentielles pour assurer l'effet régulier de la presse, c'est de changer les baguettes à temps pour que la tête de la baguette ne soit pas trop élevée au-dessus du moule, ce qui pourrait empêcher le moule d'entrer sous le sommier de la presse et donner lieu à quelque dérangement grave. Chaque baguette est destinée à comprimer une hauteur de composition qui ne doit pas dépasser après la compression 4, 5 pouces, qui représentent quinze lanternes de composition. Pour opérer le changement des baguettes à temps, il suffirait donc de compter le nombre de pressions, mais ce serait trop attendre de l'attention des ouvriers, et cela pourrait donner lieu à des erreurs : pour y suppléer, le moule porte un indicateur *h''* (*planche* XXV) que la baguette ne doit jamais dépasser en hauteur. Enfin, pour le cas où cet avertissement, s'adressant à la vue, resterait sans effet, et où la baguette viendrait à s'élever trop haut, la presse se refuserait d'exécuter la compression et rappellerait à l'ouvrier la nécessité de changer de baguette, en abaissant le plateau et ramenant le moule sous les mains de l'ouvrier avant que la baguette vienne à butter contre la paroi verticale du sommier. Le dispositif chargé de réaliser cet effet est formé d'une camme C dont la pression par une baguette s'élevant trop du moule, détermine l'ouverture de la soupape de vidange au moyen de la chaîne *x*.

La camme C peut rendre encore un second service, c'est celui d'arrêter le travail de la presse, dans le cas où, pour une raison quelconque, comme la rupture de la corde, le chariot ne se déplacerait pas horizontalement pendant le mouvement ascensionnel du plateau. La partie horizontale de l'indicateur *h''* (*planche* XXVI) mettrait alors en mouvement la camme C. C'est ainsi que le système de cette presse obvie au manque d'attention de la part de l'ouvrier auquel est confiée la direction de la presse, et, en cas de dérangement, dans une des parties les plus essentielles du mécanisme de la presse, en arrête le travail.

La presse est munie de quatre moules en fonte pour les fusées de 2, de 2 et demi, de 4 et de 5 pouces. Chaque moule est composé de deux parties demi-cylindriques H H' (voyez *planche* XXVI) dont le plan de joint passe par l'axe de la fusée, et est perpendiculaire à la direction du mouvement que prend le moule lorsqu'il se meut sous la presse. Ces deux moitiés se réunissent des deux côtés par des boulons dont le nombre est de 4 pour la fusée de 2 pouces, 6 pour celle de 2 pouces et demi, 8 pour celles de 4 pouces, et 10 pour les fusées de 5 pouces. Les boulons sont placés dans des échancrures disposées sur les bords des moules. Chaque boulon est formé d'une tête cylindrique *n* (*fig.* 2) avec un œil dans son axe. L'extrémité du boulon est amincie pour former un manche qu'avoisine la partie filetée du boulon. Chaque boulon porte une rondelle de pression en acier *e*, un écrou et un contre-écrou *e' d* en bronze, et une bague en acier *f*, fixée sur le boulon au moyen d'une goupille qui s'oppose à l'enlèvement des écrous du boulon. De chaque côté du moule, les écrous sont réunis par une tringle cylindrique en f r passant par les œils des boulons, formant axe de rotation, des têtes des écrous, qui traversent en même temps des oreilles faisant corps avec le moule. Au moyen de ce dispositif, pour desserrer les moules, il suffit de desserrer les écrous et de les faire pivoter. Cette opération est bien plus expéditive que lorsqu'il s'agit d'enlever totalement les écrous et d'extraire les boulons de leur logement; en outre, elle présente l'avantage d'écarter la possibilité d'enlever les écrous et les boulons, ou de les laisser tomber pendant l'opération du moulage et du démoulage, inadvertance dont les suites peuvent être graves, car elles peuvent donner lieu à l'inflammation de la poussière de poudre qui recouvre toujours en couche impalpable l'extérieur des moules, et par l'entremise de laquelle le feu peut facilement s'étendre et causer de graves accidents.

Les deux parties du moule reposent sur un socle K qui présente à sa surface supérieure une coulisse dans laquelle se meuvent les bases des moitiés du moule. Le déplacement des deux moitiés du moule s'opère simultanément le long de cette coulisse pour en produire l'écartement, ou le rapprochement au moyen d'une vis logée dans le socle, et munie de filets opposés. Les filets de cette vis traversent des écrous *m m'* logés dans les bases des moules. Pour s'opposer à l'endommagement de cette vis par le serrage des boulons, dans le cas que les deux moitiés du moule ne seraient pas totalement rapprochées, les écrous ont chacun un jeu de 5 millimètres dans le sens de la longueur de la vis entre les parois de la cage dans laquelle ils se logent; des ouvertures latérales disposées sur le socle des moules donnent la possibilité de voir et de vérifier constamment la position des écrous *m m'*. La vis est munie d'un volant à manivelle V pour la manœuvre, en guise de clef.

Le socle du moule se fixe au moyen de quatre boulons sur le chariot de la presse.

Les moules de tous les calibres, y compris la hauteur des socles, doivent avoir la même hauteur pour concorder avec la course du piston de la presse; aussi la hauteur des socles est-elle en raison inverse de la hauteur des moules. La hauteur des socles est suffisante dans tous les calibres pour que le volant V reste constamment fixé sur la vis, excepté dans le calibre de 5 pouces dans lequel le volant descend plus bas que le bord du plateau de la presse. Pour que cela ne soit pas un empêchement au déplacement horizontal du moule, le volant est placé sur un carré terminant la vis, et le quitte par le déplacement du moule pour être soutenu alors par trois galets de frictions à gorge destinés à recevoir l'anneau du volant, et tournant librement sur des axes horizontaux fixés au bord du plateau de la presse. Pour enlever facilement les moules avec leur socle de dessus le plateau de la presse, ils sont munis d'oreilles *h h'*.

L'enlèvement des moules et la manœuvre des baguettes de chargement dans les grands calibres des fusées s'opèrent (voyez *planche* XXIX) au moyen d'une grue suspendue au plafond de l'atelier au-dessus de la presse. Les principales parties de cette grue sont 6 toises de rails en fer sur lesquels roule un chariot muni de deux chaînes, l'une pour l'élévation des objets, et l'autre pour le déplacement du chariot le long des rails. Ces chaînes se manœuvrent au moyen d'un treuil placé sur le sol de l'atelier, sous une extrémité des rails. La grue est destinée aussi à servir au montage et au démontage de la presse, et les pièces en sont calculées en conséquence.

Complétons ces indications générales sur le dispositif des grues par quelques détails de leur construction (*planche* XXIX), dans laquelle L représente l'ensemble de la presse BB..., le double rail en fer soutenu par les supports A A... Le chariot est muni de quatre galets, dont deux roulant sur chaque rail; il supporte en outre trois poulies D, E, F.

Le déplacement du chariot le long des rails s'opère au moyen de la chaîne *u*, *x*, *y*, *z*, que nous nommerons chaîne de déplacement, dont les extrémités sont fixées au chariot C, et qui passe par-dessus les poulies *x*, *y*. Cette chaîne est mise en mouvement au moyen de la manivelle P, qui met en mouvement la poulie *x* au moyen du pignon Q et de la roue R. Le sens de rotation de la manivelle P détermine le sens du mouvement du chariot.

L'élévation des objets à soulever s'opère au moyen de la

chaîne m, n, o, p, q, r, que nous nommerons chaîne d'élévation, fixée par son extrémité r. Cette chaîne supporte par quatre brins au moyen d'une double poulie J et des trois poulies D, E, F, un double crochet. Le bout libre de la chaîne d'élévation s'enroule sur le tambour du treuil T, dont le mouvement s'opère au moyen d'une roue dentée S en prise avec un pignon. Le pignon se manœuvre par les manivelles W, V. Pour maintenir immobiles les pièces soulevées par la chaîne d'élévation, l'axe du pignon de la roue S est muni d'une roue à rochet entre les dents de laquelle pénètre la dent de levier d'encliquetage K. Ce levier est chargé à son extrémité libre d'un poids pour en assurer constamment l'effet; une pièce quelconque étant soulevée par le double crochet, le chariot peut être déplacé le long des rails sans que la pièce soulevée change de position par rapport à la hauteur, car alors la chaîne m, n, o, p, q, sans varier de longueur par rapport à son point d'attache R et par rapport à son enroulement autour du tambour T, se sera mise en mouvement dans les gorges des poulies D, E, F, J, sans faire monter ni descendre la double poulie J.

La chaîne d'élévation est, sur notre dessin, mouflée à quatre brins dans la supposition de grands poids à soulever comme les poids que l'on peut avoir à élever en montant ou en démontant les presses; mais comme un pareil mouflage ralentit de beaucoup le travail quand il ne s'agit que de poids à élever, comme, par exemple les moules des fusées et les baguettes de chargement, l'on peut ne moufler les chaînes qu'à deux brins en ne se servant que d'une seule des deux poulies J et des deux poulies D et E du chariot C.

Chaque moule a son jeu de baguettes en acier, qui sont au nombre de quatre pour les fusées de 2 pouces, de cinq pour celles de 2 pouces et demi, de huit pour les fusées de 4 pouces, et de dix pour celles de 5 pouces.

Les têtes de toutes ces baguettes sont d'égale hauteur et présentent chacune une ouverture transversale pour y passer une broche destinée à faciliter le dégagement et l'extraction de la baguette de la fusée en chargement.

Les fusées sont supportées pendant le chargement par une bague en acier fixée au socle du moule; cette bague soutient le culot de la fusée, et son ouverture centrale sert à loger la vis au moyen de laquelle on préserve l'ouverture centrale du culot de la déformation pendant le chargement.

La presse que nous venons de décrire peut être aussi utilisée pour charger des fusées d'après le procédé en usage en France, c'est-à-dire sans retirer le moule de dessus le sommier; l'on pourrait y recourir dans le cas où l'on aurait à charger des fusées d'un calibre plus fort que celui de 5 pouces ou plus longues que celle-ci. Dans cette prévision, le sommier de la presse est muni d'une ouverture verticale pour la manœuvre des baguettes, fermant en dessous par une plaque à buttoir N (*planche* XXV). On peut aussi adapter à cette presse des moules du système français, formés de deux moitiés tronconiques réunies par des cercles en fer, et se servir de la presse pour le moulage et le démoulage, en soutenant dans ces opérations la base du moule au moyen de la grue et de pièces spécialement appropriées à cet usage *.

* En faisant ces lectures en 1860, à Saint-Pétersbourg, nous ne pouvions parler de la presse à fusées que nous venons de décrire que comme d'une machine à établir dont nous avions à justifier la conception; mais à présent que trois presses de ce genre viennent d'être exécutées, sous notre direction, par l'établissement de construction de machines de MM. Farcot et fils, près de Paris, au Port-Saint-Ouen, nous en avons parlé comme de machines existantes dont nous aurions à rendre compte. Ces presses, essayées toutes les trois, ont parfaitement réussi. L'expérience a indiqué, d'accord, du reste, avec les prévisions du projet, qu'il fallait sept chevaux-vapeur de force pour mettre chacune d'elles en action. Chacune de ces presses a été essayée au maximum de la pression, c'est-à-dire à 400,000 kilogrammes, pression qui, conformément aux clauses du marché pour l'établissement de ces presses, a été maintenue pendant une heure de suite, sans que rien se dérange dans la presse. Et ici, pour fixer les idées sur l'é-

Débourrage des fusées chargées. — Il est très-avantageux de laisser reposer pendant un certain temps les fusées fraîchement chargées; même en Autriche, avant de procéder à leur achèvement, on les laisse reposer un mois entier, c'est-à-dire le temps

norme puissance de ces presses, nous aurons recours à une comparaison, en observant que 400,000 kilogrammes représentent le poids de 5,000 hommes au moins. Il est de mon devoir d'exprimer toute ma reconnaissance à MM. Farcot pour la réussite de ces presses et de les remercier en particulier des études de quelques dispositions de détails et d'ajustements qu'ils ont bien voulu faire dans leurs ateliers pour assurer les effets de ces presses et qui ont surtout porté sur les dispositifs ayant pour objet de faire abaisser le plateau de la presse une fois la pression voulue obtenue et expirée, sans pertes de temps et sans chocs nuisibles entre les pièces de la machine. Là ne se bornent pas les services rendus par MM. Farcot à la réalisation de mon système de presse. Ainsi, dans mon projet, je me basai sur l'uniformité du moteur pour obtenir l'uniformité dans le temps de la compression. Avec beaucoup de soins et en écartant autant que possible toute variation dans les résistances du travail à produire, l'on peut compter sur l'uniformité d'une bonne machine à vapeur; mais autrement, en se plaçant dans les conditions où l'on se trouve dans les ateliers de fabrication de machines, où la résistance varie continuellement, il serait bien difficile d'avoir une vitesse rigoureusement uniforme, à cause de l'imperfection des modérateurs à pendule conique habituellement employés. Il en serait de même en faisant travailler les trois presses et toutes les machines-outils de la nouvelle fabrique de fusées en Russie, au moyen d'une seule et même machine à vapeur. Fort heureusement que cette lacune de la mécanique industrielle vient d'être comblée par MM. Farcot, par l'invention d'un modérateur de machine à vapeur, à bras croisés, qui maintient la régularité de la marche malgré toutes les variations possibles du travail. S'il arrive, par exemple, que la courroie motrice tombe dans une usine où tout est transmis par une seule courroie, le régulateur maintient la vitesse et empêche la machine de s'accélérer, bien que toute la résistance soit supprimée instantanément.

Ce système de modérateur a été appliqué par MM. Farcot à environ soixante-dix machines, dont plusieurs fonctionnent depuis près de quatre ans, et dans lesquelles on constate la promptitude et la constance de l'action régulatrice, ainsi que la simplicité et la facilité d'entretien du système.

Ce modérateur a été présenté à la Société d'encouragement pour l'industrie nationale en France par MM. Farcot et fils; il en a été fait une appréciation par M. Tresca, professeur de mécanique industrielle au Conservatoire des arts et métiers, au nom du comité des arts mécaniques de cette société, où il est dit que des observations faites à la fabrique de pianos de Mme Érard, aux environs de Paris, pour constater l'effet de ce modérateur, ont prouvé qu'en faisant varier brusquement la puissance de la machine à vapeur de trois à vingt chevaux, grâce au modérateur, il n'y avait aucune variation de vitesse, et que, par conséqent, le problème que se sont posé les inventeurs est résolu de la manière la plus satisfaisante.

Le rapport de M. Tresca est terminé par la conclusion que le régulateur de

nécessaire indiqué par l'expérience, pour que la composition comprimée se place dans un état d'équilibre par rapport à la tension du cartouche, et cesse d'augmenter de volume.

La tendance de la composition des fusées à augmenter de

MM. Farcot est un appareil d'un emploi sûr et presque indispensable dans tous les cas où les variations de travail sont grandes et que la Société d'encouragement rendra un véritable service en appelant sur cet appareil l'attention des chefs d'usine, auxquels elle croit pouvoir le recommander tout spécialement. (Séance du 1er août 1860.)

La machine à vapeur destinée à la nouvelle fabrique de fusées en Russie, forte de 40 chevaux, a été aussi établie par MM. Farcot, et est munie d'un régulateur à bras croisés; aussi n'y a-t-il aucun doute à avoir sur l'uniformité de la marche des presses, soit qu'on les fasse marcher seules, soit que, pendant leur travail, on profite en même temps du moteur qui les animera pour mettre en marche toutes les machines-outils de l'établissement à mesure que le besoin s'en fera sentir.

Pour le cas de l'impossibilité d'assurer au moteur un mouvement suffisamment uniforme, nous avions en réserve un procédé de faire durer à volonté la pression obtenue qui pourrait être d'une précision extrême, et auquel nous aurions même recours malgré les perfectionnements réalisés pour rendre uniforme la marche de la machine à vapeur s'il n'entraînait la nécessité de l'emploi de l'électricité.

En dehors des soins méticuleux à donner à une pile galvanique, aux conducteurs, aux appareils électriques qui font hésiter de recourir aux applications techniques de l'électricité, on pourrait en obtenir des résultats bien avantageux pour gouverner des effets mécaniques même de la plus grande puissance. Ainsi, dans le cas des presses que nous venons de décrire, en y ayant recours, il n'y a plus à avoir d'archet sur la tige de la petite pompe, de roues à engrenages, de vis sans fin sur le châssis mobile et de plateaux à broches, fixés sur l'axe soutenu par le portant des pompes. Toutes ces pièces et leurs accessoires seraient remplacés par deux fils conducteurs de l'électricité, dont l'un aboutirait au châssis mobile, et l'autre à la tige de la petite pompe pour que le contact métallique, entre ces deux fils, puisse avoir lieu pendant tout le temps de soutien des poids régulateurs par la traverse inférieure du châssis.

Ces deux fils étant en communication avec les deux pôles d'une pile, un circuit électrique se trouverait établi pendant l'injection de la petite pompe et serait ouvert aussitôt que le piston de la petite pompe resterait suspendu; ou, en remontant des effets aux causes, le circuit serait ouvert au moment où la limite de la pression dépendante des poids régulateurs du piston de la petite pompe serait atteinte. Il est aisé de concevoir comment ce circuit électrique pourrait activer un électro-aimant dont la force attractive s'annulerait au moment où la limite de la pression serait atteinte. Avec ce procédé, s'il s'agissait de faire durer la compression un temps extrêmement court, il suffirait de soumettre le manche du levier L dépendant de la chaîne Y à l'action de l'électro-aimant, tendant à soulever le levier, en lestant ce levier convenablement pour que, l'aimantation venant à cesser, le levier puisse s'abaisser de lui-même et produire les effets qui ont lieu actuellement à sa mise en mouvement par la traction de la chaîne Y. — Pour

volume, dans le temps qui suit immédiatement la compression est telle, que le diamètre du cartouche, au bout de quelques heures, est augmenté à ne pouvoir plus être replacé dans le moule, et que la composition, présentant une section plate à la superficie supérieure du massif, prend une forme sensiblement convexe. Les fusées achevées immédiatement après leur chargement, surtout quand, d'après le mode de fabrication, elles doivent subir l'opération du forage, se conservent moins bien que les fusées auxquelles on a donné le temps d'arriver à des dimensions qui ne se modifient plus.

La première opération après le chargement dans l'établissement des fusées à Saint-Pétersbourg est de débourrer la terre glaise qui obstrue les évents. Anciennement on procédait à cette opération après le forage, mais actuellement elle a lieu avant le forage; car il est bien moins dangereux d'avoir à extraire la glaise d'une fusée qui n'est pas encore forée. Les outils dont on se sert pour cette opération sont en acier et constituent des crochets dont la pointe et le dos sont tranchants. L'expérience a pleinement confirmé l'avantage d'enlever la terre glaise avant le forage. Ainsi, après l'introduction de

pouvoir varier le temps entre l'instant de la démagnétisation de l'aimant et l'instant de l'action sur le levier L, et être ainsi le maître de faire durer plus ou moins la pression de la presse, il faudrait recourir à un dispositif chronométrique qui, libéré de l'action de l'aimant, vînt agir, au bout d'un certain temps réglé d'avance à volonté sur le levier L. — Il serait trop long de se livrer ici à l'étude d'un pareil appareil, qui n'offre, du reste, aucune difficulté dans l'exécution. Il y aurait même différentes manières de l'établir, et entre autres directement en communication avec la soupape de vidange sans recourir au système des leviers actuels. Avec un dispositif électrique pour gouverner la presse, on ne perdrait pas l'avantage de pouvoir établir un moyen de prévenir les dérangements que procure la camme C; la différence serait qu'au lieu de produire une traction sur la chaîne, elle ferait jouer un commutateur pour ouvrir le circuit électrique activant l'électro-aimant commandant la soupape de vidange. Actuellement nous ne citons la possibilité de l'application de l'électricité aux presses pour charger les fusées, pour en régulariser les effets, que pour prendre date d'une application qui n'est pas sans avenir pour l'époque où les sources de l'électricité et sa manipulation seront plus abordables à la technologie qu'elles ne le sont actuellement. (*Note postérieure aux lectures.*)

cette mesure, il y eut une fusée de 4 pouces qui prit feu pendant cette opération. L'ouvrier en fut quitte pour la peur; il jeta la fusée enflammée, qui brûla sur le plancher, sans se déplacer sensiblement, ce qui n'aurait pas eu lieu si cette fusée eût été munie de son âme. Il faut ajouter que cette fusée fondit le plomb en feuille dont sont recouverts les planchers des ateliers de pyrotechnie dans la fabrique des fusées de Saint-Pétersbourg, et qu'elle mit le feu au plancher, accidents de peu de gravité, grâce aux mesures de précaution pour éteindre l'incendie qu'on tient toujours à proximité des ateliers. Cet accident prouva la nécessité d'un nouveau perfectionnement, c'est-à-dire la nécessité de maintenir la fusée dans un étau pendant l'opération du débourrage de la terre glaise.

Forage de l'ame dans les fusées. — Avant mon entrée dans l'établissement des fusées, l'établissement possédait une machine à forer dans laquelle la fusée était placée verticalement, le culot en bas, dans deux collets en cuivre faisant partie d'un chariot vertical glissant le long de deux montants; le foret était mis en rotation au moyen d'une transmission de mouvements formée d'engrenages, et d'un volant à manivelles, qui était tourné à la main; la fusée descendait sur le foret en partie par son propre poids, augmenté du poids du chariot, et en partie par l'effet de l'ouvrier, qui dirigeait le forage au moyen d'un treuil, sur lequel s'enroulaient deux courroies disposées pour exercer une traction sur le chariot. Cette machine à forer était défectueuse:

1° Pour forer dans un cylindre un canal concentrique, il faut communiquer au cylindre un mouvement de rotation par rapport à son axe, et imprimer au foret un mouvement d'avancement seulement, car dans ce cas il est bien plus aisé d'imprimer un mouvement de rotation au cylindre qu'au foret, parce que nous avons dans notre disposition les deux extrémités du cylindre, tandis que dans le foret avec sa longue tige, on ne peut se servir que de l'extrémité opposée à la partie coupante pour maintenir le foret et lui imprimer un mouvement de rotation. En outre, dans l'opération du perçage d'un corps mis en rotation, le mouvement de rotation suffit déjà pour maintenir le foret dans une position concentrique, et une position inexacte du foret ne donne lieu qu'à une variation dans le diamètre du canal. Remarquons ici que le forage exact des canons n'est devenu possible qu'avec l'introduction du principe de la rotation de la pièce et du mouvement d'avancement du foret.

2° Il est très-difficile de placer exactement une fusée de guerre dans deux collets de bronze, à cause du manque d'uniformité du diamètre extérieur de la fusée, qui varie même après le chargement par la dilatation de la composition. On se trouve donc obligé de recourir à des cales en papier pour centrer la fusée et la maintenir avec une fixité suffisante dans les collets.

3° Le désavantage principal de l'ancienne machine à forer consistait en ce qu'elle donnait lieu à des inflammations de fusée pendant le forage, et ce qui est peut-être inévitable dans ce genre de travail, mais ce qui, dans l'ancienne machine à forer, pouvait dépendre beaucoup d'une grande vibration qui surgissait dans la machine pendant l'opération du forage et de ce que rien ne déterminait la vitesse avec laquelle doit avoir lieu le forage, condition d'autant plus essentielle à remplir qu'avec une vitesse trop petite le forage ne se fait pas bien, et qu'une vitesse trop considérable augmente le frottement contre le foret au point que la température s'en élève jusqu'à modifier sa trempe. Cet excès de chaleur seul est déjà suffisant pour produire l'inflammation de la composition motrice de la fusée; enfin, en cas d'inflammation, les deux ouvriers travaillant auprès de la machine couraient de grands dangers.

Pour obvier à tous ces défauts, j'ai établi une nouvelle

machine à forer (voyez *planche* XXX) dans laquelle la fusée se fixe verticalement dans un châssis en fonte A muni de deux tenons *z*, *u*, destinés à maintenir le châssis dans des coussinets, et à pouvoir lui imprimer un mouvement de rotation au moyen d'un volant à manivelle W que deux hommes font tourner. Pour maintenir la fusée dans le châssis, on engage son culot dans un creux conique d'un mandrin en bronze *x* fixé dans le bas du châssis; ce mandrin contient une ouverture qui se prolonge à travers le tenon inférieur *u* pour laisser passer le foret C. Dans la partie supérieure de la fusée, pour la maintenir dans le châssis, pénètre un autre mandrin ayant la forme d'un cône en bronze fixé au bas d'une traverse *a* qui glisse entre les montants du châssis, et que l'on peut descendre plus ou moins au moyen d'une vis de pression E traversant le haut du châssis et le tenon supérieur; la fusée est centrée par rapport à l'axe des tenons, par l'effet de la forme conique des mandrins qui la maintiennent avec toute l'exactitude désirable, sans que l'ouvrier ait à s'en préoccuper lors du placement de la fusée.

Le mouvement de rotation est communiqué aux châssis par une corde sans fin qui enveloppe la poulie B du volant et pénètre dans la gorge d'une poulie horizontale K fixée sur le tenon supérieur du châssis, au dessus du coussinet qui maintient ce tenon. Pour passer du volant qui est vertical à la poulie qui est horizontale, la corde sans fin est guidée par deux poulies de renvoi N. Le dessin ne permet d'en voir qu'une seule. La disposition de cette machine à forer offre le moyen de tenir les hommes moteurs à une distance suffisante de la fusée à forer, pour leur éviter tout danger dans le cas de l'inflammation d'une fusée pendant le forage.

Pour guider les hommes dans la vitesse de rotation qu'ils doivent imprimer au volant, j'ai eu recours à un régulateur acoustique, muni de deux sonnettes de timbres différents. L'une de ces sonneries se fait entendre quand la vitesse de rotation est insuffisante, et l'autre quand elle est trop grande; il faut donc que le volant se meuve sans qu'on entende de sonnerie. Le dispositif de ce régulateur acoustique est le suivant : une corde sans fin est jetée autour d'une poulie B' fixée sur l'axe du volant, passe par des poulies de renvoi M, et met en rotation un axe en fer vertical L muni d'une poulie G pour cet effet. Cet axe a sa partie inférieure formée en pivot tournant dans un coussinet en bronze; la partie supérieure de cet axe est maintenue par deux coussinets en bronze, l'axe s'élève au-dessus de ces deux coussinets, et supporte une barre en fer H dont les extrémités sont relevées verticalement en équerre; les deux bouts de ces barres servent à tendre un fil d'acier d'une ligne et demie d'épaisseur; ce fil supporte un poids en forme de cylindre en bronze J, perforé dans son axe pour livrer passage au fil d'acier.

Ce cylindre est réuni par l'un des bouts à la barre au moyen d'un ressort en boudin qui enveloppe le fil soutenant le poids. Quand ce système est mis en rotation, le cylindre placé sur le fil, un peu en dehors de l'axe de rotation, se déplace de sa position par la force centrifuge. Avec une vitesse de rotation constante, la position du cylindre devient constante par rapport à l'axe de rotation; car alors la force centrifuge est équilibrée par la tension du ressort à boudin. Des variations dans la vitesse de rotation entraînent dans la position du cylindre des déplacements qui font agir les sonneries. Les sonneries sont formées de deux sonnettes, S, *s*, de tons différents, soutenues chacune par un manchon qui glisse le long d'une pièce de bois fixée horizontalement par ses extrémités au plafond. Les manchons supportant les sonnettes peuvent se déplacer le long de cette pièce et être fixés dans leur position au moyen des vis de pression dont ils sont munis. Ces sonnettes ont des battants assez longs pour être déviés par le cylindre, celui-ci venant à passer sous la sonnette. C'est en plaçant convenablement les manchons à sonnette le long de la pièce de bois que l'on détermine les limites de la vitesse de rotation du volant, auquel se font entendre les sonneries. Pour que les sonnettes restent muettes, il faut que le cylindre passe entre les deux battants sans y toucher.

Au début, quand les hommes moteurs n'ont pas encore l'habitude de se guider d'après les indications du régulateur, on entend continuellement s'alterner les deux sonnettes ; mais, au bout de quelque temps de pratique, ils acquièrent l'habitude de modifier exactement leurs efforts conformément aux indications du régulateur, et ils atteignent, sous ce rapport, un tact tellement fin, qu'on peut rapprocher les limites des vitesses à tel point que la différence entre elles ne constitue guère au delà d'un dixième de seconde par tour de volant.

La fusée étant mise en rotation, le foret ne doit avoir qu'un mouvement rectiligne et ascensionnel dans la direction de sa longueur; ce mouvement est communiqué par un ouvrier placé auprès de la machine à forer, au moyen d'une roue verticale R, dont le mouvement de rotation est transmis par un engrenage angulaire et par une vis verticale *t*. La vis *t* lève ou abaisse, selon la direction de la rotation, un arbre en fonte, maintenu verticalement par des collets en bronze, entre lesquels il glisse sans pouvoir prendre un mouvement de rotation à cause d'une rainure longitudinale disposée sur cet arbre et dans laquelle pénètre un saillant tenant à la surface intérieure d'un des collets. La partie supérieure de cet arbre porte le foret d'acier C. Les scories que produit le forage tombent dans un récipient en cuivre, Q, maintenu sur le bâtis de la machine. Pour suivre le progrès du forage, l'arbre de foret porte un collier V, qui donne la possibilité de juger de son mouvement ascensionnel et que l'ouvrier préposé à la roue R peut voir continuellement à travers l'une des ouvertures ménagées dans les montants du bâtis. Ce collet indique le moment de la fin de l'opération en arrivant contre le coussinet supérieur de l'arbre T.

A l'inflammation d'une fusée, dans l'opération du forage, le plus grand danger dépend des scories, qui s'enflamment avec explosion, comme pourrait le faire de la poudre. Il faut donc, de temps en temps, enlever ces scories, et il est admis en principe de le faire toutes les deux minutes, en arrêtant en même temps le forage. Par cette précaution, on retire encore l'avantage d'empêcher le foret de trop s'échauffer; car sa chaleur diminue à chaque temps d'arrêt. Avec ce mode d'opérer, il ne faut guère au delà de cinq minutes pour forer une fusée de deux pouces, en comptant dans ce temps ce qu'il faut pour placer la fusée et l'enlever après le forage.

La forme du foret constitue un problème assez difficile à résoudre. De longs tâtonnements ont indiqué à la fabrique de Saint-Pétersbourg que la meilleure forme à donner au foret était ce que l'on appelle, en termes de tourneur, en langue d'aspic; ces forets doivent être en excellent acier fondu; on les forge et on les dégrossit à la lime, ensuite on les trempe, puis on les fait revenir jusqu'au bleu, et enfin on les aiguise à la meule d'abord, et à la pierre à l'huile ensuite.

La composition des fusées est tellement dure, surtout à cause du charbon qu'elle contient, qu'après le forage de cinq à six fusées, le foret s'émousse entièrement, et il faut le refaire à neuf, car un affûtage seul en aurait altéré les dimensions. Le foret doit être placé dans la machine à forer avec toute l'exactitude possible; on vérifie sa position, avant d'entreprendre le forage, avec des instruments de précision spéciaux qui ont pour but d'étudier la position du foret par rapport à l'axe de rotation du châssis qui sert au maintien de la fusée, et cela dans les différents points d'élévation du foret. De nouvelles machines à forer sont destinées à la nouvelle fabrique de fusées en Russie. Elles ne différeront des appareils que nous venons de décrire que par des dimensions plus considérables, afin de permettre le forage des fusées de 5 pouces de calibre et de 9 1/2 calibre de long.

En France, les fusées, après avoir été chargées sur la broche, ne sont pas soumises au forage; il n'en est pas de même en Autriche, bien qu'on y opère aussi le chargement sur la broche. La machine qui a pour objet le forage de la surface latérale de l'âme est un banc à foret vertical; la fusée R est placée verticalement dans deux mandrins de tour en cuivre *m n* (*planche* IX) dont le supérieur *m* est mis en rotation au moyen d'une transmission de mouvement mécanique *a b c d* d'une roue à eau; le foret est mis en mouvement par l'ouvrier, qui le fait monter au moyen d'une manivelle *p*, de laquelle le mouvement de rotation se communique à un écrou *h* placé sur la partie inférieure de la tige du foret, muni dans ce but d'un filet de vis. En tournant cet écrou fixé entre deux coussinets, pour rendre impossible le déplacement de l'écrou le long de la vis, on fait monter ou descendre la vis. Quand le forage a atteint la profondeur voulue, la rotation de la fusée cesse par le jeu d'un système automatique dont voici le dispositif:

La camme *x* soulève l'extrémité libre du levier *l*, qui, mis ainsi en mouvement, abaisse le levier *i* au moyen du tirant K, et par cela même désembraye la roue *d* sur son axe, ou, pour se servir de l'expression technique, la rend folle. La rotation de cette roue n'entraîne plus la rotation de son axe, qui, devenant immobile, fait cesser le mouvement de rotation du mandrin supérieur *m*, faisant corps avec lui, et par conséquent de la fusée même.

Pour assurer l'immobilité du mandrin *m* pendant l'opération de l'enlèvement de la fusée, qui nécessite l'abaissement préalable de l'arbre du foret, le crochet *y* maintient le levier *l* abaissé. Quand il faut recommencer l'opération du forage avec une nouvelle fusée, il suffit de soulever le levier Z, *y*, dont le crochet *y* n'est que le prolongement et l'extrémité. Ce levier tourne autour d'un axe y', dispositif qui détermine le dégagement du levier l, maintenu par le crochet, par le seul soulèvement de la tête du levier Z. Le levier l devenu libre, le poids q relève le levier i, et rapproche l'embrayage de l'axe du mandrin m de la roue d.

Le poids du levier y Z fait l'office d'un ressort pour maintenir le crochet y, tout en lui permettant de céder à la pression du levier l soulevé par la camme.

La machine à forer autrichienne appartient aux machines-outils d'un modèle vieilli, surtout à cause des dimensions grêles de toutes ses parties, qui ne sont pas suffisantes pour s'opposer aux vibrations nuisibles.

Ce n'est que dans les derniers temps que les Anglais nous ont enseigné à ne pas ménager la matière dans les machines-outils pour écarter les vibrations et rendre les mouvements réguliers; en outre, il est plus avantageux de mettre en mouvement les machines à forer à la main qu'avec des moteurs inanimés ou inintelligents; car ce n'est qu'au travail à la main qu'on peut reconnaître toujours l'état du foret, et qu'on peut, en conséquence, s'arrêter à temps pour changer un foret émoussé ou un foret qui ne coupe pas à cause d'une trempe mauvaise; enfin, dans la machine à forer autrichienne, dans le cas d'inflammation de la fusée, l'ouvrier qui conduit le forage est trop exposé.

La machine que nous venons de décrire ne sert, comme nous l'avons dit plus haut, que pour enlever la surface latérale de l'âme obtenue sur la broche. Nous nous en sommes occupés; car elle aurait pu également être appliquée à forer l'âme dans un chargement massif. Pour forer le fond de l'âme, on possède, à Winer Neustadt, une seconde machine dans laquelle on imprime au foret, en même temps le mouvement de rotation et le mouvement de progression. Enfin, l'établissement de Winer Neustadt possède encore une troisième machine à forer la composition des fusées, destinée à forer la lumière des fusees. Mais nous ne nous occuperons pas de ces deux dernières machines, parce qu'elles sont d'une spécialité trop restreinte, et qu'elles sont exclusivement destinées au système des fusées autrichiennes.

Pour déterminer la transmission du feu de la combustion du massif de la fusée à l'espolette du projectile de la fusée au moment opportun, il faut forer dans le massif un canal qui soit opposé à l'âme de la fusée; ce forage s'exécute au moyen d'un tour spécial. L'une des conditions essentielles, dans cette opération, est de déterminer bien exactement la distance entre les fonds de l'âme et le fond de ce canal, opération qui s'obtient par des instruments de mesurage spéciaux. La description du tour à percer le canal du massif avec les instruments de mesurage ne cadre point avec ces lectures comme appartenant à des outils qui n'ont rien de bien particulier, et qui n'offrent véritablement de l'intérêt que pour le praticien qui met la main à l'œuvre, mais non pour ceux qui, n'ayant besoin que de données positives pour juger la question, n'ont qu'à se préoccuper des principes généraux sur lesquels repose la fabrication.

Aussi, nous croyons pouvoir clore ici la fabrication des corps de fusées et la description de leur chargement.

Mesure de la force motrice des fusées. — Nous sommes arrivés au point où les fusées sont chargées; il ne reste qu'à les armer de projectiles et à les munir de baguettes. Mais, avant de les équiper ainsi, arrêtons-nous sur les moyens de mesurer la force motrice emmagasinée dans les fusées, et de déterminer son mode d'action à partir du début de la combustion de la fusée jusqu'à sa fin. Il est nécessaire de recourir à de pareils moyens pour vérifier le chargement et pour étudier les lois de l'action de la force motrice dans les fusées, afin d'avoir des données positives pour contrôler la fabrication courante et pour guider dans les perfectionnements ultérieurs des fusées.

Le moyen le plus simple de vérifier la valeur de toute espèce de projectile, c'est d'en faire l'essai dans les conditions de l'emploi auquel ce projectile est destiné; mais l'emploi est influencé par beaucoup de causes accidentelles qui modifient le résultat. Pour écarter l'influence de ces causes accidentelles, il faut multiplier les essais et s'en tenir aux moyennes, ce qui souvent est impossible à cause des frais auxquels cela entraînerait, et du temps nécessaire pour faire les expériences. D'un autre côté, l'essai dans les conditions de la réalité ne donne qu'un résultat dans lequel sont absorbées toutes les particularités des effets qui concourent à produire ce résultat.

De tout cela résulte la nécessité d'avoir des moyens d'investigation analytiques pour étudier un seul ou plusieurs phénomènes isolément de ceux qui concourent à produire le résultat définitif.

Ces considérations ont amené l'invention des pendules balistiques, et d'autres procédés pour recueillir les données nécessaires à la solution des problèmes de la balistique extérieure et intérieure des canons et des armes à feu à mains ; de même, par rapport aux fusées de guerre, ces considérations ont motivé la nécessité de chercher un moyen pour étudier la force motrice des fusées, ainsi que son mode d'action sans recourir au tir.

Pour mesurer la force motrice des fusées, le mieux serait de pouvoir le faire sans modifier la vitesse de translation de la fusée à travers l'espace, et de déterminer, dans ces conditions, la pression intérieure contre la tête de la fusée et la tension intérieure des gaz, dans les différents instants de la combustion de la composition motrice ; mais, posé ainsi, le problème ne nous paraît pas présenter assez de prise aux moyens d'expérience qui sont actuellement à notre disposition. Il faut déplacer la question de terrain, et commencer par immobiliser la fusée ou en limiter bien grandement la vitesse de mouvement. Nécessairement on altère ainsi les résultats, car la tension intérieure des gaz et la vitesse de leur écoulement à travers les évents ne peuvent pas être les mêmes dans une fusée en mouvement qui ne transporte que son propre poids à travers l'espace ou celle que l'on immobilise plus ou moins en faisant butter sa tête contre un dynamomètre ou contre un obstacle présentant une résistance déterminée. Néanmoins, faute de mieux, des résultats ainsi obtenus peuvent encore donner des indications précieuses pour la confection des fusées, pour vérifier l'uniformité de leur fabrication, et être acceptés, ce nous semble, comme une solution approximative du problème de la détermination de la force motrice emmagasinée dans la fusée. Et c'est ainsi que nous envisagerons la question en faisant l'exposé du moyen auquel nous avons eu recours dans cette occasion.

Pendant mon séjour en Autriche, en 1847, en causant de cet objet avec le créateur des fusées autrichiennes, feu le baron Augustin, je fus honoré de la réponse suivante : « Vous voulez commencer par où j'aurais dû finir. » A quoi le défunt baron ajouta « que, pour lui, il s'était contenté de mesurer la force des fusées au moyen d'une balance ordinaire : » dans ce but on plaçait les fusées verticalement, la tête en bas, sur un des plateaux de la balance ; on les maintenait dans cette position au moyen de pièces métalliques combinées pour cet usage. L'autre plateau était chargé de poids ; ces dispositions terminées, on mettait le feu à la fusée, qui déplaçait le fléau de la balance, ou ne produisait aucun effet selon la charge du plateau opposé à celui contre lequel la fusée agissait.

Au moyen d'une série d'expériences continues, en variant les poids opposés à la fusée, on parvenait à obtenir des limites entre lesquelles était contenu le plus grand effort produit par la fusée. Par ce procédé approximatif, mais qui, incontestablement, présente l'avantage d'une grande facilité d'exécution, on peut se rendre compte en partie de l'effet qui peut être exercé sur la force motrice par le dosage des fusées, par les dimensions de l'âme, etc.

En France, pour mesurer la force des fusées, on emploie l'appareil dynamométrique à style pour mesurer l'effet utile des moteurs, inventé par le général Morin, directeur du Conservatoire des arts et métiers. Cet appareil, appliqué aux fusées, est formé d'un ressort à lames d'acier, rappelant par son aspect un des ressorts à pincettes d'un train de devant d'une Victoria; une des branches de ce ressort est appuyée contre un point fixe, tandis que l'autre est soumise à la pression normale d'une fusée guidée par un chariot mobile, se déplaçant librement entre des galets de friction. La branche qui est soumise à la pression de la fusée est munie d'un style dont les indications sont enregistrées sur la surface cylindrique d'un tambour mis en rotation d'un mouvement uniforme. Le mouvement de rotation du tambour est produit par un poids dont l'effet se transmet au moyen d'une corde qui enroule le cylindre d'un treuil, dont la rotation est transmise au tambour au moyen d'un système d'engrenage. Le mouvement de rotation du tambour est rendu uniforme par l'effet d'un volant à ailettes. Sans entrer dans de plus amples détails, nous dirons que la vitesse du mouvement de rotation du tambour est déterminée par un compteur à pointage, et que la trace que produit le style sur la circonférence du tambour donne le moyen de déterminer l'effort moyen de la fusée, son maximum de pression, la quantité de travail qui a été produite par la combustion de la composition, et, en définitive, le temps qu'a duré cette combustion.

Le dynamomètre français pour mesurer la force des fusées de guerre répond à sa destination; mais il présente cet inconvénient que, lorsque la force qui comprime les ressorts diminue d'intensité, la réaction de ceux-ci est accompagnée de vibrations qui nuisent à la précision des indications. Cet inconvénient n'est d'aucune valeur quand on applique les dynamomètres à ressort à l'étude des moteurs, qui continuent leur effet pendant longtemps avec des variations peu intenses et ne s'opérant que graduellement; car, dans de pareils cas, le degré de la compression des ressorts est, à bien peu de chose près, proportionnel à la force qui les comprime, et les différences qu'il pourrait y avoir sont annulées par la déduction des résultats de moyennes déterminées par des expériences d'une assez longue durée; mais quand la force motrice agit dans un laps de temps très-court, avec de grandes variations dans son intensité, ainsi que cela arrive dans les fusées, ces appareils laissent à désirer sous le rapport de la précision des indications, car alors la durée de l'expérience est insuffisante, et les variations sont trop brusques pour établir des moyennes, et il serait très-difficile de rectifier les résultats obtenus au moyen de corrections, en raison des lois des oscillations des ressorts, oscillations qui, dans chaque moment, dépendent de la totalité des efforts exercés contre les ressorts dans tous les instants précédents de la même expérience.

Pour obvier à ce désavantage des dynamomètres à ressort, j'ai eu recours à l'appareil le plus précis que possèdent les sciences d'observation pour mesurer le temps, je veux parler du pendule, et c'est ainsi que j'ai établi un pendule balistique pour les fusées. Ce pendule est pareil aux pendules balistiques récepteurs des canons (voyez *planche* XXXI); seulement la fusée n'est pas tirée contre le récepteur, ainsi que cela se pratique pour les projectiles d'artillerie, quand il s'agit de déterminer leur vitesse, mais, le pendule étant au repos, elle se place horizontalement dans le récepteur P, dans le plan des oscillations, et de manière que son axe coïncide avec le centre d'oscillation du pendule. On cale fortement la fusée dans le récepteur, et, cette précaution achevée, on y met le feu; l'effort de la fusée fait alors dévier le pendule d'une certaine quantité. S'il ne s'agissait que de connaître la somme du travail mécanique emmagasiné dans la fusée, il suffirait alors de mesurer la déviation, et d'en déduire l'élévation du centre de gravité du pendule. Le produit de cette hauteur par le poids total du pendule présenterait l'expression de tout le travail développé par la fusée en pouds-pieds ou en kilogrammètres, selon le choix des unités de mesure. Mais, pour la confection des fusées, il est encore très-essentiel de connaître quel a été le développement de cette force depuis le commencement de la combustion de la fusée jusqu'à son extinction. Il ne suffit donc pas de mesurer l'amplitude totale de la déviation du pendule, il faut encore déterminer quelle est la nature de cette déviation par rapport au temps.

Pour résoudre ce dernier problème, un cylindre horizontal A, de un pied de diamètre, est disposé à proximité du pendule. L'axe de ce cylindre est parallèle au plan d'oscillation du pendule; ce cylindre est mis en rotation à bras au moyen d'un volant à manivelle B muni d'un régulateur acoustique C, semblable à celui dont nous avons fait la description en détaillant la machine à forer, à la page 168.

Ce cylindre A consiste en un axe en fer et deux disques en fonte, formant les deux extrémités du cylindre; la surface courbe du cylindre est formée de planches qui s'appuient sur les disques qui constituent les extrémités du cylindre. Extérieurement, le cylindre est mastiqué et peint d'après les procédés de peinture des voitures de luxe, pour offrir une surface parfaitement lisse et dure.

Parallèlement au cylindre sont placés, l'un au-dessus de l'autre, deux rails en fer D, E entre lesquels se meut librement un chariot F au moyen de trois galets de friction, dont deux supportent le chariot sur le rail inférieur pendant que le troisième, en s'engageant contre le rail supérieur, empêche le chariot de s'échapper d'entre les rails.

Le chariot est rendu dépendant du pendule au moyen d'une tige horizontale G', supportée par le pendule et perpendiculaire au plan d'oscillation du pendule; l'extrémité libre de cette tige pénètre dans une fente verticale ménagée dans le chariot. Quand le pendule est au repos, la tige est au point le plus bas, et à ce moment le chariot occupe une position centrale le long des rails.

Dans les oscillations du pendule, la tige décrit un arc de cercle autour de l'axe de suspension du pendule, et entraîne le chariot, dont les déplacements sont ainsi directement proportionnels au sinus des angles de déviation du pendule.

Le chariot supporte un style indicateur formé d'une aiguille en bois α, qui trace sur la superficie du cylindre. Pour rendre cette trace apparente, la surface du cylindre, avant l'expérience, est recouverte d'une couleur composée de craie broyée à l'eau sans colle. Cette couleur, placée au blaireau, forme une couche mince de blanc sur lequel le style en bois produit des traces très-nettes. Le pendule étant immobile, le style trace sur la surface du cylindre un cercle qui représente la section du cylindre par un plan vertical passant par l'axe de suspension du pendule. La fusée allumée, le pendule est dévié et le chariot déplacé; le style du chariot trace, dans ces conditions, une courbe tangente au cercle tracé par le style au repos. En développant la surface du cylindre, on obtient une courbe plane (*fig.* 2) dont les abscisses, mesurées sur le développement du cercle tracé par le style au repos, sont proportionnelles au temps, et dont les ordonnées rectangulaires correspondantes sont proportionnelles au sinus des angles de déviation du pendule qui se rapportent à ces temps.

L'expérience a indiqué que toute la force motrice des fusées se développait toujours dans la première demi-oscillation du pendule, qu'ensuite le pendule, n'étant plus soutenu par la fusée, tombe et produit une série d'oscillations libres, en s'écartant, dans chaque oscillation, des deux côtés de la verticale passant par l'axe du pendule, de quantités que l'on peut admettre égales entre elles pour chacune des oscillations entières ; mais les oscillations entières diminuent insensiblement d'amplitude jusqu'au moment du repos du pendule.

Il était à supposer que, dans la première demi-oscillation du pendule, où se produit toute la force motrice des fusées, la production de la force motrice doit cesser avant la fin de l'oscillation, et qu'après son extinction, le pendule n'en continuerait pas moins à dévier encore d'une certaine quantité, en raison de la vitesse acquise, jusqu'à ce que l'effet de la pesanteur ait annulé sa vitesse; mais en déterminant, comme il va être exposé plus loin, la force motrice produite par la fusée dans une série d'éléments de temps égaux constituant la première demi-oscillation, il s'est montré que le développement de la force motrice de la fusée continue jusqu'à la fin de l'oscillation, c'est-à-dire que l'excédant de la déviation dû à la vitesse acquise par le pendule, par l'effet total de la force motrice de la fusée après l'extinction de cette force, n'est pas appréciable dans les indications du pendule, tant son étendue est peu considérable.

Lors de l'exécution des expériences, les courbes obtenues sur le cylindre sont reproduites sur papier à l'aide de carreaux tracés sur le cylindre et de papier canevas à carreaux semblables.

La courbe A, *b*, *c* (*fig.* 2), représente la trace obtenue par l'essai d'une fusée au pendule; pour en obtenir les indications que peut révéler cette courbe sur le mode d'action de la force motrice, on trace des tangentes à la courbe, parallèles à l'axe des abscisses; c'est ainsi que l'on obtient les points *b* et *c*, dont le premier représente la position du pendule, au bout de la première demi-oscillation. Faisons passer par le point A ou par l'origine de la courbe un arc de cercle dont le rayon soit égal à la distance qu'il y a depuis le centre de la tige qui met le chariot en mouvement, jusqu'à l'axe d'oscillation du pendule; en plaçant le centre de ce cercle sur la ligne des abscisses et en continuant cet arc de cercle jusqu'à la tangente de la première demi-oscillation, nous obstiendrons l'arc A *d*, qui nous représente la première demi-oscillation, accomplie en réalité par la tige à travers l'espace. En abaissant une perpendiculaire du point *d* sur la ligne A X, nous aurons A *f*, qui donne le moyen de calculer la hauteur d'ascension du centre de gravité du pendule, dans la première demi-oscillation. Le temps de la première demi-oscillation sera déterminé en abaissant une perpendiculaire du point *b* sur la ligne A X. La ligne A *g* nous représente la portion de tour du cylindre mesuré sur la circonférence, dans le temps de la première demi-oscillation du pendule; et comme le temps d'un tour de cylindre est connu, on obtiendra le temps correspondant à la longueur A *g*, en multipliant le temps d'un tour de cylindre par le rapport de la ligne A *g* à la circonférence du cylindre.

Pour se rendre compte de l'effet produit par la fusée dans des fractions de temps de la première demi-oscillation, on peut subdiviser la ligne A *g* en autant de parties égales que l'on veut de subdivisions du temps. Admettons une subdivision en quatre parties. Par les points de section s, s', s'', élevons des perpendiculaires, jusqu'à la rencontre de la courbe dans les points d'intersection m, m', m''; passons par ces points des lignes parallèles à l'axe des X jusqu'à l'intersection de l'arc de cercle, nous obtiendrons les points d'intersection n, n', n'', qui délimiteront des portions de cercle traversées successivement par la tige à travers l'espace, dans des portions de temps égales entre elles, et formant chacune le quart du temps de la première demi-oscillation. Ces portions de cercle peuvent être assez petites pour être acceptées comme des lignes droites; le temps que met la tige à parcourir ces différents espaces nous est connu, ce qui fait que nous pouvons déterminer les vitesses moyennes de la tige dans chaque espace de la courbe, et les vitesses moyennes donnent la possibilité de déterminer les vitesses initiales ainsi que les vitesses finales de chaque élément; il faut seulement prendre en considération que dans le premier de ces éléments la vitesse initiale, et dans le dernier la vitesse finale, sont égales à zéro. Si l'on rapporte toutes ces quantités à l'arc tracé par le centre de gravité du pendule, il sera facile de déterminer le travail produit dans chaque élément par la force de la fusée, en se basant sur le principe des forces vives : quand des forces agissent sur un corps et lui communiquent des vitesses variables, le changement qui en résulte dans la force vive ou dans le produit de sa masse par la moitié du carré de sa vitesse, est égal à la quantité de travail produite par ces forces.

C'est au moyen de ce procédé de discussion et d'analyse que nous obtiendrons la quantité de pouds-pieds produits par la fusée dans chaque élément de temps, et ici il s'offre à nous un moyen de vérifier les résultats obtenus par le pendule, en comparant la somme des travaux dans les différents éléments du temps au travail que l'on obtient directement de la hauteur d'ascension du centre de gravité multiplié par tout le poids du pendule.

Citons quelques résultats numériques. Le travail complet d'une fusée de 4 pouces, qui emporte un projectile du poids de 10 livres à la distance de 4 kilomètres, est de 53,1 pouds-pieds, quand on le détermine par la hauteur de l'élévation du centre de gravité dans la première demi-oscillation du pendule qui dure dans cette circonstance 2,7 de secondes. Pour étudier le développement successif de la force motrice dans cette fusée, on subdivisa la demi-oscillation en six éléments de temps de 0,45 de seconde chacun, et l'on obtint les résultats suivants :

1	élément	de temps	0,935	pouds-pieds.
2	—	—	4,667	—
3	—	—	12,040	—
4	—	—	12,860	—
5	—	—	15,765	—
6	—	—	6,765	—
		En total	53,032	—

La différence pour le travail total de la fusée, par ces deux procédés différents, est de 0,068 pouds-pieds, ce qui donne une certaine idée de l'exactitude de l'appareil.

Un des principaux résultats que mit en évidence le pendule balistique des fusées, fut de démontrer que la force motrice des fusées se développe seulement pendant la combustion de la composition qui enveloppe l'âme de la fusée, et que cette force s'évanouit quand il n'y a que la section transversale du massif qui brûle. Pour vérifier expérimentalement cette indication, on fit des essais avec des fusées qui ne contenaient de la composition fusante qu'à l'emplacement occupé par le massif. De semblables fusées, quel que soit le calibre, essayées au pendule, n'ont pas produit de déviation bien sensible du pendule.

Le feu communiqué à la fusée implantée dans le pendule, il se passe un certain temps avant que la fusée le mette en mouvement. Ce fait est sensible à la vue, mais pas assez distinctement pour que l'on puisse le mesurer au moyen d'un compteur à secondes ou par l'estimation, ainsi que cela se pratique dans les observations astronomiques; ce temps dépend en partie de l'inertie du pendule, qui demande un certain temps pour être vaincue; mais, en majeure partie, ce temps, ce nous semble, dépend de ce que les premiers gaz qu'engendre la composition motrice de la fusée doivent s'écouler avec une tension extrêmement faible, et ce n'est que quand cette tension acquiert une certaine limite, par la quantité des gaz développés, qu'a lieu la production de la force motrice. Ce sont là des phénomènes inaccessibles à l'observation directe et qui se dérobent à nos sens. Il y aurait bien toutefois un moyen de mesurer le temps qui s'écoule entre la communication du feu à la fusée et le commencement du déplacement du pendule en ayant recours à l'électricité ; ce serait de mettre le feu a la fusée au moyen d'une étincelle d'induction en produisant sur le cylindre chronométrique de l'appareil, simultanément, une marque par une seconde étincelle d'induction déterminée par le même courant que la première. La position de cette marque par rapport à l'origine de la courbe décrite par le style sur le cylindre, par l'effet de la déviation du pendule, donnerait un moyen pour déterminer le temps écoulé entre la communication du feu à la fusée et le commencement du déplacement du pendule par la fusée. Pour plus de précision, comme l'origine de la courbe décrite par le style ne s'indique pas bien nettement, cette courbe étant tangente au cercle que trace le style au repos sur le cylindre, on pourrait obtenir une seconde indication, sur le cylindre au moyen de l'électricité, de l'instant où le pendule se met en mouvement. Cette seconde indication pourrait être obtenue par une étincelle d'un second courant d'induction, produite par la rupture d'un circuit galvanique traversant deux pièces métalliques isolées chacune, mais touchant entre elles par un contact métallique, qui cesserait avec le commencement du déplacement du pendule.

Il serait trop long d'entrer dans des détails sur les procédés à mettre en œuvre, pour obtenir des marques par les étincelles d'induction sur le cylindre chronométrique et sur les dispositifs ayant pour objet la rupture du circuit à l'origine du mouvement du pendule; puis cela serait peut-être en dehors du cadre de notre sujet; car la solution de ces problèmes est du domaine des expériences électro-balistiques, et en général de la télégraphie électrique. Nous indiquerons seulement ici que des moyens analogues pourraient être employés aussi, pour mesurer le temps qui se perd par la fusée, avant qu'elle se mette en mouvement, après qu'on y a mis le feu pour en déterminer le tir, temps qui est d'autant plus considérable que le projectile dont est armée la fusée est plus lourd.

On peut approximativement se rendre compte du temps qui s'écoule dans le pendule entre l'instant de la communication du feu à la fusée et l'origine du déplacement du pendule, en comparant la durée du temps où le pendule est entraîné par la fusée au temps qui s'écoule entre le commencement de la combustion de la composition motrice et l'extinction de la force qu'elle engendre, et voici comment. On peut admettre que la surface intérieure de la fusée est embrasée instantanément sur toute sa superficie, à cause de la rapidité de la propagation de la flamme sur la superficie du grain ou de la galette de poudre. Mais la comburation en épaisseur de la galette de poudre réclame un certain temps. L'observation a fourni 0,4 de pouce par seconde pour la vitesse de la combustion d'un prisme en galette de poudre dont les parois latérales seraient rendues incombustibles, et qui ne se comburerait que par sections transversales. En nous basant sur cette donnée, nous obtiendrons, pour la fusée de 4 pouces, tapissée autour de l'âme d'une couche de composition de l'épaisseur de 1,37 de pouces, 3,5 de seconde pour la durée du temps qui s'écoulerait, depuis l'origine de la combustion jusqu'à la combustion du massif seul, dans sa section transversale, instant où cesse tout effet moteur de la composition, comme nous l'avons vu plus haut. Mais la durée de la force motrice, d'après les indications du pendule, n'ayant été que de 2,7 de seconde, nous aurions $3,5-2,7=0,8$ de seconde pour le temps de la combustion de la composition de la fusée, précédant le déplacement du pendule, durée qui nous semble dépasser un peu la réalité, différence qui peut s'expliquer par le fait que la combustion de la composition en épaisseur, dans l'intérieur de la fusée, s'opère avec plus de rapidité que la combustion de la même composition sous forme de prisme, à cause d'une plus haute température due à la tension des gaz dans l'intérieur du cartouche. Mais il y a des limites aux investigations, et, au lieu de chercher à remonter vers les causes premières, il vaut mieux s'adonner davantage à l'étude des résultats. C'est ainsi que le pendule des fusées nous a fourni beaucoup d'indications concernant l'influence du dosage de la composition, des dimensions intérieures de l'âme, du nombre et de la dimension des évents, sur la production de la force motrice et sur son mode d'action; mais les expériences avec cet appareil n'ont pas été encore suffisamment nombreuses pour obtenir tout ce qu'un pareil instrument peut donner.

Nous nous sommes hâté de donner une idée générale de la disposition du pendule balistique des fusées et des résultats obtenus au moyen de cet appareil; entrons à présent dans quelques détails sur les procédés d'exécution des expériences auxquelles on a eu recours pour faciliter les expériences et en rendre les résultats aussi précis que possible.

Je ne donnerai pas de nouveaux détails sur la construction du régulateur acoustique, qui a déjà été décrit au forage des fusées. Je dirai seulement que, pour se rendre compte de l'exactitude à laquelle on pourrait prétendre avec cet appareil, on eut recours à un compteur à secondes à pointage, instrument dans lequel chaque pression sur la tête du compteur fait déposer, par l'aiguille des secondes, un point sur le cadran. Pour relier le compteur au volant, j'ai eu recours à l'électricité, afin de remplacer un observateur auquel il serait bien difficile de mesurer, même avec un compteur à pointage, le temps de la révolution d'un volant. Pour faire intervenir l'électricité, l'axe du volant reçut un commutateur N (*planche* XXXI), disposé pour fermer un circuit galvanique à chaque tour du volant. Le circuit faisait fonctionner un appareil pour faire pointer le compteur au moyen d'un levier mû par un électro-aimant logé dans une espèce de porte-montre H, faisant partie de l'appareil électro-balistique que j'établis dans le temps pour mesurer le temps du mouvement d'un projectile, entre une série de points d'une seule et même trajectoire (1).

Avec des hommes moteurs habitués à faire tourner le volant, et dont l'attention ne soit pas distraite, on peut obtenir un mouvement de rotation guidé par le régulateur acoustique, tellement exact, que sa précision dépasse les limites de l'exactitude du compteur à pointage. Ainsi les sonnettes étant suffisamment rapprochées aux essais préalables, les indications du compteur n'accusent plus la différence des vitesses qui correspondent au commencement de chaque sonnerie. Malheureusement cette exactitude ne se soutient pas suffisamment aux expériences, aussi il aurait été urgent de produire le mouvement de rotation du cylindre au moyen d'un moteur mécanique, avec un régulateur continu; car en mettant le cylindre en mouvement à la main, les ouvriers sont agités et distraits par la combustion de la fusée, et ne maintiennent pas suffisamment le mouvement uniforme d'après les indications du régulateur.

Pour étudier le mouvement de rotation du cylindre, on établit de même un commutateur Z sur l'axe du cylindre, portant quatre divisions métalliques inégalement espacées entre elles pour former le circuit quatre fois durant chaque tour du cylindre, au bout de temps qui sont entre eux, le mouvement du cylindre étant uniforme, comme 1, 2, 3, 4; en consé-

(1) Sur la planche XXXI, le compteur est représenté logé dans l'appareil pour le faire pointer par un courant galvanique, placé sur une caisse qui contient la source du courant formée par une pile galvanique, et est disposé pour contrôler directement la vitesse du cylindre A.

quence de ce dispositif, les points que l'on obtient sur le compteur sont groupés par séries, et, dans le cas de mouvement uniforme du cylindre, les distances entre les points de chaque série croissent dans le même ordre que les divisions du commutateur; la somme des distances entre les points d'une période constitue une étendue qui représente sur le compteur un tour complet du cylindre.

Passons aux dispositifs du pendule. L'axe d'oscillation du pendule est formé de deux couteaux en acier qui reposent sur des coussinets d'acier R, Q; ces coussinets sont ajustés dans des supports en fonte soutenus par un échafaudage en bois dont les pieds reposent sur une fondation en pierre. Le récepteur du pendule P est en bronze; il est réuni au pendule par des assemblages qui donnent la possibilité d'amener son axe dans le centre d'oscillation du pendule, et de le rendre rigoureusement horizontal quand le pendule est au repos.

La position du centre de gravité du pendule se détermine par l'un des procédés en usage pour les pendules balistiques de l'artillerie, au moyen d'un poids agissant sur le pendule par l'entremise d'une corde jetée par-dessus une poulie de renvoi fixée en dehors du pendule, dans le plan vertical qui contient l'axe du récepteur.

L'extrémité libre de cette corde s'attache à la culasse du récepteur dans un point qui gît sur son axe; on fait varier le poids fixé à l'autre extrémité de la corde jusqu'à ce que le pendule prenne une position telle que l'axe du récepteur soit en quelque sorte le prolongement rectiligne du bout de la corde fixée au récepteur; alors, d'après l'inclinaison du pendule, on en détermine le moment statique qui, divisé par le poids du pendule, donne la distance du centre de gravité à l'axe.

Ce procédé est fort simple, mais son exactitude laisse à désirer; aussi avons-nous eu en vue de le remplacer par la balance à moments en usage pour cet objet en France; ce qui aurait été déjà fait si cette balance ne présentait un appareil de précision assez coûteux et assez difficile à établir.

La distance du centre d'oscillation à l'axe de suspension du pendule se détermine au moyen d'une montre à secondes, en déterminant le temps d'une oscillation libre qui, une fois déterminé, sert à calculer la longueur d'un pendule simple synchrone avec le pendule à fusée, égale à la distance cherchée. A l'essai de différentes fusées, le poids du pendule peut être augmenté au moyen des poids accessoires W W, suivant la force des fusées.

Enfin, pour ménager le style et pour plus de netteté dans les indications, le style, à la volonté de l'expérimentateur, peut être mis en contact avec le cylindre de l'appareil, ou bien il peut être éloigné, sans arrêter les oscillations du pendule. Cette dernière disposition donne la possibilité de ménager le style avant qu'on ait obtenu le mouvement uniforme du cylindre. Quelque temps avant l'inflammation de la fusée, on met le style en contact avec le cylindre pour le rappeler, une fois que les indications sont obtenues, afin que la multiplicité des traces n'amène pas la confusion dans les indications.

Pour gouverner ainsi le style, il est porté par un levier β basculant sur son axe, que supporte le chariot. Ce levier est sollicité par un ressort en spirale agissant sur l'axe du levier, dont la pression maintient le style appuyé contre la surface du cylindre; pour éloigner le style du cylindre, la tige G, qui met le chariot en mouvement, contient une broche J le long de son axe. Cette broche est munie d'un piston qui se déplace librement avec la broche dans l'intérieur de la tige, qui contient un vide cylindrique à cet effet; le piston, et par cela même la broche sur laquelle il est maintenu, est chassé au moyen d'un ressort à boudin contenu aussi dans le vide de la tige.

Une des extrémités de ce ressort à boudin s'appuie contre le piston, tandis que l'autre extrémité s'appuie contre la face correspondante du vide de la tige. La broche chassée de la tige vient butter contre l'extrémité inférieure du levier β, dont l'extrémité supérieure supporte le style, et, l'axe de rotation du levier étant dans le milieu de sa longueur, la pression de la broche fait quitter au style la surface du cylindre.

Afin de pouvoir faire cesser la pression de la broche contre le levier, l'extrémité de la broche opposée au levier sert de point d'attache à une cordelette K, qui, au moyen de poulies de renvoi, quitte le pendule dans la prolongation de son axe d'oscillation en passant en dernier lieu par-dessus une poulie L fixée au mur de la remise où se trouve placé le pendule, dont la gorge, dans la partie qui soutient la cordelette, est tangente à l'axe d'oscillation du pendule ; la cordelette tombe verticalement de dessus cette poulie, et supporte un poids M antagoniste à l'effet du ressort contenu dans la tige. L'effet de ce poids éloigne la broche du levier ; par conséquent, le poids n'étant pas soutenu, le style est en contact avec le cylindre ; pour relever le style, il ne faut qu'annuler l'effet du poids, ce qui s'obtient en soulevant le poids à la main et en le plaçant sur une planchette fixée au mur pour cet objet. La manœuvre du style pendant l'expérience se réduit donc à faire tomber le poids de la planchette quelques instants avant qu'on ait communiqué le feu à la fusée, et à replacer le poids sur cette planchette, une fois que la combustion est terminée.

Pour en finir, indiquons l'avantage du pendule pour déterminer la valeur d'une proposition qui surgit fort souvent sous différentes formes, c'est l'application des fusées de guerre pour produire un effet mécanique quelconque, comme pour mettre en mouvement des aérostats, des vaisseaux, des mines flottantes, des brûlots, etc. L'application des fusées au lancement des brûlots est surtout souvent renouvelée ; du reste, elle est digne de quelque attention, comme ayant donné naissance au canard d'artifice, pièce pyrique bien chère aux amateurs des feux d'artifice sur l'eau. L'idée de mettre en mouvement les brûlots par les fusées est aussi vieille que les fusées elles-mêmes; nous rencontrons dans les anciens ouvrages de pyrotechnie cette application, qui fut mainte et mainte fois essayée dans tous les pays, mais qui, ainsi que les chandelles romaines et d'autres inventions pyrotechniques, ont passé de la pyrotechnie militaire aux fabricants de feux de joie; elle est devenue ainsi la source de l'inspiration de ceux qui ont inventé la baleine, les dauphins, les cygnes, etc. (1), qui sont généralement des fougasses

(1) Pour ce qui en est des chandelles romaines, elles nous rappellent qu'en technologie militaire on revient souvent aux anciennes idées. Ce ne sont pas les changements éternels du goût qui font parfois revenir les anciennes modes, les raisons en sont plus plausibles et dérivent non pas des caprices de la fantaisie, mais de la possibilité que procurent de nouveaux progrès de réaliser d'anciennes conceptions maintes fois essayées par l'attrait des avantages qu'elles paraissaient promettre, et maintes fois abandonnées à cause d'imperfections qu'une technie insuffisante ne pouvait écarter; il en a été ainsi des fusils et des canons rayés, des armes se chargeant par la culasse et de bien d'autres engins de guerre, au nombre desquels il y aurait, à ce qu'il paraît, à accorder une place aux chandelles romaines. Du moins en Danemark, en 1848, elles ont été réhabilitées et réintégrées comme armes de guerre sous le nom d'espingoles, d'après le Dictionnaire militaire de Rustow, et une batterie de ces pièces avec tout leur matériel de transport et de combat, offerte par le Danemark à la Russie, est, du reste, placée sans emploi au musée de l'arsenal de Saint-Pétersbourg; nous pouvons en donner les indications suivantes :

L'arme est formée d'un tube en bronze fermé d'un bout, destiné à contenir les balles et les charges. Les balles sont perforées d'un canal chargé de composition lente. On charge le tube de 30 balles intercalées de charge de poudre, en plaçant d'abord une charge au fond du tube; le chargement terminé, on visse sur l'extrémité ouverte du tube un bout de canon de fusil, en fer, carabiné à l'intérieur, long d'un pied, dont le calibre est tel que les balles n'y pénètrent que forcées. En mettant le feu à cette arme du côté de la bouche, les balles partent successivement à des intervalles de 12 secondes l'une après l'autre. Il y a trois calibres de ces armes, les plus petites ou espingoles légères lancent des balles du poids des balles du fusil de munition. Le calibre intermédiaire ou espingoles de division tirent des balles de 15 à 16 à la livre, et le grand calibre ou espingoles à défense de défilé, des balles de 5 à la livre.

Pour tirer ces armes il y a des affûts destinés en même temps au transport d'un certain nombre d'espingoles toutes chargées. Ces affûts portent un tube de sûreté en bronze, qui sert à placer l'espingole. Ces tubes sont à un canal pour les petites

flottantes, que mettent en mouvement quelques fusées; rien qu'à voir la difficulté de faire mouvoir sur l'eau ces machines, même avec des fusées de fort calibre, on comprend que c'est le manque de force qui s'oppose à l'application des fusées de guerre comme force motrice pour produire un effet mécanique utile. Ce qui induit en erreur sur la puissance de la force motrice des fusées, c'est l'écoulement des gaz, qui persistant presque pendant tout le temps du mouvement des fusées, habitue à l'idée d'une force motrice persistante et continue; mais il faut se rappeler que la combustion du massif ne produit aucune force appréciable, et ne donne lieu qu'à la formation d'une quantité de gaz très-minime, relativement à celle qui se produit par la combustion de la composition qui enveloppe l'âme de la fusée, et que ce n'est qu'un effet dû aux propriétés de la vision (la persistance des images dans l'œil) qui donne aux gaz qui s'échappent par la combustion du massif de la fusée en mouvement à travers l'espace un volume apparent très-considérable, dépassant de beaucoup la réalité.

Les fusées appliquées à mettre en mouvement un corps flottant sur l'eau d'un poids considérable, et par conséquent d'une grande inertie, ne produisent qu'un effet de courte durée, pour ainsi dire qu'un choc qui ne donne lieu qu'à un déplacement peu considérable, en raison du peu de vitesse qui en résulte pour le corps flottant et de sa prompte absorption par la résistance de l'eau. Si la force des fusées produit des portées

espingoles et à trois canaux pour les deux calibres supérieurs; ils ont, comme les canons ordinaires, des tourillons qui servent à les placer sur les affûts, et ils sont munis de tous les accessoires nécessaires pour le pointage comme vis d'élévation, point de mire et hausse. L'affût de l'espingole légère et de celle de division est traîné par un cheval au moyen d'une limonière, et celui des espingoles de défilés par deux chevaux attelés à un timon. On ne peut pas ne pas accorder aux espingoles danoises la possibilité de produire parfois un certain effet; mais il nous semble que ce sont des machines infernales qui donnent bien de la prise à la critique par la facilité de consommer en une fois tous leurs coups et leurs approvisionnements, et par la rareté des cas où de pareils semoirs à balles pourraient réellement rendre service.

énormes dans de certaines conditions, cela dépend de ce que les fusées, avec leur armement, sont alors comparativement très-légères et de ce que, à cause de leur forme allongée, et de leur petite vitesse, en comparaison des projectiles de l'artillerie, elles n'ont à surmonter qu'une très-faible résistance de l'air.

Pour plus de clarté, comparons la force motrice d'une fusée de 4 pouces avec celle d'un homme. Une pareille fusée pèse, sans baguette et sans projectile, environ un poud; le travail moteur qu'elle contient est d'environ 53 pouds-pieds, qui se développent à peu près dans trois secondes; on peut donc admettre que 4 fusées, représentant pour le poids un homme moteur, recèlent 212 pouds-pieds de travail, qui, en faisant brûler les fusées successivement, demandera douze secondes pour se développer. La même quantité de travail peut être facilement produite par un homme, mais, il est vrai, dans un espace de temps beaucoup plus considérable que celui que les fusées mettraient à le produire. Ainsi, pour l'homme, ce temps ne sera pas moindre de deux minutes et demie, ce qui, du reste, est à l'avantage du résultat à produire quand il s'agit d'un effet continu, dans lequel il n'y a pas à surmonter une grande résistance instantanément, mais où il y a à vaincre une résistance de peu d'intensité durant tout le temps de l'effet à produire, comme dans le cas de la mise en mouvement de corps flottants pour leur faire parcourir un certain chemin dans une direction déterminée. Ainsi un homme, travaillant comme rameur sur un batelet, lui fera parcourir bien plus de chemin au bout de deux minutes et demie que quatre fusées, l'égalant en poids et, durant ce temps, en force motrice, que l'on appliquerait au batelet pour les faire agir successivement dans le même but.

Armement des fusées de guerre de projectiles. — Nos fusées sont chargées, nous avons même étudié leur force motrice au moyen d'appareils dynamométriques, nous aurions dû actuellement passer à l'équipement des fusées de baguettes, afin de terminer avec les fusées comme moyen de jet des projectiles; mais les dimensions des baguettes dépendent en partie des projectiles dont sont garnies les fusées ; aussi, dans la fabrication, l'ajustage des baguettes est la dernière opération ; nous nous astreindrons à suivre l'ordre de la fabrication, et, avant de parler de baguettes, nous parlerons des projectiles des fusées.

Le moyen le plus simple d'appliquer les fusées au combat, c'est de les lancer sans aucune garniture, munies seulement de baguettes. De pareilles fusées n'agissent que par l'effet du choc; n'ayant aucun poids à porter, elles sont susceptibles d'avoir de très-grandes vitesses et, par cela même, un vol bien plus rasant que les fusées armées de projectiles.

Pour atteindre l'ennemi rien que par l'effet du choc, les fusées à baguettes centrales sont plus avantageuses que les fusées à baguettes latérales, car elles ricochent mieux et ne sont pas soumises à l'irrégularité du tir qui a lieu dans les fusées à baguettes latérales, à cause du manque de symétrie dans la construction des fusées par rapport à la direction de la force motrice.

Originairement, au commencement du siècle actuel, lors de l'introduction des fusées, presque dans toutes les armées européennes, les partisans de cette arme les envisageaient comme un moyen qui devait remplacer l'artillerie, et, partant de ce point de vue, on cherchait à armer les fusées de tous les projectiles en usage pour les pièces d'artillerie, et dans ce nombre de boulets pleins; on espérait même appliquer les fusées à boulets pleins pour battre en brèche les revêtements en pierre, et, en général, pour agir au moyen du choc, contre les obstacles matériels. A cette prétention il faut opposer que la force du choc des fusées, même dans les circonstances les plus favorables, est très-minime comparativement à la force du choc des projectiles d'artillerie; il en résulte que l'effet du choc des fusées n'est applicable que contre les troupes, pour mettre hors de combat hommes et chevaux, et tout au plus détruire les caissons; pour tout ceci, il ne faut guère des fusées de grand calibre; et généralement on se sert dans ce but de fusées de 2 pouces et de 2 pouces demi.

Picté, un des meilleurs spécialistes en matière de fusées, propose, dans son ouvrage sur les fusées, de se limiter, pour l'usage en campagne, aux fusées destinées au choc; il condamne les obus pour ce genre de fusées, parce qu'ils en diminuent la portée, rendent le tir moins rasant, et, selon lui, ne compensent pas assez la diminution de ces avantages par les éclats du projectile. Les fusées de campagne de Picté présentent de légères fusées de 2 pouces de calibre, munies de baguettes centrales et armées de demi-sphères en fonte pour diminuer la résistance de l'air contre la tête de la fusée, augmenter l'effet du choc sans alourdir sensiblement le poids de la fusée, et faciliter le ricochet des fusées. Il est impossible de dire quelque chose de positif sous le rapport de l'efficacité du tir des fusées Picté comparativement aux fusées d'autres systèmes, car ces fusées n'ont pas été essayées contre l'ennemi.

Pour ajouter à l'effet du choc des fusées, on les arme de projectiles à explosion.

1° pour le tir rasant, les projectiles à explosion se fixent aux fusées à baguettes latérales, de manière à se détacher au moment où la fusée a atteint sa plus grande vitesse; dans ce but, on se sert exclusivement de projectiles sphériques; ces projectiles se fixent aux fusées au moyen de rubans en toile, à l'aide d'une ligature en ficelle qui embrasse les bouts de rubans et les consolide autour du corps du cartouche. Afin de maintenir cette ligature, on forme sur le cartouche, avant le chargement, un renflement annulaire qui sert en même temps à retenir le massif et à consolider la réunion du projectile au corps de la fusée. Pour détacher ces projectiles pendant le vol des fusées, le moyen le plus avantageux est de former le haut du massif d'une couche de composition incendiaire, dans l'axe de laquelle on fait un vide central dont le diamètre ne dépasse pas deux dixièmes de pouce; cette ouverture pénètre plus ou moins dans le massif de la composition, selon l'instant dans lequel le projectile doit se détacher. Quand la combustion atteint ce canal, elle enflamme la composition incendiaire, qui combure les rubans réunissant le projectile à la fusée, au moyen de la flamme qui se fraye un passage entre les bords du cartouche et le projectile. Par ce moyen de détacher les projectiles, la justesse du tir est mieux assurée que par la séparation du projectile au moyen d'un pétard, c'est-à-dire d'une charge de poudre logée entre le massif et le projectile, à laquelle le feu est communiqué par la voie d'un canal qui pénètre dans le massif; car l'effet du pétard dérange trop la direction du vol du projectile. Les projectiles qui se détachent des fusées dans l'air doivent nécessairement être munis d'espolettes qui s'enflamment au feu du massif pour communiquer le feu à la charge d'explosion du projectile.

Les fusées à baguette centrale destinées au tir rasant, se garnissent d'obus qui ne se détachent pas pendant le vol; on donne ordinairement à ces projectiles le même diamètre qu'aux fusées, en donnant à l'extrémité du projectile destiné à fendre l'air la forme qui offre le moins de résistance à l'air. Ces projectiles se réunissent aux cartouches au moyen de rivets qui pénètrent à travers la tête du cartouche dans la base du projectile inséré dans le cartouche.

2° Pour le tir élevé, les fusées à baguette latérale et à baguette centrale se garnissent de projectiles qui ne quittent pas les fusées pendant leur vol; ce sont, pour la plupart, des projectiles sphériques de l'artillerie, qui se fixent avec des bandes de tôle et une ligature autour du cartouche, en ficelle ou en fil d'archal recuit. Pour plus de sûreté, on fixe aux très-gros projectiles un manchon en fer, qui pénètre dans le haut de la fusée.

Pour multiplier les points d'atteinte des troupes, surtout aux distances rapprochées, les fusées se garnissent de mitraille formée par un obus à balles, ou par un paquet de mitraille contenue dans une boîte en tôle; dans les deux cas, c'est une petite charge qui, au moment opportun, brise l'enveloppe contenant les balles, et qui dégage ainsi les balles.

Les fusées à mitraille sont peu efficaces en rase campagne, à cause du peu de balles qu'elles peuvent contenir et de leur portée trop limitée; aussi ne peut-on en conseiller l'usage que pour résister aux assauts de vive force, ou quand on peut les tirer dans des masses agglomérées d'assaillants; et, dans ce cas, il ne faut commencer le feu qu'en deçà de 500 mètres en rase campagne. Dans les cas où l'artillerie ordinaire a recours à la mitraille, il est plus avantageux pour les fusées de lancer, au lieu de fusées à mitraille, un grand nombre de fusées à la fois armées d'obus et tirées simultanément par paquets; pour y parvenir, on peut mettre le feu à plusieurs fusées au moyen d'un seul conduit, les tirer directement de terre, en assurant leur position par des piquets fichés en terre, ou d'un léger chevalet formé de quelques tringles. En France, on a même proposé, dans ce but, des caisses pour le transport des fusées, d'où l'on peut, au besoin, lancer toutes les fusées à la fois.

Une application très-essentielle des fusées est de s'en servir comme moyen incendiaire; fort souvent cette application des fusées se réalise par le seul effet de leurs gerbes ou de l'explosion du projectile qu'elles portent, mais il est reconnu utile d'avoir, outre cela, des fusées incendiaires spéciales; pour atteindre ce but, on garnit les fusées de composition incendiaire qui se place au-dessus du massif, dont on la sépare par une couche d'argile. Dans ce cas, la tête de la fusée est formée par un chapiteau en fonte; c'est un cône creux rempli de même de composition incendiaire; un canal étroit traverse toute la composition incendiaire de la fusée et de son chapiteau dans la direction de l'axe, et traverse en même temps la terre glaise qui sépare la composition incendiaire du massif et aboutit à ce dernier; ce canal est muni de plusieurs embranchements qui aboutissent à des orifices distribués dans la partie supérieure du cartouche et la partie supérieure du cône. D'autres fois, on construit des fusées incendiaires en fixant aux fusées un obus à minces parois avec plusieurs orifices chargés de composition incendiaire. Enfin, les fusées qui sont armées d'obus sont rendues parfois plus propres à incendier par des morceaux de composition incendiaires qu'on loge dans l'obus, ou par un massif formé en partie par de la composition incendiaire.

Il faut ici dire quelques mots des compositions incendiaires en général. Quand les circonstances favorisent la prise et la propagation du feu pour produire un incendie, il suffit d'une étincelle, et, dans ces occasions, les espolettes des projectiles, la flamme qui se produit par l'éclat des projectiles et les gerbes de feux des fusées sont plus que suffisantes pour incendier; mais quand les circonstances ne sont pas favorables à la production d'un commencement d'incendie, à son entretien et à sa propagation, alors les meilleures compositions incendiaires, la combustion des substances les plus combustibles, activées par de l'oxygène pur, si cela était possible, ou même le feu grégeois, avec ses propriétés telles que les légendes nous le dépeignent, ne parviendraient pas à atteindre le but. Ainsi, en réalité, la plus ou moins grande efficacité des compositions incendiaires dépend de circonstances qui ne sont pas en notre pouvoir, et non pas de la plus ou moins grande efficacité de la composition incendiaire elle-même; et nous avouons ici notre conviction que les recherches pour augmenter la puissance des compositions incendiaires sèches ne nous paraissent point présenter beaucoup d'intérêt, il nous semble que ce qu'il y a de plus avantageux quand on est obligé de recourir, pour charger les projectiles, à une composition incendiaire de quelque nature que ce soit, c'est de se contenter d'une des nombreuses recettes que nous offre à cet égard la pyrotechnie militaire, ayant surtout en vue dans son choix la composition qui offre le plus de facilité de confection et qui présente le plus d'avantages dans le transport et l'emmagasinage.

Mais il est un liquide incendiaire qui mérite quelque peu d'attention à cause de ses propriétés incendiaires et dont on pourrait tirer parti bien plus facilement au moyen des fusées qu'au moyen de l'artillerie ordinaire; c'est une dissolution de phosphore dans du sulfure de carbone. Quand on répand de ce liquide sur une surface exposée à l'air, le sulfure de carbone s'évapore, même à une forte gelée, et le phosphore se dépose sous forme de cristaux microscopiques, état dans lequel il ne tarde pas à s'enflammer, rien que par le contact de l'air. Toute la surface mouillée avec cette dissolution incendiaire se couvre alors de flammes dont les propriétés incendiaires sont d'autant plus intenses que la surface arrosée de la solution en a été pénétrée davantage, et qu'elle appartient à un corps facilement inflammable et peu compacte, comme du bois blanc bien sec ou, mieux encore, du chaume.

Si l'on arrête la combustion de ce liquide incendiaire avant que le phosphore qu'il contient n'ait été comburé en entier, en interceptant, de quelque manière que ce soit, le libre accès de l'air, la combustion recommence au rétablissement du contact avec l'air. C'est ainsi qu'une planche sur laquelle ce liquide incendiaire aurait été répandu pourrait se remettre à brûler au bout d'un certain temps, après avoir été éteinte par une immersion complète dans l'eau, et ceci pourrait se renouveler jusqu'à ce que le phosphore soit comburé jusqu'à sa dernière parcelle.

Une autre propriété de ce liquide incendiaire, qui peut en

rendre l'effet bien efficace dans de certaines conditions, c'est son état de fluidité ; car la fluidité du sulfure de carbone ne paraît pas sensiblement diminuée, même par l'addition d'un tiers de phosphore. Cet état de fluidité a pour résultat que le liquide répandu sur la surface d'un corps perméable le pénètre promptement et s'infiltre dans son intérieur. Dans ces conditions, l'inflammation peut ne pas avoir lieu simultanément partout ; car dans les endroits privés d'air, l'évaporation du sulfure de carbone sera beaucoup plus lente que dans ceux qui seraient soumis aux effets d'une ventilation continue, et elle sera surtout rapide dans les endroits exposés aux rayons du soleil. Aussi peut-il s'ensuivre que l'incendie serait maintefois ranimé par de nouveaux foyers de combustion avant qu'on puisse en venir définitivement à bout.

A la défense des forteresses, on donnerait bien de l'ennui à l'attaquant si l'on pouvait répandre de ce liquide incendiaire sur ses dépôts de bois de toute espèce, ses dépôts de gabions et de fascines, et ce serait un moyen de chicane qui ne serait pas à dédaigner contre les batteries de l'assiégeant pour mettre le feu aux revêtements des batteries et des embrasures, et aux plates-formes des pièces, ainsi que contre les têtes de sape pour détruire le gabion farci et les gabions qui l'avoisinent ; mais, pour projeter ainsi au loin un liquide, les pièces d'artillerie seraient d'une application bien difficile, à cause de la résistance que doivent offrir les projectiles de ces pièces pour être tirés, même aux charges les plus minimes, et des difficultés qu'il y aurait de faire éclater, au moyen d'une charge de poudre, des projectiles arrivés au but, remplis de liquide, de manière à en répandre le contenu sur un espace qui ne soit pas trop étendu, car il est plus que probable que l'explosion diviserait le liquide à l'infini, et en rendrait l'effet nul en le dispersant en tous sens. Par contre, les fusées offrent toutes les facilités désirables pour résoudre le problème de la projection de ce liquide. Leur faible vitesse initiale permet de s'en servir pour lancer les projectiles les moins solides ; aussi rien n'empêcherait de fixer à l'extrémité de la fusée, en guise de projectile, un récipient en verre pour contenir la dissolution de phosphore. Pour la fusée de 2 pouces et celle de 2 pouces 1/2, la bouteille et la demi-bouteille à champagne sont dans d'assez bonnes conditions; on pourrait y recourir selon le calibre des fusées et du tir à exécuter. Ces bouteilles offrent toute la solidité désirable ; car elles sont toutes essayées, à leur réception pour la fabrication du champagne, à une pression intérieure de 12 à 15 atmosphères, et elles sont munies d'un dispositif convenable pour être hermétiquement bouchées. Remarquons ici qu'une bouteille contenant une dissolution de phosphore dans du sulfure de carbone peut être bouchée sans aucun risque par un bouchon de liége; la surface inférieure du bouchon ne tarde pas à se couvrir d'une pellicule de phosphore, dissous à l'état pâteux dans le sulfure ; mais l'inflammation n'en a pas lieu dans l'intérieur de la bouteille à cause du manque d'air. Le bouchon ne s'enflamme que s'il est extrait de la bouteille et exposé pendant un certain temps à l'air. Le bouchon en liége est même préférable au bouchon en verre ajusté à l'émeri, hermétiquement maintenu dans le goulot, car ces derniers bouchons donnent parfois lieu à l'éclatement des goulots, au changement brusque de température.

Nous conseillons la bouteille à champagne comme un expédient, mais, pour faire aussi bien que possible, il serait avantageux de recourir à un récipient en verre, en forme de globe, à parois assez épaisses pour assurer la sécurité de l'emploi. Ce globe devrait être muni d'un goulot à rebord extérieur, pour être bouché à l'instar de la bouteille à champagne, et du côté opposé au goulot, d'une culasse cylindrique, faisant corps avec le globe pour être implantée dans le cartouche de la fusée.

Il serait trop long d'entrer dans des détails pour expliquer les moyens auxquels on pourrait recourir pour joindre aux fusées les récipients, globe ou bouteille, contenant le liquide incendiaire. Cette opération, qui, du reste, est du ressort des manipulations de la confection des fusées de guerre, est tellement simple, qu'on pourrait ne la pratiquer qu'au moment du tir, pour plus de sécurité dans le transport et le maniement des récipients remplis de liquide incendiaire.

Fixés à l'extrémité des cartouches de fusées, projetés par le tir, les projectiles de verre que nous venons de décrire, bouteilles ou globes, en tombant se briseraient probablement presque toujours par l'effet direct du choc, et s'ils résistaient à cet effet, ils se briseraient immanquablement par l'effet des lois de l'inertie qui, au moment de l'arrêt du projectile, par le but, feraient, pour ainsi dire, pénétrer le cartouche de la fusée dans le projectile même.

D'une part, la difficulté du transport du sulfure de carbone, d'un autre côté, le peu de chance que l'on a d'atteindre d'une batterie de côté un bâtiment tenant la mer, font que le liquide incendiaire que nous proposons ne serait véritablement applicable qu'à la défense des places, d'autant plus qu'il aurait été facile de ne préparer ce liquide qu'à mesure des besoins, dans les places mêmes, ayant une provision suffisante de phosphore en réserve et en ne préparant le dissolvant et la dissolution qu'au moment, pour ainsi dire, d'en faire usage. A l'appui de quoi, nous citerons quelques données que la chimie industrielle nous offre à cet égard

Le phosphore se fabrique actuellement en bien grande quantité, depuis que les allumettes à frottement ont remplacé le briquet d'acier, le silex, l'amadou et l'allumette soufrée, dans sa simplicité primitive, partout, autant dans la plus humble habitation que dans le plus somptueux palais. D'après M. Payen, il s'en consomme en France environ 36,000 kilogrammes par an, pour la confection des allumettes, à côté d'un emploi pour les autres usages, tels que préparations pharmaceutiques et travaux de laboratoire, montant à peine à 500 kilogrammes, et de 24,000 kilogrammes fabriqués pour l'exportation, ce qui en élève annuellement la fabrication à environ 60,000 kilogrammes, de la valeur de 8 à 9 francs le kilogramme.

La conservation du phosphore sous l'eau ne présente aucune difficulté, et peut avoir lieu, sans le moindre danger, un temps indéfini. A la défense des places, on n'aurait à l'extraire qu'au moment de l'employer, c'est-à-dire au moment d'en faire la dissolution, opération qui pourrait être exécutée avec toute la facilité possible, dans le récipient destiné à contenir la dissolution incendiaire au bout de la fusée.

Le sulfure de carbone est un liquide transparent, sans couleur, plus lourd que l'eau : : 1,293 : 1,000 qui se prépare par la distillation en vase clos, du soufre et du charbon de bois. Il est très-volatil, entre en ébullition à + 48 degrés centrigades. Si on l'allume dans l'air, il brûle avec une flamme bleue. Le mélange d'air avec sa vapeur peut être détonnant ; sa combustion donne lieu à des produits délétères, impropres à la respiration qui sont : les acides sulfureux et carboniques. Fabriqué à Paris, il revient au plus à 50 centimes le kilogramme.

On emploie le sulfure de carbone en grande quantité pour la vulcanisation du caoutchouc, ainsi que pour dissoudre et épurer le caoutchouc et la gutta-percha dans leurs diverses applications industrielles. Ces applications en ont rendu la fabrication en grand très-répandue, et en ont déterminé le bon marché. L'extension de la fabrication a écarté en même temps les difficultés qui se présentèrent d'abord quand il s'agit de préparer et de manipuler ce corps, dont la vapeur peut se former à la température ordinaire, en proportion suffisante pour rendre l'air insalubre, et est facilement inflammable et parfois même détonante à l'approche d'un objet en ignition. Ce serait un chapitre à faire d'un cours de chimie industrielle, que d'exposer les moyens dont se sert actuellement l'industrie pour écarter presque tout danger et toute insalubrité dans la fabrication, l'emmagasinement et les différentes applications du sulfure de carbone; aussi nous bornerons-nous à dire que ces ateliers répondent à leur but et qu'il ne s'agirait que de les mettre à l'abri de la bombe dans les forteresses où l'on voudrait tirer parti de ce liquide pour la défense.

D'après les prix de revient du phosphore et du sulfure de carbone, le prix de revient d'un kilogramme du liquide incendiaire, au quart de phosphore, quantité plus que suffisante, ne dépasserait pas 2 francs 50 centimes, au prix de revient de Paris. C'est un prix qui semble être même inférieur au prix de toute autre composition incendiaire, aussi ce n'est pas la valeur intrinsèque qui peut mettre obstacle à l'emploi de ce liquide incendiaire.

Nous ne nous sommes occupés que des propriétés incendiaires de la solution de phosphore, mais en appliquant cette solution à la défense des places, outre ses propriétés incendiaires, on aurait encore le bénéfice d'un effet très-meurtrier contre les hommes. Des éclaboussures de phosphore, dissous dans le sulfure de carbone, tombant sur les hommes, non-seulement sur les parties découvertes du corps, mais même sur les habits, sans parler déjà des cartouchières remplies de cartouches, produiraient de terribles brûlures qui, pour la plupart du temps seraient mortelles, ce qui rendrait le service dans les batteries d'attaque, non pas impossible, car il n'y a pas de limites au dévouement du soldat, mais qui le rendrait bien difficile, ce qui restituerait peut-être un peu de l'ancienne prépondérance à la défense sur l'attaque, perdue par le perfectionnement de l'usage de l'artillerie dans la guerre de siége. On se demande s'il n'y a pas félonie ou cruauté de se servir de pareils moyens à la guerre; à quoi nous répondrons que la guerre, par elle-même, est une des plus grandes calamités, qu'elle est contraire à tous sentiments d'humanité; mais une fois inévitable, elle ne peut être ni un jugement de

Dieu, un duel, d'après les traditions du point d'honneur, ni une lutte courtoise, un tournoi, avec des armes de convention. Elle est le recours à la violence pour dominer par la force. Une fois que l'on en est à ce moyen extrême, il faut en subir toutes les conséquences, et on se trouve dans la nécessité de chercher à amoindrir, par tous les moyens, les forces de son ennemi et à annuler ses moyens d'attaque et de résistance avec le moins de perte et le moins de frais possibles pour soi. Dans ces conditions, l'on ne peut faire la part aux sentiments d'humanité qu'en éloignant, autant qu'il se peut, de ceux qui ne participent pas à la lutte, les conséquences des calamités de la guerre et en allégeant autant que possible, le sort des victimes, et encore, malheureusement, ne peut-on laisser un entier cours à ces sentiments d'humanité, que tant que cela ne compromettra pas le succès des opérations.

Application des fusées au tir des projectiles éclairants. — Il est très-difficile d'établir un projectile éclairant pour être lancé d'une pièce d'artillerie, qui ne se brise pas dans l'âme de la pièce ou par le choc contre terre, et qui, en même temps, réponde aux exigences que nécessite la destination de ces projectiles, tandis que les fusées offrent un moyen très-pratique de lancer ce genre de projectile. Dans les derniers temps; d'après les recherches qui se firent à la fabrique de fusées de Saint-Pétersbourg, on trouva que la meilleure forme à donner aux projectiles éclairants destinés à être lancés par les fusées, était un cylindre équilatéral en forte tôle, rempli de la composition de feu de Bengale blanc chargé à la presse et recouvert d'un couvercle en tôle, comme une boîte de mitraille. Pour donner issue à la flamme, cette boîte est munie de six orifices circulaires dont deux dans le centre des fonds et quatre sur la surface cylindrique de ces ouvertures. Ces ouvertures sont amorcées et réunies par des mèches de communication abritées par de forts tubes en papier; pour préserver les amorces des orifices et les communications qui les relient, tout le projectile est recouvert de toile peinte à l'huile ; un projectile ainsi préparé se fixe à l'extrémité d'une fusée au moyen de rubans en toile et d'une ligature en ficelle. Une charge de poudre logée dans le cartouche de la fusée, entre le projectile et le massif, sert à détacher le projectile de la fusée avant que celle-ci ne soit tombée à terre, mesure très-essentielle, car autrement en tombant à terre avec la fusée, le projectile peut être fortement endommagé par la fusée et même ne pas prendre feu. Ce qu'il y a de plus avantageux pour l'instant où le projectile se détache de la fusée, c'est quand cela a lieu au moment où la fusée vient d'acquérir son maximum de vitesse. Dans ces conditions, on peut diminuer autant que possible l'angle d'élévation, et réaliser ainsi les plus petites portées possibles, en ayant égard à la condition que le projectile tombe à terre détaché de la fusée.

Les projectiles éclairants pour les pièces d'artillerie en usage en Russie sont de trois systèmes différents. L'un est pris à l'artillerie saxonne; l'autre est emprunté à l'artillerie française, et le troisième est d'invention locale. Tous ces trois systèmes laissent également à désirer, car ces projectiles se brisent dans les pièces, surtout quand ils sont préparés depuis quelque temps. Ces mêmes projectiles, reconnus inacceptables pour les pièces d'artillerie, réussissent parfaitement, lancés par des fusées. Aussi est-il admis en Russie, sauf le résultat de nouvelles expériences entreprises à cet égard, de ne lancer les projectiles éclairants de l'artillerie, emmagasinés en grande quantité dans les places fortes, qu'au moyen des fusées, et une fois ces projectiles épuisés, de n'en préparer que du système spécialement destiné aux fusées. Mais en lançant les projectiles éclairants, au moyen des fusées, on a à lutter contre plusieurs difficultés : il est impossible d'abord d'exécuter ce tir sous de petits angles, car alors le projectile n'a pas le temps de prendre feu et de se détacher de la fusée avant sa première chute sur le terrain. Aux grands angles où cet inconvénient n'est point à craindre, d'après la propriété de la trajectoire des fusées, les variations dans l'angle de tir ne modifient pas suffisamment la portée ; en tirant sous de grands angles, pour modifier la portée, il faut recourir à l'un des deux moyens suivants : Changer de position par rapport au but, ou modifier le poids du projectile; de ces deux moyens, le second est très-certainement le plus applicable, à condition pourtant d'avoir à sa disposition des projectiles éclairants de différents poids, construits de manière à pouvoir être fixés à la fusée avec toute la rapidité possible dans le temps précédant le tir par une opération qui ne devrait demander guère plus de temps et des manipulations plus difficiles que ce qu'il faut pour charger une pièce d'artillerie.

En Prusse, au lieu de lancer des projectiles éclairants avec les fusées, on leur préfère de grosses étoiles; ces étoiles sont formées de cylindres en composition de feux blancs. Le temps de la combustion de ces cylindres dure de une minute et demie à deux minutes ; on garnit les fusées de ces cylindres comme l'on exécute les fusées d'artifice à étoiles. Beaucoup de personnes du métier donnent la préférence à ces cylindres, par rapport à l'effet éclairant, sur les projectiles, en trouvant que l'éclairage produit par une multitude d'étoiles est plus intense et d'une plus grande étendue que celui produit par un seul foyer lumineux, et que la courte durée de l'éclairage des étoiles est plus que compensée par l'impossibilité où se trouve l'ennemi d'éteindre une cinquantaine d'étoiles qui brûlent à terre simultanément, tandis qu'il suffit parfois d'une seule pelletée de terre ou d'un gabion vide pour annuler l'effet d'un projectile éclairant.

On lance encore, au moyen des fusées, un genre de projectile éclairant qui ne saurait être lancé au moyen du canon ; ce sont des balles à feu à parachute; ces balles à feu sont semblables à celles qu'on lance directement au moyen de fusées, mais de dimensions moindres; elles sont suspendues au moyen d'une chaînette en fer à un disque en bois d'un diamètre moindre que celui de la balle à feu, auquel aboutissent les cordons d'un vaste parachute; cette balle à feu, avec son parachute méthodiquement plié, se loge dans un chapiteau en tôle fixé au haut de la fusée; ce chapiteau est fermé par un cône en carton, chargé de diminuer la résistance de l'air à l'ascension de la fusée, et de contenir la majeure partie du parachute; une chasse de poudre placée sur le massif sert à mettre le feu aux ouvertures de la balle à feu et à l'expulser du chapiteau dans la partie ascendante du vol de la fusée. Le parachute se déploie rien que par l'effet de la résistance de l'air et s'oppose à la descente rapide de la balle à feu, d'autant mieux que la combustion de la balle à feu produit un courant d'air chaud qui remplit la cavité du parachute et le transforme ainsi en partie en une montgolfière.

Les fusées à parachute sont ordinairement lancées à l'élévation de 70 degrés; elles offrent un moyen d'éclairer le terrain qui serait le plus favorable à la guerre si souvent le vent n'empêchait pas totalement de les utiliser à cause de son influence sur le parachute, qui le chasse dans sa direction; néanmoins, dans beaucoup de circonstances, c'est le seul procédé auquel on puisse recourir, comme, par exemple, quand il s'agit d'éclairer l'espace au-dessus de la mer.

Nous avons à nous occuper encore d'un projectile spécial aux fusées qui ne peut être lancé au moyen de pièces d'artillerie : c'est un projectile creux exclusivement destiné à bouleverser les travaux en terre, et qu'on nomme en Russie fougasse, par l'analogie de son effet avec celui d'une mine. Habituellement les fougasses sont formées d'un chapiteau en tôle cylindrique, fermé par un cône en fonte à minces parois; ce projectile est rempli de poudre dont la quantité peut facilement égaler le poids de la fusée, sans compter celui de la baguette et des parois du projectile. On tire les fusées à fougasse de plein fouet ou à grande élévation ; le second procédé est préférable, car il permet de lancer des projectiles bien plus pesants que le premier, et, par conséquent, contenant une quantité de poudre de beaucoup plus considérable. En outre, les travaux rapprochés de l'attaque présentent une surface bien plus considérable pour le tir élevé que pour le tir de plein fouet.

Pour montrer l'utilité des fusées à fougasse, citons quelques résultats obtenus en 1856, à Coblentz, dans des expériences que fit faire le gouvernement prussien pour étudier un certain nombre de questions qui se rattachent à l'attaque et à la défense des places fortes. On essaya des fusées de deux pouces à baguette latérale, auxquelles on faisait porter les fougasses cylindriques en tôle, de deux dimensions, l'un de la contenance de 20 livres et demie de poudre pour agir de 100 à 150 mètres, et l'autre de la contenance de 14 livres et trois quarts de poudre, pour agir à la distance de 160 à 200 mètres.

Dans le compte rendu prussien, à l'occasion de ces expériences, il est dit : Les fusées à fougasse offrent un moyen sûr et rapide pour détruire les batteries et en général toutes les constructions défensives en terre ; leur effet d'explosion égale au moins l'effet d'une bombe de 29 centimètres ; et la justesse de tir des fusées à fougasse dépasse la justesse des bombes jusqu'à la troisième parallèle ; elles sont surtout efficaces contre le couronnement du chemin couvert ; au delà de 200 mètres, l'effet des mortiers l'emporte sur celui des fusées. Parfois il suffisait d'une seule fusée à Coblentz pour détruire une ou deux embrasures de la batterie de brèche. L'effet des fusées contre les canons et les plates-formes de la batterie de brèche était peu important. Ces expériences ont indiqué que de 45 à 65 degrés d'élévation, les portées restaient presque invariables, et l'augmentation de l'angle d'élévation dans ces limites ne faisait qu'accroître la pénétration des fusées en terre à leur point de chute.

Nous devons ici une mention au coton-poudre. Il ne faut environ que le quart de coton-poudre, du poids de la poudre à canon, pour l'égaler dans les mines et dans les projectiles creux. Cette puissance d'explosion, à volume égal de la poudre ordinaire, sous un poids beaucoup moindre que celle-ci, rend la poudre-coton digne d'attention pour être employée dans les projectiles des fusées de guerre, surtout dans les chapiteaux explosifs ou, comme nous les appelons, fougasses. L'avantage de la poudre-coton tient ici à ce que la portée des fusées est en raison inverse du poids du projectile qu'elles portent. En remplaçant les charges des projectiles des fusées par des charges de coton-poudre d'un effet équivalent, on obtiendrait donc par l'allégement de la fusée, une augmentation considérable de portée, et, d'un autre côté, la poudre-coton donne la possibilité de quadrupler l'effet des chapiteaux en usage actuellement, si on ne tient pas à augmenter la portée. La fusée de 2 pouces, armée d'un chapiteau explosif, contenant 2 livres 1/2 de coton, équivalent, pour la force explosive, à 10 livres de poudre, serait un moyen très-efficace pour raser les travaux de l'attaquant qui précèdent la prise du chemin couvert et le passage du fossé.

Il est vrai qu'il y a encore bien des difficultés pratiques pour arriver à tirer parti de cet avantage du coton. Les plus sérieuses sont que le coton-poudre, à l'état sec, ne conserve pas, à la longue, ses propriétés explosives, et qu'il est sujet, dans cet état, à des explosions spontanées en magasin, désavantages qui le rendent inacceptable en campagne ; mais, à la défense des places, il nous semble qu'on pourrait l'utiliser à cause de cette propriété si remarquable, de pouvoir être gardé indéfiniment à l'état humide, sans altération, et de plus à l'état incombustible. Dans les forteresses, il serait facile d'avoir un petit séchoir à l'épreuve de la bombe pour y dessécher de petites quantités de coton à la fois, destiné à faire face aux besoins journaliers, et cela d'autant plus facilement que la quantité de coton nécessaire pour les approvisionnements journaliers de la défense ne serait jamais bien considérable, même avec un très-grand développement de l'arme des fusées. Quant à la possibilité de l'inflammation spontanée du coton, la consommation presque immédiate de tout le coton desséchés en amoindrirait considérablement les chances; du reste, pour plus de précaution, les chapiteaux chargés de coton auraient pu n'être réunis aux fusées qu'au moment du tir. Dans de telles conditions, il aurait été facile de pratiquer des mesures de précaution pendant la garde en magasin, le transport et la mise en œuvre des chapiteaux explosifs pour que l'explosion spontanée de l'un d'eux venant à avoir lieu, le désastre soit aussi peu grave que possible.

Presque tous les États de l'Allemagne, mais surtout l'Autriche, poursuivent actuellement, sans se rebuter, les études et les applications pratiques de cette nouvelle poudre, avec l'espérance peut-être de devancer les autres dans cette question, et de prendre ainsi revanche dans le domaine de l'art, pour s'indemniser d'avoir été quelque peu distancée dans la question des canons rayés; et dans ces recherches, on ne s'en rapporte pas, avec raison, exclusivement aux travaux des chimistes, mais on cherche à élaborer la question directement en grand au polygone et dans les conditions de l'application réelle.

Équipement des fusées de baguettes de direction. — Il nous reste à parler de la dernière fabrication dans la confection des fusées; ce sont les baguettes. Les baguettes directrices dans les fusées n'agissent que par la résistance de l'air sur leur surface latérale; leur poids non-seulement n'aide en rien à la régularisation du vol de la fusée, mais même y porte obstacle en éloignant le centre de gravité du système de la tête de la fusée. Une baguette rigide dont le poids serait nul avec une surface latérale suffisante serait dans les meilleures conditions pour assurer la régularité du vol de la fusée. Mais ce sont là des conditions irréalisables, et la pratique ne peut que chercher à s'en approcher autant que possible. Le bois de sapin, bien sec, droit de fil, est du nombre des matériaux qui remplissent ces conditions avec le plus d'avantage, et qui y joignent celui d'être du nombre des matériaux que l'on peut toujours avoir avec facilité.

Les baguettes qui s'amincissent vers le bout opposé à la fusée sont moins avantageuses que les baguettes prismatiques; car elles présentent à leur extrémité moins de surface latérale, et l'étendue de la surface latérale est d'autant plus efficace pour assurer la direction de la fusée, qu'elle est plus éloignée de la fusée. Pour les fusées à baguettes latérales, on est obligé de donner une grande longueur aux baguettes, afin de diminuer autant que possible le défaut de symétrie des masses formant la fusée par rapport à la direction de la force motrice. Néanmoins, la disposition latérale des baguettes, comme nous l'avons déjà vu en comparant les fusées à baguettes latérales aux fusées à baguettes centrales, exerce toujours une grande influence sur la forme de la trajectoire; la résistance de l'air et l'inertie de la fusée, à l'origine du mouvement, étant plus grandes du côté de la baguette latérale, la trajectoire de la fusée en reçoit une inflexion dans le plan qui passe par l'axe de la fusée et par l'axe longitudinal de la baguette; la concavité de cette inflexion est tournée du côté de la baguette. Cette inflexion de la trajectoire détermine une déviation latérale, une augmentation ou une diminution de portée, selon que la fusée est placée sur le chevalet pour en opérer le tir, avec la baguette de côté, en haut ou en bas, si toutefois le chevalet est disposé de manière que la fusée ne puisse pas, par rapport à son axe longitudinal à l'origine de son mouvement, prendre de mouvement de rotation. Ainsi, en plaçant sur le chevalet la fusée avec la baguette en haut, la fusée décrira, pendant l'action de la force motrice, une courbe dans le plan vertical du tir, dont la convexité sera d'abord tournée vers la terre, et qui, après l'extinction de la force motrice, sera continuée par une courbe concave du côté de la terre, comme l'indique la figure de la page 93 de ce volume.

Pour remédier au manque de symétrie qu'entraînent les baguettes latérales, on a pensé à munir la fusée de deux baguettes; mais ce système est inacceptable à cause de son peu de solidité, vu les faibles épaisseurs qu'on doit donner alors aux baguettes pour ne pas surcharger la fusée. Le seul moyen de rétablir la symétrie sanctionnée par la pratique, c'est de recourir à une baguette centrale.

Dans les fusées à baguette centrale, les baguettes peuvent être bien plus courtes, et d'autant plus courtes que la vitesse de la fusée est plus grande; en outre, la longueur de la baguette peut être compensée jusqu'à un certain point par l'augmentation des mesures transversales, et cela d'autant mieux que la vitesse de la fusée est plus grande. Pour alléger les baguettes centrales, on les fait creuses et on augmente considérablement la résistance latérale de l'air par des cannelures longitudinales. Ce sont là des perfectionnements dont l'application en grand a été réalisée en France, et qui ont permis de réduire de beaucoup les longueurs des baguettes, au point d'écarter les difficultés de transport inséparables des fusées avec les longueurs des baguettes, telles que Congrève les avait fixées. La fabrication des baguettes ne présente rien de particulier en elles-mêmes; c'est le débit et le travail du bois, au moyen de quelques machines-outils et de procédés manuels; Les principales pièces de l'outillage de cette fabrication sont : une scie circulaire, des tours, des machines à raboter et à canneler le bois, machines qui demandent l'emploi d'un moteur auxiliaire, et auquel il faut adjoindre l'outillage de la menuiserie ordinaire.

Il est assez essentiel que les baguettes ne se modifient pas dans leur dimension pendant le vol des fusées à travers l'espace, c'est-à-dire qu'il faut, autant que possible, les préserver de la combustion par l'effet des gaz en ignition qui s'échappent de la fusée, mesure qui est surtout essentielle avec les baguettes courtes, dont le diamètre est d'autant plus considérable que la baguette est d'une longueur moindre. Les mille recettes que l'on possède pour rendre soi-disant le bois incombustible, et dont le nombre s'accroît encore journellement, seraient d'une utilité bien douteuse dans ces occasions ; aussi a-t-on recours à des manchons en tôle mince qui enveloppent la baguette pour les préserver de la combustion, et dans ce but, nous essayâmes de la galvanoplastie pour déposer une couche mince de cuivre sur la baguette, moyen que nous croyions susceptible d'application utile, d'après quelques premiers essais surtout, si, pour produire le dépôt métallique, l'on se sert de machines magnéto-électriques, ainsi que cela se pratique actuellement dans les grandes usines galvanoplastiques..

Les machines magnéto-électriques, comme source de l'électricité pour produire des dépôts, sont bien plus faciles à manier que des piles galvaniques; elles ne demandent pour les faire fonctionner, qu'une force motrice accessoire qu'on a toujours à sa disposition dans une grande fabrique de fusées. Et, puisque nous avons touché ici à la galvanoplastie, disons qu'elle est peut-être appelée à rendre des services variés à la fabrication des fusées de guerre ; car, outre son application comme enduit pour préserver les baguettes de la déformation par le feu, elle pourrait être utilisée pour déposer des vernis métalliques sur les différentes parties métalliques des fusées pour les préserver de l'oxydation. Pour en revenir aux baguettes, disons que la tôle mince, cannelée, pourrait peut-être remplacer avantageusement le bois, sous le rapport de l'inaltérabilité en magasin, et, dans l'emploi, sous le rapport de la rigidité et même peut-être de la légèreté.

En exposant la fabrication des fusées de guerre, nous nous sommes permis de faire quelques propositions que les circonstances nous ont empêché d'étudier nous-même à fond. Ce sont : — l'électricité pour régulariser les effets des presses à charger les fusées ; — un liquide incendiaire pour être projeté par les fusées ; — le coton-poudre pour remplacer les charges d'explosion des fougasses ; — l'application de la galvanoplastie à la fabrication des fusées ; — et l'emploi de la tôle cannelée pour la confection des baguettes des fusées ; — propositions que nous ne manquerons pas de mettre dûment à l'épreuve quand les circonstances nous le permettront.

Choix d'un moteur pour une fabrique de fusées. — De l'ensemble de cet exposé des travaux pour la fabrication des fusées de guerre, nous voyons que ces travaux peuvent se subdiviser en travaux de forge, de fonderie, de serrurerie, de pyrotechnie militaire et de menuiserie, et que, dans tous ces travaux, il est urgent d'avoir à sa disposition une force motrice auxiliaire. En Autriche, à l'établissement de Winer Neustadt, c'est une petite rivière qui serpente à travers l'établissement qui procure la force motrice nécessaire au moyen de roues hydrauliques.

En France, à l'établissement de fusées de Metz, c'est une machine à vapeur et des manéges à chevaux qui allégent le travail aux hommes.

Dans l'établissement de Saint-Pétersbourg, ce sont les hommes qui mettent les machines en mouvement, à quoi sont employés la majeure partie des ouvriers attachés à l'établissement. Une machine à vapeur ou des manéges à chevaux auraient bien pu remplacer ces hommes moteurs, mais auraient demandé la construction de nouvelles bâtisses qu'on n'érige pas, ayant en vue le déplacement de la fabrication dans le midi de la Russie, où il s'agit d'établir une fabrique dotée d'un moteur et d'un outillage qui soient à la hauteur de la situation actuelle des arts mécaniques.

Pour l'outillage, nous l'avons passé en revue, arrêtons-nous au moteur.

Dans nos climats, même au midi de la Russie, les rigueurs du froid de l'hiver, l'abondance des eaux au printemps, la difficulté de l'entretien des digues, et en général de tous les établissements qui ont pour objet l'aménagement des eaux, font qu'une machine à vapeur, surtout quand le combustible est en abondance, est bien préférable à un moteur hydraulique ; aussi, dans la nouvelle fabrique des fusées, est-il décidé d'établir une machine à vapeur pour mettre en mouvement non-seulement les machines-outils des forges, des ateliers de serrurerie, de menuiserie, mais encore les presses à fusées, les appareils pour fabriquer la composition, et, en général, tout l'outillage mécanique de la partie purement pyrotechnique de la fabrication des fusées de guerre. Il y a quelques années, on aurait eu à vaincre des difficultés sérieuses s'il s'était agi de transmettre la force motrice d'une seule machine à vapeur à des machines-outils, disséminées sur le terrain, dans des baraques grandement espacées entre elles, ainsi que l'exige la division du travail, comme mesure de sécurité, en pyrotechnie militaire ; mais une invention récente rend ce problème bien facile à résoudre, au moyen de transmission de mouvement en câbles sans fin, en fil d'acier, qui transmettent le mouvement entre des poulies verticales en fonte, munies d'une gorge à leur circonférence ; système qui a déjà été appliqué jusqu'à des distances de 240 mètres, et qui est devenu populaire en Suisse, où on l'utilise bien souvent pour tirer parti, dans une position élevée, d'une force motrice que l'on recueille au fond de la vallée au moyen d'une roue hydraulique qui reçoit l'impulsion d'un ruisseau.

Il serait long d'entrer dans les détails de ce système de transmission de mouvement dont les bulletins de la Société d'Encouragement en France pour l'industrie nationale, et les publications industrielles, ont souvent entretenu, dans ces derniers temps leurs lecteurs ; aussi nous nous contenterons de dire seulement que ce système a été reconnu comme offrant des ressources suffisantes pour distribuer la force motrice d'une machine à vapeur centrale dans tous les ateliers ayant besoin de moteurs qui formeront la nouvelle fabrique des fusées de guerre en Russie, ateliers séparés entre eux par des espaces qui vont parfois jusqu'à 60 mètres et abrités derrière des parapets de terre.

MATÉRIEL DE TIR ET DE TRANSPORT

DES BATTERIES DE FUSÉES

Chevalet de tir. — Les fusées, comme projectile, ont cela de particulier qu'elles contiennent en elles-mêmes la force motrice qui les fait mouvoir à travers l'espace; elles sont auto-moteurs; aussi, à la rigueur, ne demandent-elles aucun moyen accessoire pour être lancées. Placées à terre et allumées, elles partent. Ceci constitue même un des moyens de les tirer sur les terrains unis. Une application de ce genre de tir peut être faite dans la défense des places, du chemin couvert contre les acheminements qui ont lieu sur les glacis; mais, en y comprenant même les glacis des fortifications permanentes, il est rare de trouver, pour ce genre de tir, des terrains assez unis, afin d'assurer aux fusées toute la précision désirable et d'écarter toute chance d'accidents; d'autre part, les fusées qu'on lance en les faisant ramper sur le terrain n'ont qu'une faible portée, car leur force motrice est bien vite absorbée par le frottement. Il est vrai que l'on peut recourir aux objets qui se rencontrent sur le terrain pour leur donner une certaine élévation, mais c'est un moyen bien peu exact et bien peu sûr. Le tir des fusées de terre, ou soutenues par le relief des objets que peut présenter le terrain, n'assurant pas ainsi au vol des fusées assez d'exactitude ni assez de sécurité aux tireurs, on est obligé de recourir à des chevalets de tir pour donner aux fusées la direction et l'élévation nécessaires; en un mot, pour les pointer avec précision avant de les faire partir.

On parvient à guider les fusées au départ en les plaçant dans un auget découvert, ou mieux encore dans un tube. Le tube nous paraît préférable, parce qu'il rend impossible le relèvement de la baguette par les gaz qui s'échappent de la fusée.

Pour augmenter autant que possible la justesse du tir des fusées, il est nécessaire de les guider, à l'origine de leur mouvement, aussi longtemps que possible, afin que les fusées quittent le chevalet avec la vitesse la plus grande, et que, n'étant plus guidées, elles soient soumises à l'action de l'accroissement de la force propulsive pendant le temps le plus court possible. La réalisation absolue de ces conditions réclamerait des tubes tellement longs que, malgré leur avantage pour la justesse du tir, ils seraient inacceptables pour l'emploi.

Ce n'est tout au plus que dans la défense des places, des côtes, et dans le matériel de siége que l'on peut admettre des tubes et des augets pour lancer les fusées d'une longueur qui va parfois jusqu'à 10 mètres; mais pour l'usage en campagne, la longueur des tubes et des augets doit être subordonnée à la facilité du transport à bras.

Le temps que les fusées prennent pour se mettre en mouvement dépend de l'angle d'élévation qu'on leur donne en les pointant; plus cet angle est grand, plus le poids de la fusée s'oppose à son mouvement, et augmente par là le temps pendant lequel la fusée reste sur le chevalet, et donne par cela même plus de temps à la composition motrice de se comburer avant que la fusée cesse d'être guidée; aussi, plus l'angle de tir est grand, plus peut être court le tube ou l'auget de direction. Cette corrélation de l'étendue du moyen de direction par rapport à l'angle de tir pour obtenir des résultats satisfaisants, donne la possibilité de se servir, pour le tir élevé, de tubes ou d'augets beaucoup plus courts que pour le tir de plein fouet.

Un procédé de raccourcir les tubes de direction pour les fusées à baguette longue, de dimensions transversales uniformes dans toute la longueur de la baguette, c'est de n'y engager que la baguette avec un jeu aussi petit que possible; alors, quelque minime que soit la longueur du tube, la fusée est guidée dans toute la longueur de la baguette. Ce procédé est tout aussi applicable aux fusées à baguette latérale qu'à celles à baguette centrale, pourvu seulement que la baguette soit assez longue. Avec ce système, on peut réduire la longueur du tube directeur à quelques pouces seulement. Pour faciliter le placement de la baguette, au lieu d'avoir un tube complet, on peut n'avoir qu'un auget fermant au moyen de deux espagnolettes qui remplacent la paroi supérieure du tube. Pour les fusées à baguette centrale équipées de baguettes d'un diamètre égal à celui de la fusée, on peut établir des tubes directeurs très-courts qui, avec un jeu autour de la fusée aussi petit que possible, dirigeront les fusées sur une longueur égale à celle du cartouche de la fusée et de la baguette; mais il est indispensable d'avoir alors des baguettes cannelées, afin de livrer passage aux gaz qui s'échappent de la fusée, sans quoi on risquerait de faire éclater ou dépoter les fusées; en outre, on doit chercher à diminuer l'échauffement du tube directeur par des découpures sur sa surface.

Pour faciliter l'écoulement des gaz le long des cannelures de la baguette, et diminuer l'échauffement des tubes, l'on peut encore recourir à un moyen qui, je crois, a été essayé en premier à la fabrique des fusées de guerre à Saint-Pétersbourg, et qui consiste à se servir d'un tube directeur à section carrée, dont les côtés intérieurs soient tangents à la surface cylindrique du cartouche de la fusée. Une pareille forme de tube, tout en assurant un moyen de direction tout aussi exact qu'un tube cylindrique, offre l'avantage de faciliter l'issue des gaz par les espaces qui restent libres dans les angles intérieurs du tube et de la fusée.

Les tubes de direction des fusées doivent être munis de supports ayant la double destination de les soutenir et de faciliter leur pointage.

Dans les armées européennes, à la réapparition des fusées dues à Congrève, les partisans de cette arme l'ont longtemps envisagée comme une rivale de l'artillerie qui devait la remplacer, et je ne sais si ce n'est pour opérer ce remplacement avec plus de succès qu'ils s'ingéniaient à créer un matériel pour le transport et pour le tir des fusées aussi semblable que possible au matériel de l'artillerie. Il y eut comme cela, pour la guerre de campagne, des appareils pour le tir des fusées où les tubes ou les augets étaient soutenus par des dispositifs sur roue, véritables affûts munis d'avant-train et de caissons.

La mobilité de ce matériel ne dépassait en rien celle de l'artillerie de campagne ordinaire, et comme les fusées sont une arme qu'il faut autant que possible employer par paquet, on vit surgir des affûts supportant jusqu'à huit tubes pour lancer autant de fusées simultanément. Les machines infernales, autrement appelées *orgues,* abandonnées depuis bien longtemps comme arme de guerre, reparurent sur les affûts à fusées. Il aurait pourtant fallu se rappeler que, pour multiplier les coups, le difficile est d'assurer les approvisionnements, et qu'une fois ce problème résolu, on peut plus facilement obtenir un feu bien nourri en tirant de plusieurs pièces ou de plusieurs chevalets desservis séparément qu'en tirant d'une seule pièce ou d'un seul chevalet à tubes multiples; car, dans ce dernier cas, l'on perd beaucoup plus de temps pour le chargement, et, en affaires, il est plus que probable qu'on n'utiliserait, pour la plupart du temps, qu'un seul tube dans l'orgue entier pour avoir au moins un feu plus continu que celui qu'il serait possible de produire quand, après chaque salve, il faudrait recharger les tubes les uns après les autres.

Ce n'est que quand l'on a compris que le véritable moyen d'utiliser les fusées était de les réserver pour les occasions où il était impossible de recourir à l'artillerie ordinaire qu'on a senti la nécessité de rendre les tubes ou les augets de tir des fusées aussi transportables que possible, et que l'on a adopté pour tous les genres de fusées, mais surtout pour les fusées de campagne, des chevalets facilement transportables à bras. Néanmoins, l'idée d'un matériel de combat pour les fusées sur roues n'a pas été abandonnée dès l'introduction des chevalets pour les fusées. C'est ainsi qu'en France, tout en adoptant en 1830, des chevalets-trépieds pour le tir des fusées (*planche* X, *fig.* 1 et 2), on a adopté aussi, pour la fusée de campagne de 50 millimètres, un affût semblable à l'affût de l'artillerie de campagne (*planche* XI, *fig.* 1 et 2), attelé de quatre chevaux, établi, par la transformation du caisson de l'artillerie de campagne, de la manière suivante :

Le cadre de l'arrière-train du caisson, qui porte habituellement deux caissons, supporte quatre tubes réunis D de 1,6 mètres de longueur. Pour ouvrir le feu, on enlève la flèche du train de derrière de l'avant-train et on pose la crosse à terre. Les tubes directeurs pour le tir des fusées sont munis d'un dispositif pour leur donner l'élévation voulue selon les exigences du tir ; ce dispositif est formé d'un boulon horizontal qui sert de tourillon B, autour duquel pivotent les tubes de tir, et d'une tringle de pointage qui sert à donner aux tubes différentes inclinaisons en les maintenant dans chaque inclinaison au moyen d'une clavette à poignée C.

Le cadre de l'arrière-train supportait aussi, parallèlement aux tubes, chacun de leur côté, une caisse allongée A, longue de deux mètres, destinée à contenir quarante-huit baguettes chacune. Le caisson de l'avant-train était disposé pour contenir quatre-vingt-seize fusées dans des cases verticales. Pour compléter cet approvisionnement de fusées dans des batteries formées de pareils affûts-fusées, on adopta, en outre, des caissons semblables aux caissons de l'artillerie de campagne (*planche* XII), mais avec des caisses d'autres dimensions aménagées pour contenir des fusées.

Pour l'usage, dans l'artillerie de montagne, on adopta des tubes liés ensemble par quatre (*planche* X, *fig*. 3 et 4) de 1,6 de mètre pour être placés sur des affûts de montagne.

En 1844, il n'existait plus en France de matériel à roues pour le tir des fusées, du moins à en juger par le septième volume du *Mémorial de l'Artillerie française*, qui ne parle que de chevalets-trépieds pour le tir des fusées, et notamment, pour la fusée de 50 millimètres, d'un chevalet du poids de 10 kilogrammes, et pour le transport de ces fusées, d'une caisse pouvant être transportée sur tout charroi, pour n'en contenir que six tout équipées, disposée de manière à pouvoir lancer, en cas d'urgence, toutes les six fusées à la fois. Dans ce but, la caisse s'ouvre d'un seul côté et est munie d'un support à charnière, pour lui donner le degré d'élévation nécessaire au tir des fusées. Les fusées devaient être transportées dans ce modèle de caisse, tout amorcées et unies entre elles par une mèche de communication aboutissant au dehors de la caisse.

En général, un bon chevalet-trépied pour le tir des fusées, outre les conditions d'un transport facile à bras, doit satisfaire aux conditions suivantes : avoir une stabilité suffisante, et permettre de régler ou de modifier promptement le pointage, à quoi il faut encore ajouter que les chevalets destinés aux fusées de campagne doivent demander aussi peu de temps que possible pour leur mise en batterie.

La stabilité des chevalets-trépieds est assez difficile à réaliser, à cause du peu de poids de ces appareils, ainsi que l'exige la facilité de transport, et des effets auxquels est soumis le chevalet au moment du tir des fusées qui sont : le choc des gaz qui tendent, au départ de la fusée, à renverser le chevalet en arrière, le poids de la fusée même, dont l'action sur le chevalet se modifie à mesure que la fusée se déplace, et la force motrice de la fusée, qui, par l'effet du frottement de la fusée ou de sa baguette contre la partie directrice du chevalet, engendre une force qui tend à renverser le chevalet en avant, et qui même, dans certains systèmes de chevalets, peut faire enlever le chevalet par la fusée.

Il serait trop long, et surtout en dehors du cadre de ces lectures, d'entrer dans tous les détails de construction et d'agencement des pièces auxquels on a recours pour donner de la stabilité aux chevalets des fusées ; mais, quelles que soient les mesures auxquelles on s'arrête ; on n'arrive pas à une stabilité absolue, et l'on n'obtient qu'une stabilité relative, qui n'est suffisante que tant qu'on ne néglige pas les précautions à prendre pour se l'assurer ; ainsi dans les chevalets-trépieds de campagne, les pieds des trépieds placés pour le tir doivent être, autant que possible, piqués en terre, et il est essentiel qu'un des pieds du chevalet soit placé en arrière, dans la direction du tir, afin que, par un effet d'arcboutement, le chevalet puisse être maintenu à l'encontre du renversement que tendent à produire les gaz.

Une des formes de chevalet extrêmement simple est celle dont on se sert en Russie pour lancer les projectiles éclairants au moyen de fusées. Nous proposâmes ces chevalets en 1855, quand il s'agit de munir les points principaux de nos côtes de fusées à parachute pour en éclairer les abords en cas de besoin, ou pour faire des signaux. Dans ce chevalet, la fusée est dirigée par un auget à clavette A (*pl.* XIX), destinée à ne contenir que la baguette de la fusée ; cet auget est fixé sur une poutrelle B, soutenue par deux pieds qui pivotent sur un boulon x, y, faisant axe ; la partie centrale de ce boulon traverse sous la tête de la poutrelle, et y est maintenue par deux vis; les deux extrémités du boulon servent d'axes aux pieds, et sont inclinées symétriquement par rapport au plan du tir. Au moyen de cette disposition, les deux pieds se replient le long de la poutrelle. Pour faire varier l'inclinaison de la poutrelle, on incline plus ou moins les pieds qui la soutiennent. Pour déterminer l'angle d'élévation de la poutrelle, celle-ci est munie d'une fente qui contient une réglette E, qui tourne librement autour d'un axe qui en traverse l'extrémité inférieure, et qui prend une position fixe par rapport à la poutrelle. La face latérale de la réglette est munie de divisions qui indiquent l'angle d'inclinaison de la poutrelle, au moyen d'un fil à plomb que l'on suspend au bout de la poutrelle. Ce fil à plomb est formé d'une mince chaînette en fer, lestée d'un poids en plomb. Il résiste ainsi à la flamme de la gerbe de la fusée. Le fil à plomb sert en même temps de moyen pour donner la direction au chevalet, en pointant au travers du fil et de la fente de la poutrelle qui sert à loger la réglette. Dans le transport, la réglette est maintenue en place par un arrêt tournant T, et l'on décroche le fil à plomb.

Pour garantir ce chevalet de la destruction par le feu de la gerbe des fusées, la tête de la poutrelle et les parties supérieures des pieds sont garnies de tôle mince. Pour plus de précision dans le pointage, surtout s'il y a du vent, et quand les circonstances le permettent, l'on peut donner plus de stabilité au fil à plomb, en faisant plonger le poids dans un seau d'eau.

Avec l'introduction des baguettes cannelées, ce chevalet a été quelque peu modifié ; l'auget en a été remplacé par un tube à section carrée F, fixé sur la poutrelle de manière à ce que deux de ses arêtes soient dans le plan du tir; ce tube n'a que la longueur du cartouche de la fusée. Pour faciliter le placement de la fusée, la partie supérieure de ce tube est à charnière, et est munie de deux tourniquets pour être maintenue en place.

Ce chevalet peut être utilisé pour le jet des fusées sous de grands angles; mais, pour le tir sous de petits angles, ce système est inapplicable, à cause du peu de précision qu'il procure dans l'angle d'élévation, dont les erreurs sont bien plus sensibles dans le tir rasant des fusées que dans le tir élevé. Pour le tir rasant, on construit parfois des chevalets assez semblables à celui que nous venons de décrire, dans lesquels, pour assurer au tube ou à l'auget toutes les inclinaisons que peut nécessiter le pointage, on les réunit, avec le pied du chevalet qui le supporte, au moyen d'une charnière x (voyez *planche* XVIII, *figures* 4 et 5), et on en fait varier l'inclinaison au moyen d'une tringle de pointage E, réunie à charnière au tube ou à l'auget, et traversant une ouverture disposée dans la poutrelle, où l'on arrête la tringle au moyen d'une vis de pression. Cette disposition a été longtemps en usage, en Russie, pour le chevalet de tir des fusées de campagne au Caucase. Elle est fort simple, mais elle a ceci de défectueux, qu'il est difficile de modifier le pointage, par rapport aux déviations latérales; car, alors, il faut déplacer les trois pieds du chevalet; aussi est-il bien plus avantageux de faire supporter le tube ou l'auget directeur par une fourche, entre les branches de laquelle le tube peut s'incliner en pivotant sur un boulon comme sur un axe. Un arc de cercle divisé en degrés, fixé au tube ou à l'auget, sert en même temps de mesure pour l'élévation à donner au tube, et pour le maintenir dans toute position au moyen d'une vis de pression. On soutient cette fourche au moyen d'un trépied dont le genou supporte la base de la fourche. Cette disposition est complétée par des agencements qui procurent la possibilité de tourner la fourche sur le genou, dans le plan horizontal, sans déranger les pieds du chevalet, et qui permettent de fixer la fourche dans chacune de ses positions. Tel est le principe des chevalets de tir de campagne de l'artillerie française, notamment de celui qui a été introduit en 1830 pour les fusées de 50 millimètres (*pl.* X, *fig.* 1 et 2), et de celui qui a été en usage pour la fusée de 60 millimètres, dans l'expédition de Kabylie en 1857 (*pl.* XIV, *fig.* 1 et 2), et dont nous donnerons encore la description en parlant des derniers perfectionnements réalisés en France dans les fusées de guerre.

Tel est aussi le principe du chevalet pour la fusée de 2 pouces avec la baguette longue prismatique adoptée en Russie pour les fuséens à cheval (*pl.* XVIII, *fig.* 7). Ce chevalet ne pèse que 12 livres en tout; il est muni d'un auget qui n'a que 8 pouces de long, dans lequel se place la baguette de la fusée; elle est maintenue dans l'auget par deux espagnolettes.

Ne nous y arrêtons point, car, après la consommation des fusées à baguette prismatique existantes, il ne sera plus d'usage, la baguette courte, cannelée, ayant été définitivement introduite en place de la baguette prismatique. Au reste, nous retrouverons ce système de chevalet, sauf l'auget, remplacé par un tube, sauf aussi les dimensions, dans le chevalet récemment établi pour les fuséens de la garde (*pl.* XX, *fig.* 4, 5, 6, 7, 8). C'est un chevalet-trépied, à tube carré, pour le tir de la fusée de 2 pouces, équipée de la baguette cannelée. Chaque chevalet possède deux tubes, l'un pour le tir de plein-fouet, de 4 pieds de long (*fig.* 5), l'autre pour le tir élevé de 14 pouces de long (*fig.* 4). Le poids du trépied de ce chevalet, avec la fourchette, est de 24 livres. Le tube pour le tir rasant pèse 14 livres; pour le tir élevé, 5 livres et demie.

Pour la commodité de transport, le tube s'enlève de dessus la fourchette. Afin de pouvoir le faire avec rapidité, la partie supérieure des branches de la fourche est fendue pour recevoir le boulon qui sert de tourillon aux tubes. Ce boulon traverse librement une pièce de métal R (*fig.* 6), rivée au bas du tube; une petite vis *v*, vissée dans le boulon, et dont la tête est engagée dans une fente *m n*, disposée dans la pièce R, empêche le boulon de tourner et limite son déplacement latéral dans les deux sens. Le boulon est muni, à l'une de ses extrémités, d'une tête ronde, et, à l'autre, d'un écrou à poignée qu'une bague *e*, rivée sur l'extrémité de la vis, empêche de se perdre. Quand il s'agit de placer le tube sur le trépied, on a soin de dévisser l'écrou E jusqu'au contact avec la bague du bout du boulon, et de déplacer le boulon de manière que la petite vis s'appuie contre l'extrémité de la fente la plus rapprochée de la tête du boulon. Dans cette position, le boulon entre librement dans les encastrements disposés au haut des branches de la fourche (*fig.* 7). En serrant l'écrou, on fait pénétrer la tête du boulon et la base de l'écrou dans des enfoncements circulaires qui retiennent la tête du boulon et l'écrou, et empêchent le boulon de s'échapper des encastrements. .

L'arc de cercle passe entre le bas d'une des branches de la fourche et une pièce mobile en acier *z* (*fig.* 5), dépendante de la vis de pression *y*. Cette vis traverse la branche opposée comme un écrou, et tourne librement dans la pièce *z*. A cet effet, l'extrémité de la vis tournée en cylindre pénètre dans une ouverture cylindrique, disposée dans la pièce *z*, et elle est munie d'une gorge circulaire dans laquelle pénètre le bout d'une petite vis *w*, vissée dans la pièce *z*. Au moyen de ce dispositif, la pièce *z* et la vis *y* ne sont pas sujettes à se perdre, et la pièce *z* suit les déplacements de la vis *y*, par rapport à sa longueur dans ses deux sens. Le serrage de la vis *y* maintient l'arc de cercle comme dans un étau parallèle formé par la pièce *z* et la surface intérieure de la branche de la fourche contre laquelle s'appuie le cercle.

Pour maintenir le tenon de la base de la fourche dans le genou du trépied, le genou est muni d'une vis de calage qui a pour objet de maintenir toujours réunie la fourche au genou, en permettant à celle-ci de prendre un mouvement de rotation sur le genou ou de devenir solidaire du genou selon le serrage de la vis. Outre cela, ce dispositif a pour but d'empêcher l'extrémité de la vis de presser directement sur le tenon de la fourche, et de se perdre dans le transport du chevalet. Voici en quoi consiste ce dispositif : La partie filetée de la vis (voy. *fig.* 8) traverse le métal du genou comme un écrou, l'extrémité de la vis s'appuie dans un enfoncement uni, disposé sur la branche *u*, d'une pièce en acier *mpu*. L'autre branche *m* de cette même pièce est traversée par la base de la vis qui est cylindrique. La base de la poignée s'appuie sur la branche *m;* une bague *q*, rivée sur la vis, l'empêche de s'échapper de la pièce *u p m*, sans s'opposer à son mouvement de rotation. Quand ce dispositif est en place, la partie *p* de la pièce *u p m* passe en dessous du genou.

Donnons ici la description détaillée du chevalet autrichien pour les fusées de campagne. C'est un engin compliqué (voyez *planche* II), mais auquel on ne peut refuser une disposition ingénieuse, et qui a dû être, pour chacune de ses parties, l'objet d'études prolongées. Les dessins et la description que nous donnons ici représentent ce chevalet tel qu'il a été perfectionné après la campagne de Hongrie en 1852. Il s'agissait alors de l'introduire dans les compagnies de raquetiers, et l'on était occupé à en exécuter de nombreux exemplaires. Ce chevalet est formé d'un auget en bronze A (*fig.* 1 et 3), à section carrée, découvert par en haut, muni à sa partie supérieure de deux espagnolettes *a*, *a*. Cet auget est fixé sur une plaque en bronze B, faisant corps avec un quart de cercle D et une oreille E. Le quart de cercle porte à sa circonférence des dents d'engrenage et une division numérotée en degrés. Le quart de cercle et l'oreille sont placés entre les montants d'une fourchette en bronze F F', à laquelle ils sont réunis par des boulons en acier munis d'écrous *x*, *y*, qui servent d'axe de rotation par rapport auquel l'auget peut prendre toutes les inclinaisons que peut nécessiter le tir des fusées, et qu'on regarde en Autriche comme devant être jusqu'à 20° au-dessous de l'horizon et jusqu'à 70° d'élévation. Le boulon du quart de cercle est percé, dans son axe, d'un canal qui fait l'office de lumière sur laquelle s'abat le chien d'une platine à percussion P, fixée contre le montant F de la fourche. Pour donner l'inclinaison voulue à l'auget A, un pignon engrène avec les dents du quart de cercle ; ce pignon se manœuvre à la main au moyen du bouton G, qui fait corps avec le pignon. Pour fixer le pignon en toute position, et, par conséquent, pour fixer l'inclinaison de l'auget A, l'axe du pignon porte une roue *g*, munie à sa circonférence de dents pointues. Un frein N est à proximité de ces dents; il forme l'extrémité d'un levier auquel la vis R sert d'axe de rotation, et que l'on fait appuyer sur les dents de la roue *g* au moyen d'un excentrique disposé sur la tige du tourniquet en acier H. L'extrémité du tourniquet opposé à la poignée tourne dans la branche F de la fourche. L'excentrique est un disque qui tourne librement dans l'extrémité du levier N. Sa position excentrique, par rapport à la tige du tourniquet et à son extrémité engagée dans la branche F, produit le déplacement et la pression du frein contre les dents aiguës du pignon.

On fait partir la platine au moyen d'une chaînette accrochée à la détente S, dont l'extrémité est munie d'une poignée en acier T, qui sert en même temps de tourne-vis et de clef pour serrer et desserrer, en cas de besoin, toutes les vis du chevalet.

La base de la fourche M porte un tenon en acier O, légèrement conique, qui pénètre dans une ouverture centrale du genou en bronze du chevalet.

Le genou est muni de trois pieds (voir *fig.* 7), dont l'écartement est limité par des arrêts fixés aux pieds et qui pénètrent dans des échancrures du genou *q* (*fig.* 4). Pour fixer la position de la fourche sur le genou, celui-ci est muni d une vis de pression J, dont l'extrémité s'appuie sur le tenon O par l'entremise de la pièce en acier V (*fig.* 6), servant à empêcher les impressions du bout de la vis dans le tenon, et aussi ayant pour objet d'empêcher la vis V de se perdre. Pour ce dernier objet, la pièce V, dans sa partie qui est en dehors du genou, porte une découpure qui s'engage dans une gorge circulaire disposée sur la tige de la vis. La pièce V est maintenue à son tour par la vis *u*, vissée dans le genou à travers une fente longitudinale de la pièce V. Il est facile de comprendre comment la pièce V suit les mouvements de la vis J, comment elle transmet son serrage et comment elle s'oppose à sa perte dans le transport du chevalet.

Pour lancer la fusée, la baguette se place dans l'auget A, et se maintient par les espagnolettes *a*, *a* qui, remarquons-le, s'ouvrent du côté du mouvement de la fusée, pour s'ouvrir, dans le cas d'une baguette un peu trop forte dans son épaisseur sous les espagnolettes. Les dimensions du chevalet sont telles qu'une fois la fusée placée sur le chevalet, et s'appuyant par le bord de son cartouche contre la plaque B, la lumière de la fusée est bien exactement contre la lumière ménagée dans l'écrou *x*, quelle que soit l'élévation qu'on donne à la fusée. Pour mettre le feu à la fusée, on place dans cette lumière une étoupille à percussion (*fig.* 8), formée d'un petit tube en cuivre, muni d'une cheminée réunie au tube par un épaulement. Le tube est rempli de pulvérin comprimé avec un canal dans l'axe, et on place sur la cheminée une capsule à percussion de fusil de chasse ; il ne s'agit que d'abattre le chien pour faire partir la fusée.

Il est arrivé parfois, en Autriche, qu'on faisait partir des fusées en ayant oublié de fixer la fourche du chevalet sur le genou du trépied ; alors, par la traction de la chaînette, on peut faire pivoter la fourche et faire partir la fusée latéralement. Pour obvier à cet inconvient, dans le modèle de chevalet que nous décrivons ici, on a eu recours à un dispositif qui, tant que la vis de pression du genou n'est pas fixée, empêche la fourche de pivoter suffisamment pour faire partir la fusée le long de ses propres troupes, mais qui assure à la fourche assez de liberté pour pivoter suffisamment pour répondre aux exigences du pointage. Dans ce but, la partie supérieure du genou est cylindrique, sa surface latérale porte un canal à échelon W, W', W". Le bas de la fourche est muni de deux saillies qui s'engagent sur le haut du genou, ces saillies sont armées de pitons *z*, *z'*, placés à différentes hauteurs. Pour placer la fourche sur le genou, on engage le plus bas de ces pitons dans l'entrée W, jusqu'à ce que l'autre piton vienne s'appuyer sur le haut du genou. En faisant pivoter d'une demi-circonférence la fourche dans le sens où le mouvement est possible, l'on fait courir le piton engagé dans la partie W W' du canal ; arrivé à l'endroit W', l'autre piton *z* est au-dessus de l'entrée W, alors la fourche peut descendre et s'abaisser jusqu'au contact du piton inférieur, contre la paroi inférieure du canal W' W", et le piton supérieur dans le canal W W'. Dans cette position des pitons, le mouvement de rotation de la fourche est limité par les extrémités du canal W' W", contre lesquelles vient butter le piston inférieur.

Le même chevalet que nous venons de décrire sert pour le tir de plein fouet et pour le tir élevé. Pour le tir élevé, on rehausse le chevalet au moyen de rallonges qui s'adaptent aux pieds.

La communication du feu aux fusées, au moyen de la percussion, est un avantage bien positif, car il dispense de l'obligation d'avoir avec soi du feu et un attirail volumineux que constituent la mèche et les lances de service, formant un volume bien plus considérable que les étoupilles à percussion ; mais le système à percussion autrichien a le désavantage de n'être pas tout à fait sans danger, car il faut placer l'étoupille, la fusée étant sur le chevalet, et, dans ces conditions, en armant la platine, le chien peut bien facilement s'échapper des doigts et faire partir la fusée prématurément et au très-grand détriment de celui dont les mains sont sur la platine, qui, immanquablement, seraient fortement endommagées par la gerbe de la fusée. Puis il faut avoir une assez grande habitude pour faire partir la platine sans déranger le chevalet. Notamment on exerce la traction sur la chaînette, en appuyant le dos de la main sur le pied de gauche du chevalet, qui se trouve toujours presque au-dessous de la platine. Ces inconvénients deviennent bien plus graves quand on cherche à adapter la percussion autrichienne aux chevalets pour lancer les fusées à baguette centrale, surtout aux chevalets à long tube, car alors la platine est fixée à l'extrémité du tube, par conséquent loin du genou du chevalet, et par cela même dans des conditions d'une grande instabilité; aussi, après quelques essais infructueux pour résoudre le problème dans ce sens, à la suite des demandes faites par notre marine d'un moyen sûr de communiquer le feu aux fusées qui soit exempt de l'emploi du feu, je proposai des boute-feu à percussion. C'est une tige creuse, en fer (voir *planche* XX, *fig.* 9), qui porte à une de ses extrémités une platine à percussion, et à l'autre un manche réuni à la tige par trois branches formant une espèce de garde qui contient un anneau réuni à la détente de la platine, par une tringle en fer qui traverse le long de la tige. Une simple traction de l'anneau, au moyen du doigt indicateur de la main, qui tient le boute-feu par le manche, fait perculer la platine. Le chien de la platine s'abat sur une large lumière disposée dans une saillie de métal faisant corps avec la platine, destinée à recevoir les étoupilles à percussion, semblables aux étoupilles autrichiennes (*fig.* 10). L'étoupille introduite dans cette lumière est maintenue en place par la pression d'un ressort disposé au-dessous de la platine. Au choc du chien sur la capsule succède immédiatement un jet de flamme assez volumineux de l'étoupille; aussi suffit-il de faire détonner l'étoupille à proximité d'un évent d'une fusée décoiffée pour y mettre le feu. Ce boute-feu a été introduit dans notre marine de guerre, ainsi que sur les bâtiments de la compagnie américaine en 1855, pour lancer les fusées, et récemment dans l'artillerie de terre pour la demi-batterie de fuséens du corps de la garde.

Quelques données sur le transport des chevalets et des fusées dans les batteries de campagne. — Complétons les détails que nous avons donnés sur le chevalet autrichien par le procédé en usage en Autriche pour le transport, dans les batteries de campagne, des chevalets et des fusées. Outre l'intérêt direct, ces détails nous serviront de données en général sur le transport des chevalets et des fusées dans les batteries de campagne, sujet que nous avons déjà touché à plusieurs reprises dans ces lectures, notamment dans l'introduction, en résumant quelques notions sur les fusées en Suisse, et en parlant des procédés pour le transport des fusées usité en France. En Autriche, dans les batteries de campagne, le chevalet, cinquante fusées, et le personnel pour desservir un chevalet, consistant en quatre hommes, se transportent sur une voiture nommée wurst, dont voici la disposition :

Le wurst (voir *planche* III) est une voiture à quatre roues, avec avant-train à timons, essieux en fer ; les roues de devant sont plus basses que les roues de derrière ; les cercles des roues sont entiers.

L'avant - train du wurst est formé par un essieu en fer encastré dans un corps d'essieu en bois, qui supporte deux armons réunis derrière l'essieu par une sellette.

La sellette appuie contre le dessous de l'arrière-train et empêche ainsi le timon de se baisser.

La cheville ouvrière est placée en arrière de l'essieu de l'avant-train. L'arrière du wurst est réuni à l'avant-train au moyen d'une lunette de crosse d'affût qui se place sur la cheville ouvrière.

L'attelage est à quatre chevaux avec deux conducteurs à cheval. Les chevaux du timon tirent sur des palonniers suspendus par leur milieu aux extrémités d'une barre d'attelage fixée au-dessus du timon. Les chevaux de devant ont leurs traits attachés à des palonniers suspendus aux extrémités d'une volée de devant, accrochée par un anneau au bout libre du timon. La mobilité du wurst égale celle des pièces de l'artillerie de campagne montées, destinées à remplacer, en Autriche, l'artillerie à cheval.

Le train d'arrière du wurst supporte un caisson de 9 pieds de long, large de 15 pouces; ce caisson est divisé par deux cloisons horizontales en trois parties (*planche* IV, *fig.* 6), *h*, *g* et *d b b b c*, au moyen de deux séparations horizontales. La partie inférieure est encore divisée en deux dans sa longueur par une séparation verticale.

La partie supérieure *d b b b c* se ferme par un couvercle (*fig.* 5), réuni aux caissons par des charnières. La partie inférieure du couvercle est formée par des planches de niveau, qui s'appuient sur les bords du caisson dans toute leur longueur. La majeure partie du couvercle, disposée en banquette, reçoit les servants à cheval, qui s'y placent comme les quatre fils Aymon, rapprochement qu'on ne peut étendre à la monture, car le wurst ainsi occupé est loin de pouvoir être comparé pour la mobilité et la vitesse à Bayard, le fameux coursier des frères Aymon. La banquette est munie de deux dossiers formant le pommeau et le troussequin de cette selle pour quatre. Pour rendre, sur les mauvais terrains, l'usage de la selle tolérable aux allures un peu vives du wurst, elle est matelassée en peau tannée, recouvrant un bourrage en crin tordu. Pour monter sur la banquette, il y a un long marchepied *i*, *k*, de chaque côté du wurst (voir *pl.* IV, *fig.* 4 et 6). Ces marchepieds font l'office d'étriers pour soutenir les pieds des hommes à cheval sur la banquette.

L'espace intérieur contenu dans le couvercle sert à placer le chevalet de tir; à cet effet, cet espace est muni d'une portière qui s'ouvre en arrière du wurst. Les pieds du chevalet pénètrent sous la banquette. La fourche du chevalet, avec son auget, se sépare du trépied et se place dans la partie du couvercle *a* qui n'est pas occupée par la banquette et qui se trouve au-dessus de l'essieu de derrière. Cette partie du couvercle est recouverte en tôle. Pour maintenir en place le chevalet, pendant le mouvement du wurst, l'intérieur du couvercle est garni de cales en bois dont quelques-unes sont à pivots, et qu'il faut tourner pour fixer les différentes parties du chevalet mis en place, et détourner pour les extraire de leur logement. La partie supérieure du caisson du wurst est divisée par quatre cloisons verticales, en cinq compartiments; quatre de ces compartiments sont d'égale longueur et servent à placer des fusées. Le cinquième, d'une dimension beaucoup plus restreinte, est destiné à de petits accessoires. De ces cinq compartiments, le compartiment au-dessus de l'essieu *c* (*fig.* 6) reçoit dix fusées de 2 pouces, armées de boîtes à balles. Dans chacun des trois compartiments *b*, *b*, *b*, se placent huit fusées de tir du calibre de 2 pouces, armées d'obus de 3 ¼ livres. L'emballage des fusées est un problème assez difficile. Les fusées doivent être à l'abri des chocs et des secousses; elles doivent être préservées de l'humidité; en outre, on doit pouvoir les extraire facilement du caisson, et, quel que soit le nombre de fusées qui restent dans le caisson, elles doivent être maintenues en place et ne pas bouger dans les cahots, comme si le caisson avait son chargement complet. Pour satisfaire à toutes ces conditions, on a adopté, en Autriche, le système suivant : les fusées sont placées sur deux rangs en hauteur, dans le sens de la longueur du caisson; les projectiles alternent vers les deux bouts du caisson, le manchon de la baguette est tourné, dans les fusées placées dans le caisson, vers le haut. Dans la couche inférieure, les projectiles reposent dans des encastrements peu profonds, creusés dans le fond du caisson. Les bouts des fusées, opposés aux projectiles, buttent contre les tasseaux en bois fixés sur le fond du caisson, recouvert de plusieurs couches de peaux épaisses, dans les endroits contre lesquels appuient les fusées. Les fusées de la couche inférieure, mises ainsi en place, sont maintenues sur des planchettes *t,t*, qui appuient sur les projectiles des fusées. Chacune des planchettes est munie, à sa partie supérieure, de deux à trois tasseaux en bois *s*, dont la surface supérieure est de niveau avec le bord du coffre et des séparations ; ces tasseaux sont réunis aux séparations par des charnières en peau, formées par des morceaux de peaux vissés sur la surface supérieure de la séparation. Cette forme de charnière permet de relever les planchettes de chaque compartiment, de manière à ne pas empêcher le placement des fusées de la couche inférieure. Quand le caisson est fermé, la surface inférieure du couvercle appuie contre les tasseaux *s*, et maintient ainsi les planches *t* et les fusées de la couche inférieure.

Les planchettes *t,t*, tout en maintenant les fusées de la couche inférieure, servent en même temps à supporter la couche supérieure des fusées. A cet effet, la surface supérieure des planchettes est munie d'encastrements pour loger les projectiles des fusées. Les bouts des fusées opposés aux projectiles buttent contre les tasseaux *s*, garnis de peaux aux endroits contre lesquels s'appuient les fusées.

Le couvercle étant fermé, sa surface inférieure pèse directement sur les fusées de la couche supérieure. Avant d'être mises en place, les fusées sont enveloppées d'étoupes, dont on remplit également les intervalles entre les fusées. Le compartiment du caisson avoisinant l'avant-train contient deux caisses en tôle. La caisse inférieure *f* renferme huit livres de graissage de roue ; la caisse supérieure *d* reçoit soixante-deux étoupilles à percussion, garnies de leurs capsules, neuf lances à feu, quatre garnitures de rubans pour réunir les obus aux fusées, une platine à percussion de rechange, avec quatre vis de rechange, un monte-ressort pour démonter la platine, et un couteau d'artificier.

Le compartiment du wurst, au-dessous des fusées, *g* (*fig.* 7), s'ouvre par derrière; il contient quarante-huit baguettes, en douze paquets, formés de quatre baguettes chacun, réunis par plusieurs ligatures en ficelle, pour empêcher, autant que possible, les baguettes de gauchir.

Pour faciliter la sortie des baguettes, de chaque côté du compartiment qui les contient est disposée une ouverture *g*, fermée par une portière garnie de tôle. Le compartiment inférieur du wurst *h* (*fig.* 6) s'ouvre des deux côtés par des portières formées de planches qui en occupent toute la longueur et toute la hauteur, et qui sont suspendues par des charnières s'articulant sur leur bord supérieur. Ce compartiment est divisé en deux cases par une cloison verticale. La case de gauche reçoit :

Huit baguettes brisées, formées chacune de deux morceaux qui s'aboutissent au moment du tir ;

Une poche à ceinture pour porter les étoupilles à percussion.

1 toise de mèche lente en corde lessivée ;

2 paquets de cordage de réserve ;

1 fusée d'instruction pour le tir en blanc.

La case de droite reçoit :

3 allonges pour les pieds du chevalet pour le tir élevé;

2 poches à bandoulière pour le transport des fusées. Chaque poche contient : 1 marteau suspendu à une courroie pour enfoncer les baguettes des fusées dans les manchons des fusées ;

1 prélat en toile pour recouvrir le wurst en marche, et une hache de campement.

L'avant-train porte un caisson placé sur les armons, en avant de l'essieu, muni d'un couvercle plat en bois, recouvert de tôle. Le couvercle du caisson reçoit les manteaux des fuséens du wurst quand le temps leur rend à charge cette partie de leur vêtement. Pour retenir ces manteaux, le couvercle du wurst est garni de quatre anneaux en fer qui servent d'attache à des courroies au moyen desquelles on retient les manteaux.

Le caisson du wurst contient :

16 fusées de 2 pouces, armées d'obus de 5 livres. Ces fusées se placent en longueur dans la direction du timon, les projectiles alternant vers les deux extrémités du caisson. Le procédé de placement des fusées dans le caisson de l'avant-train est le même que dans le caisson du wurst. Les fusées sont placées sur deux rangs, en hauteur. Le rang inférieur repose sur le fond du caisson, muni d'encastrements pour loger les projectiles, et de tasseaux garnis de peaux fixés sur le fond du caisson (*fig.* 1 et 2), contre lesquels s'appuient les bouts de fusées opposés aux projectiles. La couche supérieure des fusées repose sur des planchettes *x*, munies d'encastrements et de tasseaux *y*, pareils à ceux du fond. Les planchettes *x* tiennent après les planchettes *z*, qui sont réunies au caisson par des lanières en cuir formant charnières.

Le caisson étant fermé, son couvercle maintient les planchettes *z*, et les tasseaux *y*, et fixe ainsi en place les fusées des deux couches. Dans le caisson de l'avant-train comme dans le caisson de l'arrière-train, les fusées sont enveloppées, avant leur placement, d'étoupes dont on remplit aussi les intervalles entre les fusées. Outre les objets énumérés plus haut, chaque wurst porte encore :

1 pelle et 1 pioche. Ces ustensiles sont suspendus à l'avant-train, les manches fixés au-dessous du timon ;

1 levier ;

1 sabot avec sa chaîne;

5 cadenas, pour fermer les différents compartiments du wurst.

Outre le wurst, les batteries des fusées de campagne possèdent encore, en Autriche, des chariots pour porter le reste des approvisionnements en fusées, qui diffèrent dans leurs dimensions, selon qu'ils sont destinés aux fusées de 2 pouces ou aux fusées de 2 pouces 1/2. Les premiers transportent : cent quarante-cinq fusées de 2 pouces 1/2, et les seconds quatre-vingt-dix seulement. Nous ne croyons pas nécessaire de détailler les dispositions de ces chariots, tout aussi compliqués dans leur genre que le wurst. Les fusées sont transportées dans ces chariots dans de petites caisses qui, au besoin, peuvent être portées à bât. Chaque chariot pour le transport des fusées de réserve du calibre de 2 pouces est muni d'un bât dont la construction se fait remarquer par son peu de volume. Ce bât (*pl.* V) est formé d'un coussin bourré de paille *q*, sur lequel on place deux arçons en fer *x v x*, brisés et à charnières, et réunis par des planches *x*. Ce bât est complété par quatre supports de caisse *w*, accrochés aux arçons par deux de chaque côté du bât ; les caissons sont maintenus sur ces supports au moyen de la corde *f*.

Un caisson avec huit fusées de tir de 2 pouces, armées d'obus de 3.$\frac{1}{4}$ livres, pèse en livres russes 80, 82 livres ; avec huit fusées de jet de 2 pouces, munies d'obus de 5 livres, il pèse 93, 87 livres ; avec neuf fusées armées de boîtes à balles il pèse 95, 69 livres.

On se sert de baguettes brisées pour les fusées que l'on transporte à bât, on place sur chaque caisson les baguettes des fusées qu'il contient. Pour les fusées de tir et de jet de 2 pouces, huit de ces baguettes pèsent 11 livres ; elles s'enferment dans un étui en peau, long d'un peu plus de 5 pieds.

Complétons ces données émises sur le matériel de campagne de tir et de transport des fusées autrichiennes, par quelques détails sur les servants de chaque chevalet qui montent le wurst :

N° 1. Chef de pièce, porte les étoupilles, pointe le chevalet et fait partir la fusée.

N° 2. Porteur du chevalet, tient la fusée dans l'opération du placement de la baguette qu'exerce le n° 3, dégorge la lumière de la fusée et la place sur le chevalet; il porte un couteau d'artificier suspendu à une courroie.

N° 3. Approvisionne le chevalet de fusées et de baguettes qu'il remet au n° 2, en les recevant du n° 4, vers lequel il doit s'avancer pour le rencontrer. Il met les baguettes des fusées en place avec l'aide du n° 1 : pour cette opération, il est muni d'un marteau au moyen duquel il fixe la baguette dans le manchon de la fusée, en frappant sur l'extrémité de la baguette. Ce marteau, qu'il ne quitte jamais, il le porte suspendu à une courroie. Il a en outre une poche en peau qui contient toujours trois fusées, dont il porte les baguettes en main.

N° 4. Est muni des mêmes accessoires que le n° 3; c'est un servant de réserve chargé, lorsque le personnel est au complet, de retirer les fusées et les baguettes du wurst.

Trois servants, sans compter les deux conducteurs, sont le moindre nombre avec lequel un wurst peut continuer à rester en affaire ; aussi. outre le quatrième numéro, il y a encore dans les batteries autrichiennes un homme de reserve par chevalet, qui accompagne le chariot portant les fusées de réserve de la batterie, sans compter le personnel actif auprès de ces chariots.

Nous nous sommes étendu sur le matériel des fusées en Autriche à cause de ses dispositions originales qui attestent de longues études et une recherche extrême pour satisfaire à toutes les éventualités. Cependant, nous croyons que le système autrichien ne doit pas être imité; car à force de vouloir être pratique et de désirer avoir tout sous la main, l'on tombe dans une complication fort gênante qui rappelle le bagage de certains gentlemen touristes fanatisés sur le comfort, et nous croyons, pour ce qui concerne le transport des fusées, qu'au lieu de créer de nouveaux équipages, il faut, ce nous semble, poser en principe que l'on doit y suffire par l'appropriation pour ce service des voitures existantes de l'artillerie, et transporter ainsi les fusées dans les parcs et pour l'approvisionnement de réserve des batteries. Quant aux fusées de combat, il ne faudrait les transporter qu'à bâts ou à bras, pour rendre les fuséens aussi indépendants que possible des difficultés de terrain.

PERFECTIONNEMENTS DES FUSÉES DE GUERRE

EN ANGLETERRE ET EN FRANCE

RÉVÉLÉS PAR LA GUERRE D'ORIENT ET RÉALISÉS ULTÉRIEUREMENT EN FRANCE

Durant le long laps de temps de paix qui a suivi les guerres du premier empire, toutes les artilleries se sont également appliquées au perfectionnement des objets de la pyrotechnie militaire, et chacun se croyait fort en progrès; mais la véritable pierre de touche des inventions d'objets pour la guerre, c'est la lutte des armées de puissances également civilisées, également préoccupées de s'assurer l'avantage de toutes les inventions vraiment utiles; aussi nous nous sommes particulièrement appliqués à suivre, dans la dernière guerre que la Russie a eue à soutenir contre les puissances occidentales, les progrès réalisés dans les moyens d'action mis en usage contre la Russie. Il va sans dire que, dans ces lectures, nous nous bornerons aux fusées.

Les fusées anglaises ont été employées dans la mer Noire et dans la mer Baltique, mais elles n'offrirent rien de particulier. C'étaient des fusées du calibre de 6, 12 et 24, armées exclusivement de projectiles oblongs à explosion, ou, pour plus de précision dans les termes, d'obus cylindro-ogivals. La plupart de ces projectiles nous arrivèrent sans éclater. Le premier mot de l'énigme qui expliqua en partie le manque d'effet des obus fut qu'ils ne contenaient pas de charge; en étudiant les débris des fusées que l'on nous tirait, nous vîmes, non sans étonnement, que les obus restés entiers étaient munis d'espolettes en bois, chargées de composition, vissées dans l'œil de l'obus et en contact avec le massif de la fusée. Ces espolettes se présentaient toujours comme ayant rempli leur objet, c'est-à-dire avec la composition comburée. Il restait à deviner quelle avait été la raison de l'absence de charge; était-ce l'oubli, la fraude, ou la confusion dans les expéditions, qui avait fait arriver des fusées comme celles destinées au tir du polygone, habituellement sans charge dans les obus, au lieu de fusées de combat? Ce n'est qu'au hasard qu'on doit d'avoir été renseigné à ce sujet. Une tablette imprimée, contenant des instructions pour l'emploi des fusées, semblables aux tablettes que possèdent les Anglais pour chaque calibre de leurs canons, fut trouvée sur le corps d'un officier anglais, le midschipman Storey, tué à Traoundsund. Cette tablette en donna la clef, et c'est ainsi que fut révélé le reste de l'énigme.

D'après cette tablette, les obus des fusées devaient rester sans être remplis de poudre jusqu'au moment de les préparer pour le tir; l'introduction de la charge devait s'opérer alors par un orifice ménagé au sommet de la pointe ogivale du projectile, fermé au moyen d'une vis en cuivre; mais, avant d'introduire la charge, on devait profiter de l'orifice de chargement de l'obus pour régler la longueur de la composition de l'espolette, conformément à la distance à laquelle on devait faire arriver les fusées, au moyen d'un forage avec un foret d'acier introduit dans le projectile par l'orifice de chargement, et dont l'extrémité s'engageait dans la colonne de composition de l'espolette.

Ce tableau indiquait que les fusées sont accompagnées de leur charge d'explosion, placée dans des cartouches, et des outils et accessoires pour régler les espolettes, consistant en un tournevis pour dévisser et visser la vis de l'obus; une boîte en ferblanc avec du suif pour graisser le pas de la vis dans l'obus après l'introduction de la charge, comme mesure de précaution; un vilbrequin avec deux forets pour forer la composition dans les espolettes et pour percer même le massif, dans le cas où les projectiles doivent éclater aux distances les plus rapprochées; une règle en cuivre avec des échelles pour indiquer la profondeur du forage correspondant aux différentes portées des différents calibres de fusées.

Les forets au moyen desquels l'on fore les espolettes et le massif sont munis d'un indicateur mobile pour déterminer la longueur du foret qui doit pénétrer à partir de la pointe ogivale du projectile; enfin, au nombre des accessoires pour opérer le chargement, est indiqué un entonnoir pour l'introduction de la charge.

Ce système a été peut-être couronné de succès au polygone, ou quand on a eu tout le temps d'opérer avec précision; cependant, même dans ces conditions, il n'est guère possible de ne pas lui reconnaître une très-grande imperfection, gisant dans le danger que courent ceux auxquels est confiée sa mise en œuvre, à cause du péril qu'il y a à forer, avec un foret d'acier, l'espolette ou le massif d'une fusée tout équipée, et qu'on tient en mains. Aussi, dans la dernière guerre il s'est montré un fait auquel on devait s'attendre, que, dans la majorité des cas, les fusées étaient tirées avec absence de toute charge dans les projectiles. Du reste, ce système n'a pas été sans utilité pour nous, nous l'avons même introduit dans la fabrique de Saint-Pétersbourg, non pas pour avoir la possibilité de modifier le moment de l'éclat du projectile par rapport aux distances, mais afin de diminuer le danger du placement du projectile au bout de la fusée. Ainsi, anciennement, ce travail se faisait après avoir chargé les projectiles de leur charge d'éclatement. Dans cette opération, après avoir introduit la base du projectile dans le cartouche, il faut forer des ouvertures à travers la tôle du cartouche, dans les parois du projectile, à une profondeur qui ne dépasse pas la moitié de l'épaisseur des parois; mais il se trouve parfois, dans les parois du projectile, des cavités intérieures qui restent inaperçues à la réception des projectiles; ces cavités s'emplissent de poudre et deviennent des occasions de danger dans l'opération du fixage du projectile, quand, par malheur, elles se trouvent dans le chemin du foret, et ont assez de profondeur pour être entamées par celui-ci. Dans ces conditions, le foret doit immanquablement mettre le feu à la poudre, à cause de la dureté de la surface intérieure du projectile et des grains de sable qui y restent incrustés après le moulage.

Une explosion d'obus, qui eut lieu à la fabrique de Saint-Pétersbourg, dans l'opération du fixage de l'obus à la fusée, tua un ouvrier et en blessa plusieurs autres; cet accident fit décider l'introduction du système anglais, dans lequel les obus étant vides au moment de les fixer, préviennent tout danger; une fois les obus fixés, on y introduit la charge dans l'établissement même. Pour fermer l'orifice du chargement, on ne se sert pas de vis en cuivre, parce que le vissage d'un objet métallique dans les parois d'un canal qui peut contenir de la poussière de poudre n'est pas entièrement sans danger, mais d'une cheville en bois de chêne préalablement séché au four. Cette cheville se visse dans un pas de vis que présente l'intérieur du canal; en absorbant au bout de quelque temps une certaine quantité d'humidité de l'air, elle augmente de volume et bouche aussi hermétiquement que possible l'orifice dans lequel elle est vissée. Il suffit d'un peu de peinture à l'huile, appliquée sur son bout apparent, pour la préserver de toute influence ultérieure de l'humidité ou de la sécheresse de l'air.

Les fusées françaises, dans la guerre d'Orient, ont offert bien plus d'intérêt que les fusées anglaises, à cause de leur immense portée, et aussi à cause de leurs détails de construction.

Vu l'intérêt qu'elles présentent, nous allons chercher à en donner une idée, d'après les débris qui ont été ramassés à Sébastopol, et d'après les notions que depuis on a bien voulu nous communiquer en France.

Les Français employèrent contre Sébastopol des fusées de 5-7-9, 5 et 12 centimètres à baguette centrale (*planche* XIII). Les premières fusées qui se montrèrent et qui, pour la première fois, furent employées le second jour du premier bombardement, étaient des fusées de cinq centimètres, connues en France sous le nom de fusées du système de 1849. Ces fusées sont armées de projectiles cylindro-ogival en fonte et sont munies de baguettes courtes, cannelées, d'un mètre de longueur. Elles étaient confectionnées en 1849, expédiées en Afrique en 1852, et de là rendues à l'armée d'Orient en 1854. On tira de ces fusées, dans le commencement du siége, contre le personnel des batteries, et contre les réserves qui n'en étaient pas éloignées. Les fusées de 12 et de 9,5 centimètres, envoyées en Crimée, ont été créées par l'école de pyrotechnie de Metz, sur une demande de fusées à longue portée faite par l'Empereur Napoléon III. Elles débutèrent à Sébastopol en janvier 1855. Ces fusées (*planche* XIII, *fig.* de 6 à 11) étaient armées de chapiteaux incendiaires, de chapiteaux explosifs et d'obus sphériques de l'artillerie des calibres de 15 — 16 et 22 centimètres dont le poids, sans la charge d'explosion, constitue 7,098 — 10,525 et 22 kilogrammes.

Les fusées de 7 centimètres ont été expédiées vers la fin du siége ; leur premier envoi apparut le 3 (15) août ; elles étaient armées de projectiles incendiaires et explosifs, et étaient destinées à l'usage en campagne. Mais sur les lieux des opérations militaires, ces fusées furent reconnues par les Français trop pesantes pour l'usage en campagne. Après l'occupation du côté du sud, on tira de ces fusées à travers la rade pour incendier des dépôts de vivres.

Après l'évacuation de Sébastopol, les alliés avaient en vue d'entreprendre le bombardement de Nicolaief, en raison de quoi le commandant en chef des troupes françaises demanda l'envoi de fusées à longue portée. Pour satisfaire à cette demande, on expédia dans la mer Noire 6,000 fusées de 12 et de 9, 5 centimètres, au nombre desquelles 5,000 qui revinrent en octobre 1855 de la mer Baltique, où les amiraux des flottes alliées n'avaient pas trouvé le moyen de les employer à leur destination, et où ils n'en tirèrent que quelques-unes à titre d'essai, au mouillage de Nargen, devant Reval.

En général, les fusées françaises employées contre nous dans la guerre d'Orient étaient munies de baguettes courtes et cannelées, ce qui les distinguait surtout dans leur forme extérieure des fusées anglaises, qui avaient conservé les anciennes baguettes longues de Congrève. Après la guerre de Crimée, on entreprit à Suippe, en France, de grandes expériences sur les fusées, dans le but de régulariser leur confection. A la suite de ces expériences, qui furent terminées en 1857, le choix du calibre de 12 et de 9,5 centimètres fut confirmé pour l'artillerie de place de siége, et pour l'usage en campagne, on choisit le calibre de 6 centimètres, en appelant calibre, le diamètre intérieur des cartouches des fusées (*planche* XIII, *fig.* de 1 à 5). Les fusées de 6 furent acceptées pour remplacer celles de 5 centimètres, reconnues peu efficaces et de trop peu de portée, et pour remplacer celles de 7 centimètres, trouvées, comme il a été dit plus haut, trop pesantes pour l'usage en campagne. Comme armement de ces fusées, ont été acceptés les chapiteaux incendiaires et explosifs, ainsi que les obus, plus les boîtes à balles pour la fusée de 6 centimètres.

Pour tous les trois calibres, les cartouches sont en tôle soudée à la soudure forte. La longueur des fusées constitue près de neuf calibres, sans compter la baguette et le projectile. Les culots sont en fer, à cinq évents formés par des canaux cylindriques, ayant une direction légèrement divergente vers l'extérieur.

Nous nous sommes déjà occupés du chargement des fusées en France ; aussi nous n'en parlerons ici que très-sommairement, et cela non point en vue de la fabrication, mais seulement pour donner une idée aussi complète que possible du système des fusées introduites ; ainsi nous nous bornerons à dire que les fusées des trois calibres se chargent avec une seule et même composition, consistant en poudre de mine française dont le dosage est de : salpêtre 62, charbon 18, soufre 20 ; et nous rappelons que le chargement a lieu en grains sphériques du diamètre depuis 2 jusqu'à 4 millimètres, c'est-à-dire tels qu'ils se trouvent dans la poudre de mine, destinée à l'industrie privée depuis 1851, au moyen de presses hydrauliques à main, avec lesquelles on peut exercer jusqu'à 300,000 kilogrammes de pression. Ce chargement, ainsi que nous l'avons vu, s'opère dans des moules en fonte, sur broche d'acier, au moyen de baguettes de chargement en fonte, creuses ou pleines, selon la hauteur du chargement.

Les baguettes de direction des fusées sont fixées dans une douille en tôle D, vissée au centre du culot. La longueur de la baguette dans les fusées de 12 et de 9,5 ne dépasse que de peu la longueur de la fusée. Le diamètre des baguettes est égal au diamètre extérieur des fusées ; elles sont cannelées dans toute leur longueur ; le nombre des cannelures égale celui des évents auxquels elles correspondent. Une partie de la longueur de la baguette avoisinant la douille C est recouverte de tôle mince, afin de préserver la surface de la baguette des gaz en ignition qui s'échappent des évents. La baguette de la fusée de 12 centimètres est pleine (*fig.* 8) ; celle de la fusée de 9,5 centimètres est creuse dans l'axe pour en amoindrir le poids (*fig.* 11).

La disposition détaillée des chapiteaux nous a été révélée à

Sébastopol, par plusieurs chapiteaux qui n'ont pas pris feu. Voici en quoi elle consiste : les chapiteaux sont cylindro-coniques en tôle mince. La partie cylindrique (*fig.* 6 et 9) est munie de cinq évents qui, dans la fusée de 9,5 centimètres, ont 2,5 centimètres. Le sommet de ces chapiteaux est rempli de plomb P, dont on a constaté, dans la fusée de 9,5, une livre et 57 zolotniks. Probablement, l'objet de cette masse de plomb est de rapprocher le centre de gravité de la fusée équipée de sa baguette de la tête de la fusée, pour augmenter ainsi les propriétés directrices de la baguette, et en même temps pour donner plus de solidité à la pointe de la fusée, qui, si elle n'est pas entièrement préservée de l'aplatissement par le plomb dans le choc contre un objet résistant, conservera mieux sa forme et pénétrera dans les obstacles avec plus de facilité que si elle n'était soutenue que par la composition incendiaire, substance d'un poids spécifique peu considérable, et, par conséquent, animée dans le mouvement d'une force vive bien moins grande que le plomb, à égalité de vitesse. L'analyse chimique exécutée à Saint-Pétersbourg a indiqué, pour la composition incendiaire des chapiteaux français, 72,4 de nitrate de potasse, 27,6 de soufre, et 1,5 % de charbon. A en juger à la vue, la composition incendiaire est préparée par la voie sèche, sous forme de poudre impalpable, et chargée dans le chapiteau au moyen de fortes pressions. Le chargement est terminé par une couche de terre glaise que recouvre un disque en bois de chêne, introduit à force et maintenu au moyen de six vis traversant les parois cylindriques du chapiteau à sa base. Le disque en bois, l'argile et la composition incendiaire sont forés dans l'axe d'un canal dans lequel pénètre une espolette en bois, chargée d'une colonne de composition et amorcée de manière à prendre feu du massif. L'espolette est consolidée dans le disque au moyen de colle forte. Les évents du chapiteau communiquent avec le canal central, par de petits canaux, à travers la composition, aboutissant au centre des évents pour faciliter l'issue de la flamme.

Le dispositif des parois des chapiteaux explosifs est le même que celui des chapiteaux incendiaires, sauf l'absence des évents sur la surface cylindrique.

Les fusées de 12 et celles de 9,5 centimètres sont encore armées de tous les projectiles sphériques de grand calibre, dont on fait usage en France. L'expérience a indiqué, sous ce rapport, qu'avec la fusée de 12 on peut lancer la bombe de 27 centimètres, du poids de 49 kilogrammes, à la distance de 2,700 mètres, et celle de 32 centimètres, du poids de 70 kilogrammes, à la distance de 1,600 mètres. Pour obtenir avec la fusée de 12 centimètres une portée de 8 kilomètres, le poids du projectile ne doit pas dépasser 10 kilogrammes.

Les projectiles sphériques de l'artillerie se fixent aux cartouches au moyen de bandes en tôle, ainsi que cela se pratique en Autriche; mais ce procédé est envisagé comme moins sûr que celui des goupilles, auxquelles, du reste, on ne peut recourir qu'avec des projectiles spécialement établis pour les fusées, munis d'une saillie qui pénètre dans le cartouche ou d'un creux qui puisse recevoir le bout du cartouche et ayant une forme *ad hoc*. Aussi préfère-t-on, en France, armer les fusées de projectiles spéciaux plutôt que de ceux de l'artillerie, d'autant plus que les premiers offrent plus de facilité pour l'établissement d'espolettes avec un dispositif pour être réglé d'après les distances au moment du tir.

Pour communiquer le feu aux fusées, chaque fusée est munie préalablement d'une étoupille. Dans ce but, l'évent du culot, opposé à la soudure du cartouche, est bouché par un bouchon en buis que traversent deux brins de mèche vive, qui aboutissent dans l'intérieur du cartouche à la composition motrice. Extérieurement on donne à ces bouts de mèche quelques centimètres de longueur, et on les place en rond sur la surface du culot; ces mèches sont abritées par une coiffe imperméable dont on recouvre le culot pour la conservation des fusées.

Les fusées de 6 centimètres ont été créées par l'école de pyrotechnie de Metz, après la campagne de Crimée, pour l'Afrique, d'après un programme arrêté par l'armée d'Afrique, dont la condition essentielle était que la longueur des fusées, y compris celle des baguettes, ne dépassât pas un mètre, afin que l'on pût transporter les fusées, sans dévisser les baguettes, dans des caissons de bâts, semblables aux caissons de l'artillerie française de montagne, allongés tout au plus de 25 centimètres. Le transport des baguettes séparément des fusées, pour les fixer aux fusées au moment du tir même, est envisagé dans l'armée d'Afrique comme peu pratique, même dans les cas d'une exécution assez parfaite pour ne pas exiger un numérotage de repère pour fusées et baguettes.

Outre ces conditions, il a été proposé, à l'École de pyrotechnie, de trouver des dispositifs convenables pour armer les fusées de projectiles incendiaires et explosifs, et de trouver un moyen de pouvoir faire varier l'explosion de ces derniers selon les distances du tir. Quant au poids des fusées tout équipées, il a été fixé une limite qui permette au soldat de porter une fusée non pas durant toute une expédition, mais seulement sur le champ de bataille, dans le cas où il y aurait nécessité de franchir des obstacles qui s'opposeraient au mouvement des approvisionnements portés à bât.

Pour résoudre tous ces problèmes, l'École choisit le calibre de 6 centimètres dont le diamètre extérieur ou le calibre, d'après la dénomination en usage en Russie, est de 63 millimètres (*planche*, XIII *fig.* 1 à 5). Le poids de la fusée tout équipée est de 7 kilogrammes, dont 3 appartiennent au projectile. Le projectile F est cylindro-ogival, son diamètre extérieur dépasse un peu le diamètre de la fusée. Les parois latérales du projectile se prolongent au delà de sa base. Elles servent à fixer le projectile au bout du cartouche au moyen de vis, et portent quatre échancrures qui donnent lieu à quatre ouvertures, formant issue de dessous la base du projectile fixé à l'extérieur, car les bords du cartouche ne s'appuient pas sur le fond du projectile. Ces issues livrent passage à quatre cordelettes qui servent à déboucher quatre des canaux de l'espolette du projectile, munie en outre d'un cinquième canal qui reste toujours ouvert. L'espolette est en bois, mais les canaux sont doublés en cuivre; ce sont des tubes en cuivre rouge étiré, sans soudure, ayant environ 6 millimètres de diamètre intérieur et chargés de composition lente au mouton; elles sont ensuite insérées dans le corps en bois de la fusée.

Après l'introduction de tubes en cuivre, pour égaliser les bouts de l'espolette, on la rogne au moyen d'une scie circulaire en acier, animée d'un rapide mouvement de rotation; après quoi les canaux sont en partie dégorgés de la composition, du côté du massif de la fusée, pour être amorcée et pour pouvoir boucher quatre des canaux, et du côté de la charge du projectile, pour régler la durée de combustion de ces canaux, probablement en accord avec les distances de 600,-1,200,-1,800 et 3,000 mètres. Nous ne saurions préciser la substance dont sont formés les bouchons qui sont à l'extrémité des cordelettes. Ces bouchons doivent être en matière incombustible pour résister au feu du massif, et avoir un certain degré d'élasticité pour bien boucher les canaux et pouvoir pourtant en être facilement extirpés. Les cordelettes sont garnies de nœuds dans leur partie qui pend en dehors du cartouche, dont le nombre, sur chaque cordelette, fait reconnaître la distance à laquelle correspond le canal qu'on peut déboucher en tirant cette cordelette. Le projectile est réuni au cartouche tout chargé, mais il est question, par mesure de précaution dans le travail, de le fixer vide, muni seulement de son espolette, pour, l'opération du fixage terminée, y introduire la charge au moyen d'un trou de chargement G disposé à la pointe du projectile que l'on boucherait en y écrasant une balle en plomb.

Les chapiteaux incendiaires des fusées de 6 centimètres (*fig.* 3) sont pareils aux chapiteaux de 12 et de 9,5 centimètres, et n'en diffèrent que par les dimensions. La mitraille (*fig.* 4) consiste en trente balles, dont nous ne pouvons indiquer ni le poids ni le métal. Ces balles sont contenues dans une boîte en fer-blanc, réunie à la fusée au moyen d'un sabot en bois et fermée par une demi-sphère en bois. Les baguettes ont un diamètre extérieur égal à celui des fusées, leur section forme une étoile à cinq pointes dont les angles sont un peu émoussés (*fig.* 5). Pour diminuer leur poids, on les perce dans toute leur longueur d'un canal central. La baguette est fixée dans une douille, en tôle conique et à cannelures correpondantes aux cannelures de la baguette, soudée à la queue d'une vis qui sert à réunir la baguette à la fusée. La queue de cette vis est terminée par une broche E (*fig.* 1), dont l'objet est de rendre plus solide la réunion de la douille à la baguette et surtout d'en empêcher le ballottement après le retrait du bois par l'effet de la chaleur des gaz s'échappant par les évents. Pour empêcher la combustion de la baguette, la partie de la baguette avoisinant la douille est recouverte d'un manchon en tôle dont la longueur dépasse un peu la moitié de la longueur de la baguette. Les baguettes sont en sapin. D'abord, on les établissait en bois entier, mais ensuite, pour épargner la matière, on les fit de cinq pièces collées entre elles dans le sens de la longueur de la baguette dont chacune forme une côte.

Pour le transport dans les montagnes, ces fusées se placent dans des caissons pareils aux caissons de l'artillerie de montagne, ne les dépassant pas de plus de 25 centimètres en longueur, pour satisfaire aux exigences du programme. Ces caissons s'accrochent à un bât du même modèle que celui de l'artillerie de montagne (*pl.* XV). Chaque caisson reçoit six fusées couchées, par deux, en disposant les projectiles en sens contraire. Les fusées sont maintenues dans les caissons au moyen de cales en bois. Un mulet porte donc douze fusées.

Pour lancer les fusées de tout calibre, on se sert en France, exclusivement, d'augets découverts, formés de deux plans inclinés entre lequels est ménagé un espace pour l'issue des gaz. Pour les fusées de grand calibre, ces augets sont formés de planches recouvertes de tôle; on leur donne l'inclinaison nécessaire en les soutenant par des supports dont on peut modifier la hauteur. Tels ont été les chevalets en usage devant Sébastopol. Pour le tir en campagne et dans les montagnes, pour les fusées de 6 centimètres, on a adopté un chevalet, ayant un auget en forte tôle, long de 1 mètre 36 centimètres (*pl.* XIV, *fig.* 1 et 2). Cet auget est formé de deux bandes, maintenues par des équerres en fer. Il est supporté par un boulon, comme sur un axe entre les branche d'une fourche A dont la base est munie d'un tenon X pour être placé sur le genou d'un trépied. Pour donner à l'auget différentes inclinaisons, on se sert de la crémaillère B, réunie à l'auget par une charnière armée de dents, et dont on fait appuyer l'une contre le boulon Q, fixé entre les branches de la fourche; la base de la fourche est munie d'un arrêt à vis P pour maintenir l'auget dans la direction du tir. Ce chevalet pèse 16 kilogrammes; pour le transport il se divise en deux parties, trépied et auget, dont chacune pèse 8 kilogrammes. Dans le transport, la crémaillère se place le long de l'auget et s'en rapproche de manière que sa base se loge dans une échancrure demi-circulaire de la crémaillère. Le chevalet est porté à bras par deux hommes.

Pour le tir des fusées, afin d'obvier à l'inconvénient d'avoir constamment une mèche allumée, on a adopté un boute-feu spécial formé d'une hampe en bois avec un manche L (*fig.* 3) et un tube en fer H, dans lequel on insère un bout de lance à feu M, muni d'une amorce fulminante à friction. Ces bouts de lance sont chargés dans de minces tubes étirés en cuivre rouge, le fond en est bourré d'un peu de terre glaise comme pour les lances ordinaires, afin de boucher le tube d'un bout et rendre impossible l'échappement de la flamme de cette extrémité. Ce tube est chargé à la main, avec de la composition ordinaire de lance à feu. A l'extrémité opposée de la glaise, ces bouts de lance sont amorcés par le même procédé que les étoupilles à friction de l'artillerie française de terre. Après que le bout de la lance a été inséré dans le tube en fer du boute-feu, le rugueux de l'amorce s'accroche avec le crochet J, formant l'extrémité d'une pièce mobile en fer Z, que l'on fait fonctionner au moyen d'une corde, réunissant cette pièce au manchon K, glissant librement sur la tige du boute-feu. Pour enflammer le bout de lance en tenant le boute-feu par le manche, d'une main on imprime une secousse au manchon vers le manche, ce qui arrache le rugueux et enflamme l'amorce du bout de lance.

Le bout de lance, une fois enflammé, brûle assez longtemps pour permettre de communiquer le feu à plusieurs fusées consécutivement.

Les fusées de 6 avec le matériel tel que nous venons de le décrire, ont été inaugurées pour le service dans l'expédition de Kabylie, de 1857. Les résultats qu'elles ont donnés sont énoncés au début de ces lectures, dans les extraits que nous avons faits de l'ouvrage du capitaine Clerc sur cette expédition. Ces renseignements se complètent par les rapports cités sur l'effet de ces fusées dans le supplément de notre mémoire sur les fusées de guerre, paru à Paris en 1859.

Les fusées françaises de tous les calibres ont une portée très-considérable ; nous croyons même pouvoir affirmer qu'elles l'emportent sous ce rapport sur tous les autres systèmes de fusées. Cette grande portée dépend de la durée prolongée de la force motrice, de sa quantité considérable et de la légèreté relative des fusées avec leur baguette et des projectiles dont elles sont armées. La durée prolongée de la force motrice et sa quantité considérable s'obtiennent dans les fusées, ainsi que nous l'avons déjà indiqué en étudiant le dosage de la composition motrice des fusées, au moyen d'une composition lente dont on rachète l'insuffisance de la production des gaz par unité de surface en ignition par rapport au temps, en augmentant la surface de première inflammation, et par cela même en augmentant la surface en ignition depuis le commencement de la combustion de la composition motrice jusqu'à la fin, car la combustion de la composition motrice des fusées doit avoir lieu, selon toute probabilité, en couche parallèle et concentrique à la surface de première inflammation. C'est ainsi que les fusées françaises sont chargées d'une composition très-faible, présentant la composition des fusées russes ralentie par 10 pour 100 de soufre; mais le manque de vivacité de la composition est compensé, dans les fusées françaises, par la profondeur de l'âme; ainsi, dans les fusées russes, la profondeur de l'âme ne dépasse pas cinq calibres, tandis qu'elle en a jusqu'à huit dans les fusées françaises.

Outre une plus grande durée de l'action de la force motrice, acquise par la lenteur de la combustion de la composition, elle est encore augmentée dans les fusées françaises par une plus grande épaisseur de la couche de la composition autour de l'âme de la fusée, obtenue par la réduction des dimensions tranversales de l'âme jusqu'au minimum pour ainsi dire du possible; ainsi, tandis que dans les fusées russes le diamètre de l'âme, qui est cylindrique, est de 1/3 de calibre dans les fusées françaises, il est environ de 1/4 de calibre à la base, et de 1/5 au sommet.

Tout en rendant pleinement justice au système des fusées françaises sous le rapport de la conception du système, nous ne pouvons ne pas dire qu'elles éclataient parfois à Sébastopol au départ, de l'aveu même des artilleurs français, comme nous en avons déjà fait mention en reproduisant, à cet égard, page 44, l'*Historique du service de l'artillerie française au siége de Sébastopol*, et elles s'attirèrent le reproche d'un tir peu certain, dans l'ouvrage sur la *Campagne de Kabylie* de 1857, du capitaine Clerc, comme nous l'avons cité page 38. Nous nous expliquons la cause de ces imperfections :

1° Par le mode de chargement des fusées en France, qui s'opère sur broche, sans enlever par le forage la couche friable de la composition qui se forme autour des broches, à cause du jeu inévitable entre la broche et le vide des baguettes de chargement, ainsi que cela se pratique en Autriche. Cette couche se désagrége par le transport des fusées ou même à la suite d'une garde prolongée en magasin, et rend alors trop instantané le premier développement des gaz. La tension de ces gaz fait parfois éclater la fusée avant qu'elle ait eu le temps de diminuer suffisamment par l'écoulement des gaz au travers des évents du culot;

2° Parce que les presses à charger les fusées en usage en France ne sont pas automatiques, et que par conséquent l'uniformité du chargement avec ces presses dépend trop de l'habileté et de la diligence des ouvriers.

L'indication de l'aiguille du manomètre de ces presses n'avertit qu'à la vue que la pression voulue est atteinte. Cette pression a-t-elle été obtenue ou non? rien ne l'indique quand le chargement est terminé, et rien ne règle le temps pendant lequel les ouvriers doivent faire durer chaque compression, ce temps étant abandonné à leur appréciation. Dans ces circonstances, le chargement de quelques fusées, pour des essais au polygone et la fabrication courante, n'ont plus lieu dans les mêmes conditions, et des ouvriers peu surveillés, comme cela ne manque pas d'arriver avec une fabrication active que réclament des besoins immédiats, peuvent chercher à s'épargner la fatigue et à augmenter la rapidité du travail, ce qui ne leur est que trop aisé avec les presses françaises, en n'atteignant pas les limites de la pression exigée. Ces infractions entraînent invariablement le manque d'uniformité dans le chargement, et, par cela même, le manque d'uniformité dans la force motrice des fusées et leur éclatement.

Enfin, pour ce qui est de la certitude de tir, il nous semble que, dans les fusées françaises, la justesse de tir a été un peu sacrifiée à la portée, et que pour avoir plus de justesse il faudrait s'astreindre à de moindres portées, car l'action de la force motrice durant le vol des fusées à travers l'espace, tout en activant le mouvement de la fusée, est en même temps une source d'irrégularité, parce que la force motrice varie continuellement dans de certaines limites d'intensité et de direction, par rapport à la fusée même; aussi, pour augmenter la justesse des fusées, est-il urgent d'en limiter autant que possible la durée de la force motrice, ce qui ne s'obtient qu'au détriment de la portée.

PROCÉDÉS POUR REMPLACER LES BAGUETTES DES FUSÉES

PAR DES AILETTES OU PAR LE MOUVEMENT DE ROTATION

La baguette de direction des fusées de guerre a été longtemps un obstacle à l'introduction des fusées, à cause des difficultés réelles que présentait leur transport. C'était justice, car les baguettes dont étaient munies les fusées de Congrève étaient des poutrelles plutôt que des baguettes, dans le vrai sens du mot. Dans le but de faire accepter ces longues baguettes pour les fusées de campagne, Congrève imagina de les déguiser en lances, et, pour mieux illusionner sur leur transformation, il fit porter à ses fuséens à cheval, dans une des fontes de la selle, un fer de lance qui devait s'adapter, au besoin, au bout d'une des baguettes confiées au cavalier.

La lance est peut-être la reine des armes blanches de la cavalerie, mais une seule lance à porter à l'étrier et à manier dans le combat exige déjà de la part du cavalier une bien grande habileté d'équitation et d'adresse dans l'escrime, au point que ce n'est véritablement que les peuples nés cavaliers qui sont les seuls aptes à bien se servir de la lance. Que serait-ce donc quand, au lieu d'une lance, il s'agirait d'en porter à l'étrier un paquet de trois ou quatre, bien inoffensives, il est vrai, mais tout aussi gênantes et incommodes, pour le cavalier, qu'autant de lances de combat, et qui demanderaient encore, au moment de s'en servir, un triage pour n'en garder qu'une seule en l'armant de son fer.

Quant aux baguettes brisées en plus ou moins de parties, et dont les morceaux s'emboîtaient à la manière des cannes pour la pêche à la ligne ou autrement, ce sont des tentatives qui n'ont pas grandement réussi, malgré l'adoption de pareilles baguettes en Autriche pour le service dans les montagnes.

Pour obvier à ces désavantages, l'on s'est constamment préoccupé de diminuer la longueur des baguettes, afin de procurer aux fusées le précieux avantage d'un transport facile.

Les fusées françaises nous offrent une solution élégante du problème. Leur baguette, courte, cannelée, rend les fusées parfaitement transportables à bras, et à bâts, autant que le permet leur poids, et, outre cela, permet de les transporter par les moyens de transport de l'artillerie ordinaire.

On peut donc dire qu'avec les baguettes françaises, courtes cannelées, les fusées sont d'un transport tout aussi facile que les munitions des pièces d'artillerie. Néanmoins, arrêtons-nous aux procédés qui suppléent le mieux aux baguettes.

Ces procédés sont :

Les ailettes;

La communication à la fusée du mouvement de rotation.

Comme nous l'avons déjà énoncé, la longueur de la baguette peut être compensée en partie par l'augmentation de la surface latérale ; mais la transformation ne s'opère point sans une certaine difficulté, car la diminution de la longueur de la baguette affaiblit de beaucoup la puissance directrice de sa surface, qui est d'autant plus énergique qu'elle est plus éloignée du centre de gravité de tout le système. En se basant sur ce fait, on a été amené à construire des baguettes extrêmement courtes, latérales ou centrales, munies d'ailettes fixées à l'extrémité opposée de la fusée, ainsi que des fusées totalement dépourvues de baguette, mais munies, pour la remplacer, d'ailettes disposées sur la partie du cartouche avoisinant le culot, ou d'un prisme triangulaire circonscrit à la surface extérieure du cartouche et occupant une certaine longueur du cartouche attenant au culot.

Pour arriver, dans les fusées sans baguette, à donner la position la plus convenable au centre de gravité qui, autant que possible, doit se rapprocher de la tête de la fusée, on prolongeait le cartouche du côté opposé au culot au moyen d'un cartouche vide dont l'extrémité formait le bout de la fusée et était suffisamment lestée.

Comme type de fusées à ailettes admises dans la pratique, nous citerons les fusées à signaux à étoiles, en usage dans la marine française (*pl.* XXXII, *fig.* 1 et 2).

Elles consistent en un cartouche en carton M, muni d'un chapiteau rempli d'étoiles L; à ce cartouche se trouve adapté, au moyen de trois fils de fer, un prisme en bois qui supporte trois ailettes en bois I H G. Pour le tir de cette fusée, on emploie un appareil en fer nommé lance-fusées (*fig.* 2), formé d'une plaque circulaire qui maintient trois paires de réglettes en acier. Ces réglettes sont espacées entre elles à intervalles égaux et forment entre leurs arêtes les plus rapprochées du centre de la plaque, un espace dans lequel se loge le corps de la fusée. Les dimensions du lance-fusées sont telles que, quand une fusée y est placée, la base de son chapiteau s'appuie sur l'extrémité supérieure des réglettes, tandis que la base des ailettes s'applique contre la plaque. Pour placer la fusée sur le lance-fusées, on a soin d'introduire chaque ailette entre les deux réglettes d'une paire de réglettes.

Pour maintenir le lance-fusées, la plaque est munie de deux tourillons placés dans des encastrements disposés à l'extrémité de deux branches d'une fourchette en fer NN; cette fourchette a une base qui porte en saillie sur sa surface inférieure un tenon R que l'on introduit dans une ouverture disposée pour cet usage sur le haut du bordage.

A bord des bâtiments, il serait parfois dangereux de lancer des fusées verticalement, à cause des cordages et de la voilure, et aussi parce que leurs débris pourraient retomber sur le pont. Il faut donc, en ces circonstances, qu'une certaine inclinaison puisse être donnée aux fusées de signaux. Pour l'obtenir avec la fusée à ailettes, la plaque du lance-fusées peut être inclinée en tournant autour des tourillons. Un demi-cercle en fer P, muni de trous, sert, au moyen d'une clavette Q, à le maintenir solidement dans la position qu'on lui donne.

Les baguettes à ailettes que nous venons de décrire offrent cet avantage pour les fusées à signaux, qu'elles écartent le danger que fait parfois courir la chute des baguettes ordinaires, bien plus longues et plus pesantes. Malheureusement l'emballage de ces fusées à ailettes est très-difficile, et le transport en caisse très-embarrassant, à cause du peu de solidité des ailettes et de leur forme irrégulière.

Pour les usages de la guerre, les ailettes ne peuvent être utilisées, par le motif qu'elles ne présentent un moyen de direction suffisant que pour le tir vertical. Quant au tir à élévation et au tir rasant, les fusées à ailettes, à cause de la trop petite longueur du système, décrivent des trajectoires trop courbes, et, par conséquent, ont de trop petites portées ; en outre, le vent exerce sur ces fusées plus d'influence que sur les fusées ordinaires à baguettes, à cause de la grande prise que la surface des ailettes offre au vent. Enfin le tir à ricochets est tout à fait impossible avec des fusées à ailettes.

L'application du mouvement de rotation pour augmenter la justesse du tir des armes à feu à main et des pièces de l'artillerie n'est pas de date récente ; il y a de bien longues années qu'elle était connue et mise en pratique pour les canons et les carabines; mais ce n'est que dans ces derniers temps que des perfectionnements, sanctionnés par le succès, l'ont fait généralement admettre, et peut-être même est-il devenu l'objet d'un engouement et d'une mode dont probablement on reviendra pour rendre justice aux canons à âme lisse et en reconnaître l'emploi indispensable dans l'artillerie, quand cela ne serait que pour le tir à ricochets et le tir à mitraille; on voudrait faire tourner tous les projectiles de l'artillerie et l'on nous demande souvent : Pourquoi ne faites-vous pas tourner vos fusées? Nous ne pouvons donc passer sous silence les tentatives qui ont été faites pour l'application du mouvement de rotation à la régularisation du vol des fusées; mais, avant d'entrer dans des détails à cet égard, nous rappellerons quelques propriétés du mouvement de rotation dans son application pour régulariser le mouvement des projectiles.

Pour que le mouvement de rotation augmente la régularité du mouvement de propulsion d'un projectile, il faut que ce mouvement de rotation soit établi autour d'un axe déterminé, tangent à la trajectoire, et qu'il soit entièrement constitué avant que le projectile cesse d'être guidé, ou, ce qui revient au même, avant que l'axe de rotation cesse d'être maintenu ; alors nous obtiendrons la stabilité désirable du projectile, par rapport à la direction du tir. Dans les canons et dans les armes à main, ces conditions sont réalisées par le développement du mouvement de rotation en entier dans le canal même de l'arme, dont les parois déterminent la position de l'axe de rotation; mais il n'en sera pas de même si le mouvement de rotation continue à se développer et à s'accroître alors que le projectile ne sera plus guidé, ou, ce qui serait encore plus défavorable à la justesse, quand le mouvement de rotation serait déterminé par le mouvement de propulsion à travers l'espace, comme, par exemple, par la résistance de l'air agissant sur des cannelures héliçoïdes ou à travers les canaux héliçoïdes dont on munit le projectile, car alors le mouvement de rotation peut s'établir autour d'un axe accidentel ayant une position indéterminée par rapport à la direction du mouvement, et, au lieu de régulariser le vol du projectile, devenir une nouvelle source d'irrégularité.

Enfin le mouvement de rotation établi même avant le mouvement de propulsion du projectile à travers l'espace sera insuffisant pour régulariser le vol du projectile, si son mouvement de propulsion continue à être activé par une force motrice ne cessant de se développer dans le projectile, et dont l'action aurait lieu dans une direction variant continuellement, quoique dans des limites très-restreintes par rapport à l'axe de rotation du projectile ; car, dans ce cas, le mouvement de rotation subirait des modifications continues du mouvement de propulsion. Ces considérations, qui se rapportent à tous les projectiles, expliquent pleinement l'insuffisance de l'application du mouvement de rotation pour la régularisation du vol des fusées, autant que l'exige la justesse du tir. Effectivement, cette application ne peut donner des résultats satisfaisants, à cause de la grande difficulté qu'il y aurait de produire dans les fusées, autour de l'axe longitudinal, un mouvement de rotation suffisamment rapide, précédant le mouvement de propulsion où la fusée cesse d'être guidée par le chevalet de tir, et en même temps à cause de la difficulté qu'il y aurait de limiter la durée de la force motrice au temps pendant lequel la fusée est guidée par le chevalet.

Néanmoins, nous passerons en revue les moyens dont on s'est servi pour produire le mouvement de rotation des fusées. Les procédés auxquels on a eu recours, dès le commencement de ce siècle, lors de l'introduction des fusées dans les pricipales armées européennes, peuvent être classées en trois catégories :

1° Le mouvement de rotation est produit par la résistance de l'air au moyen d'ailettes héliçoïdes disposées à l'extérieur du projectile de la fusée, du cartouche ou de la baguette;

2° Au moyen des tubes de tir sur la surface intérieure desquels on disposait des rayures dans lesquelles pénétraient des tenons disposés sur l'extérieur des fusées;

3° Au moyen des gaz de la fusée, s'échappant en partie par des canaux héliçoïdes ménagés dans l'intérieur de la fusée, ou par le choc des gaz qui s'échappent de la fusée contre des surfaces gauches fixées sur la baguette de la fusée.

De tous ces systèmes, celui qui a encore le mieux réussi est le système proposé par l'Anglais Hale, basé sur l'écoulement des gaz par des évents héliçoïdes du culot. Ce système est décrit dans le sixième numéro du *Journal des Armes spéciales* de l'année 1845.

Nous pouvons donner quelques détails sur les fusées de ce système, telles qu'elles ont été essayées en Russie en 1850, sans pourtant pouvoir indiquer la composition dont elles étaient chargées, les dimensions même approximatives de leurs âmes, ou les dimensions exactes des pièces apparentes de ces fusées; car le détail de construction de ces fusées n'a pas été acquis par le gouvernement russe, et nous n'en connaissons que les dispositions générales, dont l'inventeur n'a pas cru nécessaire de faire mystère dans ses essais en Russie. La fusée (*fig.* 3) est munie d'un culot x en fonte; ce culot a une ouverture centrale servant d'évent au gaz pour produire le mouvement de propulsion, et il a de trois à cinq évents, selon le calibre des fusées, formant un système d'évent héliçoïde pour produire le mouvement de rotation de la fusée.

Pour lancer ces fusées, Hale emploie un chevalet où la fusée se place dans le tube R (*fig.* 4); une partie du culot de la fusée s'engage dans une bague en bronze x, placée dans l'orifice inférieur du tube de tir; la pointe du projectile de la fusée y butte contre une plaque s, formant une espèce de soupape dont l'action peut être réglée par un poids P. A cette fin, la plaque *s* est maintenue par un axe de rotation *z* et fait corps avec le levier P, qui supporte le poids régulateur, susceptible d'être plus ou moins éloigné de l'axe de rotation *z*.

Le tube directeur est soutenu au moyen d'un trépied qui sert en même temps de moyen pour faire varier l'inclinaison du tube. A cette fin, l'un des pieds du trépied est muni dans le sens de sa longueur d'une ouverture A, que traverse la volée du tube, qui peut être maintenue à des hauteurs différentes au moyen de deux écrous C, se vissant sur des bouts de boulon fixés au tube qui s'engagent dans des fentes B, disposées le long de l'ouverture A.

Pour tirer la fusée, on y met le feu par l'évent central; l'écoulement des gaz produit d'abord le mouvement de rotation de la fusée, et ce n'est que quand les gaz sont arrivés à un certain degré de volume que leur effort est suffisant pour vaincre la résistance de la soupape et entraîner la fusée à travers le tube.

Les fusées Hale, telles que nous les vîmes en 1850, ont en partie résolu le problème des fusées sans baguettes dirigées par le mouvement de rotation; néanmoins, bien que proposées et essayées dans les artilleries des principales puissances, elles n'ont été introduites nulle part, autant qu'il en est à notre connaissance, surtout à cause de leur peu de justesse. Ainsi, aux expériences exécutées en Russie en 1850, la fusée russe de 2 pouces, à baguette longue, s'est montrée infiniment plus juste que la fusée Hale. Une de ces dernières, entre autres, s'est enterrée à quelques pas du chevalet de tir; et comme le projectile dont elle était armée était à explosion, il éclata, et les éclats volèrent par-dessus les têtes des membres de la commission exécutant les expériences. Depuis, il nous est revenu que Hale a perfectionné ses fusées et qu'elles ont été essayées derechef dans plusieurs artilleries; mais il nous est impossible de dire quelque chose de précis à cet égard. Du reste, en admettant même que le tir de ces fusées soit aussi juste que celui des fusées à baguette ordinaire, leur introduction n'en est pas plus à recommander, par la raison que le poids considérable de leur chevalet annule tout l'avantage du transport que procure l'absence de baguette, et ensuite parce que ces fusées ne peuvent être tirées, en cas de besoin, sans l'aide d'un chevalet, ainsi que cela est praticable avec les fusées à baguette ordinaire ou à baguette courte cannelée.

Pour nous résumer sur l'application du mouvement de rotation à la régularisation du vol des fusées, disons que, quel que soit le moyen de produire la rotation des fusées, choisi entre ceux que nous avons classés en trois catégories, la rotation aura toujours lieu au détriment de la force motrice, qui doit produire le mouvement de propulsion, et comme la force motrice dans les fusées est très-limitée, son absorbtion en partie pour produire le mouvement de rotation, a pour conséquence de diminuer la vitesse des fusées, et par conséquent d'amoindrir leur portée et de rendre le tir moins rasant, sans le rendre plus juste que les moyens de direction habituellement employés ; car, comme nous l'avons dit plus haut, le mouvement de rotation qui s'engendre pendant la marche d'un projectile à travers l'espace est une nouvelle source d'irrégularité de la trajectoire.

Ces raisons seules suffiraient pour faire abandonner l'idée de l'application du mouvement de rotation pour régulariser le vol des fusées; mais il faut y ajouter, en outre, que ce procédé entraînerait l'emploi des chevalets de tir, très-lourds et fort compliqués, qui annuleraient déjà, à eux seuls, la facilité du transport, qui est un des principaux avantages de la fusée. Ainsi, le chevalet Hale, pour le tir de la fusée de 3 pouces apportée en Russie, pesait au delà de 6 pouds, ou environ 100 kilogrammes.

Pour terminer avec la rotation, il reste à dire qu'on a essayé, en Russie, de diriger le vol des fusées sans baguette en leur imprimant mécaniquement un mouvement de rotation, précédant le mouvement de translation, expérience qui, du reste, par la complication de l'appareil pour lancer la fusée, n'a été envisagée que comme une expérience de physique en grand digne d'intérêt. Dans ces essais, on imprimait préalablement à la fusée, autour de son axe, un mouvement de rotation dont la vitesse était portée jusqu'à mille tours par minute, puis on y mettait le feu. Mais ces expériences, malgré leur intérêt, ont dû être suspendues à cause de la trop grande irrégularité du vol des fusées qui, malgré le mouvement de rotation qu'on leur avait communiqué, se comportaient plutôt comme des serpenteaux tirés au hasard que comme des projectiles dont on a assuré la direction.

PERFECTIONNEMENTS DES FUSÉES DE GUERRE

RÉALISÉS DANS CES DERNIERS TEMPS A LA FABRIQUE DE FUSÉES DE SAINT-PÉTERSBOURG

Fabrication et placement des culots. — Les difficultés que l'on éprouve en Russie de commander les culots des fusées à l'industrie privée, et la cherté de ces pièces ainsi confectionnées, surtout depuis que les ateliers de construction de machines fondés par feu monseigneur le duc de Leuchtenberg, à Saint-Pétersbourg, ont cessé d'accepter des commandes d'objets divers, en fer et en fonte, ont rendu indispensable la confection des culots à la fabrique même, sans attendre la création de la nouvelle fabrique, avec les moyens que possède actuellement l'établissement. Pour y arriver, on ne pouvait pas pourtant se passer entièrement de l'industrie privée. A cause de l'insuffisance de l'outillage de la fabrique et du manque d'emplacement, il a fallu y recourir pour avoir au moins les culots massifs ébauchés qui, ensuite, doivent être dégrossis, percés et taraudés à l'établissement. Outre l'économie, cette mesure présentera l'avantage d'assurer plus de précision à la disposition des évents et de l'ouverture centrale des culots; car il sera facile alors de percer toutes les ouvertures du culot et de tarauder son ouverture centrale après sa mise en place. Pour réaliser cette mesure, il a fallu d'abord chercher à simplifier la forme du culot généralement adoptée, et qui est pour beaucoup dans les difficultés de son exécution exacte, afin de pouvoir terminer les culots avec très-peu de main-d'œuvre, et avec l'outillage le plus simple; ainsi, on a vérifié d'abord si la direction divergente des évents ordinairement en usage était une nécessité. Les résultats des expériences ont indiqué à cet égard que des évents parallèles et perpendiculaires à la surface du culot ne calcinaient pas la baguette plus que les évents divergents, et ne produisaient pas de modifications sensibles dans la justesse ou la portée; que l'on pouvait donc modifier la direction des évents des culots pour simplifier la confection de ceux-ci.

Grâces à la modification de la direction des évents, la forme du culot devient bien plus simple, car elle peut ne consister dès lors qu'en un disque dont les surfaces planes sont parallèles entre elles, avec un renforcement au centre pour donner plus de longueur à la vis de la douille de la baguette (*pl.* XXI, *fig.* 1re), tandis que dans les anciens culots la surface intérieure et extérieure du culot mis en place, était formée de surfaces de révolution auxquelles les évents étaient presque normaux (*pl.* XVIII, *fig.* 2 et 3); cela donnait peut-être au culot une certaine grâce et rendait plus agréable à l'œil la réunion de la baguette à la fusée; mais cela entraînait en pure perte un surcroît de besogne.

Les culots plats à évents, parallèles et perpendiculaires à leur surface, sont déjà définitivement introduits, et l'on est occupé à construire, pour les terminer à l'établissement, des machines qui consistent en deux tours, dont l'un sert à percer et à tarauder l'orifice central du culot mis en place, et l'autre, muni d'une plate-forme à diviser, sert à forer les évents dans le culot, déjà muni de son orifice central.

Augmentation de la précision du tir des fusées. — Désireux d'obtenir, même avec les moyens actuels de la fabrique des fusées de Saint-Pétersbourg, la plus grande justesse possible de tir des fusées, j'arrivai, par la voie des hypothèses vérifiées par les expériences, à quelques perfectionnements qui ont été reconnus dignes d'être introduits. Ainsi, en observant attentivement le vol de nos fusées, on pouvait remarquer que les irrégularités de la trajectoire commençaient, non pas dès l'origine du mouvement, mais après quelque temps qui s'écoulait après le départ de la fusée. En comparant ce temps avec les temps des différentes périodes de la combustion de la composition des fusées, il devenait évident que le commencement des irrégularités devait être rapporté au commencement de la combustion de la section transversale du massif de la fusée. Cette conclusion a pu être déduite, car on peut déterminer avec assez d'exactitude le temps qui s'écoule entre le moment de la communication du feu à la fusée et le commencement de la combustion du massif limité à sa section transversale, en se basant sur ce fait fourni par l'observation, que l'on peut admettre comme instantanée la propagation de la flamme sur la surface intérieure de l'âme des fusées, mais que la combustion ne pénètre en épaisseur qu'avec une certaine lenteur qui donne pour la composition en usage dans nos fusées, un peu moins de 0,4 de pouce par seconde, de sorte que, dans la fusée de 2 pouces et demi dans laquelle la couche de composition qui tapisse l'âme de la fusée a 0,7 de pouce d'épaisseur, toute la composition autour de l'âme de la fusée, y compris 0,7 de pouce du massif dans sa partie adjacente à l'âme, est comburée en un peu moins de 2 secondes; au bout de ce temps, il n'y a que la section transversale du massif qui soit en combustion.

Mais la section transversale du massif ne donne aucune force motrice, comme nous l'avons dejà vu en nous occupant des moyens pour mesurer la force motrice des fusées; nous en reproduirons ici les preuves en les complétant à cause de l'intérêt du sujet. Ainsi, — 1° on a expérimenté des fusées qui ne furent chargées que du massif. Ces fusées représentèrent donc des fusées dans lesquelles aurait été comburée toute la masse de la composition concentrique aux parois de l'âme, et en contact avec l'intérieur du cartouche. De semblables fusées allumées ne quittaient pas le chevalet, et, essayées au pendule balistique des fusées, n'accusaient aucune production de force.

— 2° Durant l'été de 1859, je fis une série d'expériences sur la portée des projectiles sphériques lancés au moyen de fusées, sous le même angle, qui se détachaient dans différents points de la trajectoire. A cet effet, il fut construit 24 fusées du calibre de 4 pouces, armées d'obus de 1/4 de poud. Pour détacher ces projectiles à différents points de la trajectoire, il fut foré dans le massif de la fusée, dans le bout opposé à l'âme, des canaux de différentes profondeurs, de manière qu'avec la plus grande profondeur du canal, il restait encore, entre le fond de celui-ci et le fond de l'âme de la fusée, un intervalle égal à l'épaisseur de la composition tapissant l'intérieur du cartouche autour de l'âme. Cet intervalle a été successivement augmenté par demi-pouce, jusqu'à l'entière épaisseur du massif, ce qui produisit 6 espèces de fusées, ne différant entre elles que par les épaisseurs entre les fonds des deux vides disposés dans la composition. On prépara quatre exemplaires de chaque espèce de ces fusées. Les projectiles furent réunis aux cartouches au moyen de bandes de toile, fixées au cartouche par une ligature en ficelle; ils se détachaient par l'effet d'une petite charge de poudre logée sous le projectile et prenant feu au moment où la combustion de la composition de la fusée pénètre dans le canal du massif. Au tir de toutes ces fusées, sous l'angle de 45 degrés, les moyennes des portées des projectiles lancés avec chaque espèce de fusée, ont été assez sensiblement les mêmes pour qu'on puisse en conclure que la force motrice communiquée aux projectiles n'a pas varié, sensiblement quel que soit le point de la trajectoire où se détache le projectile. Les résultats des essais au pendule et du tir que nous venons d'exposer dénotent que les gaz produits par la combustion transversale du massif se dilatent considérablement avant leur écoulement du cartouche, et, par cela même, s'écoulent avec une vitesse insuffisante pour produire une pression appréciable sur le côté opposé aux évents et, par conséquent, ne donnent plus lieu, par leur écoulement, à la production d'une force motrice sensible. De cette manière, la combustion du massif ne produisant aucune force utile, le massif n'a pour objet, dans les fusées de guerre, que de fermer l'extrémité opposée aux évents, et, dans les fusées d'artifice, outre cela, le massif a pour objet de prolonger la durée de la gerbe. Mais en l'absence de l'effet utile, sous le rapport de la propulsion, la combustion du massif doit avoir une grande influence sur la justesse du tir.

L'observation directe du tir indique déjà suffisamment que les irrégularités commencent surtout avec le commencement de la combustion du massif dans sa section transversale, ce qui s'explique ; car à mesure que le massif diminue par sa combustion, la tête de la fusée s'allége et la baguette en est relativement comme plus pesante ; il s'en produit une nouvelle force tendant à renverser la fusée, c'est-à-dire à lui faire prendre un mouvement de rotation autour d'un axe perpendiculaire au plan vertical dans lequel se meut la fusée, et qui agit sur la tête de la fusée en sens inverse de la pesanteur.

Cet allégement de la tête de la fusée peut produire le déplacement du centre de gravité, non le long de l'axe géométral de la fusée, mais le long d'une courbe quelconque d'une forme accidentelle, qui peut n'avoir de commun avec l'axe géométral de la fusée qu'un point unique, constituant le point du déplacement définitif du centre de gravité ; car au commencement de la combustion du massif, le centre de gravité de la fusée peut déjà être déplacé de l'axe de la fusée par la combustion de la composition autour de l'âme de la fusée.

Il ne restait qu'à vérifier, par des expériences directes, le fait que l'irrégularité du vol des fusées dépend surtout de la comburation du massif.

Pour cette expérimentation, on prépara des fusées de 2 et de 2 pouces et demi, dans lesquelles, au-dessus de l'âme s'élevait 0,8 et 1 pouce de composition motrice (*pl.* XXI, *fig.* 1 et 2); c'est-à-dire autant que sur le côté de l'âme, avec une petite augmentation, afin qu'avec les tolérances inévitables dans la hauteur du chargement, la couche de la composition fusante au-dessus de l'âme de la fusée, ne fût pas de moindre épaisseur que la couche latérale autour de l'âme de la fusée. Le reste du massif fut remplacé par la terre glaise sèche en poudre bien fine, mêlée à 1/6 de colophane en poudre. Pour donner plus de solidité à ce bourrage, les lanternes de terre glaise, après leur compression, étaient humectées au pinceau d'huile volatile de térébenthine, dont on enduisait aussi l'intérieur du cartouche ; par ce procédé on obtenait une fermeture hermétique au moyen d'une masse homogène, dont les lanternes successives ne se détachaient pas en pastilles, ainsi que cela a lieu en chargeant avec de la terre glaise seule; outre cela, la colophane, avec la terre glaise et la térébenthine, forme une masse qui adhère au fer de cartouche avec une telle force, qu'après avoir scié une fusée en long pour se rendre compte de ce nouveau moyen de fermeture, il devint apparent que l'adhésion de cette masse au fer dépassait l'adhésion des particules entre elles ; car ce n'est que bien difficilement que l'on réussit à extraire de la moitié du cartouche une partie du bouchon de terre glaise, le reste, formant une couche qui tapissait l'intérieur du cartouche, resta adhérent à la tête du cartouche. La terre glaise mêlée de colophane fournit ainsi un mode bien supérieur de fermeture des fusées de guerre, à la terre glaise seule, qui ne forme qu'un bouchon qui ne se maintient que par l'effet du frottement contre l'intérieur des parois du cartouche, et, par conséquent, ne présente pas un moyen de fermeture suffisamment sûr.

C'est ainsi qu'on confectionna des fusées tout à fait semblables aux fusées ordinaires par les dimensions de l'âme, mais ne différant d'elles que parce que le massif, au lieu d'être la continuation de la composition fusante, était formé d'un bouchon incombustible.

L'expérience justifia pleinement cette disposition sous le rapport de l'inutilité du massif comme source de force motrice. Avec les bouchons en masse incombustible, la trajectoire prit la forme d'une courbe continue, dont la courbure varie très graduellement, et les zigzags qui surgissaient souvent dans le vol des fusées, à partir de la combustion limitée au massif ou après que la fusée eut atteint le maximum de la vitesse, disparurent entièrement. De plus, on ne remarqua pas de diminution sensible de portée.

La modification de l'aspect de la trajectoire consistait encore en ce que les fusées à bouchon incombustible, après avoir atteint le maximum de vitesse, ne laissent après elles qu'un mince filet de fumée produit par la combustion d'un système d'espolette destiné à faire éclater le projectile de la fusée. Plus loin, nous décrirons la construction de ce système d'espolette.

Nous arrivâmes ainsi à augmenter la justesse du tir de nos fusées sans changer ni le dosage de la composition ni les dimensions intérieures de l'âme, et cela au moyen d'un procédé qui ne peut faire supposer qu'avec son introduction les fusées se transporteront et se conserveront moins bien qu'actuellement.

Dans les fusées de guerre des artilleries étrangères, à en juger d'après leur construction, on paraît avoir reconnu que la composition fusante du massif n'augmente pas sensiblement la portée; aussi, dans les fusées autrichiennes, le massif est formé presque en totalité de composition incendiaire, mesure qui aura été prise avec l'idée d'augmenter la puissance incendiaire de la fusée sans amoindrir sa portée. Mais cette mesure n'est pas entièrement convenable sous le rapport de la justesse du tir, car elle n'écarte pas la combustion du massif qui produit l'allégement de la tête de la fusée, dont les inconvénients ont été exposés plus haut.

Dans les fusées de guerre françaises, la hauteur du massif formé par la prolongation de la composition motrice est diminuée autant que possible, et paraît être réduite aux dernières limites indispensables à la sûreté de la fermeture de la fusée.

A la suite des résultats satisfaisants que présentèrent les fusées à massif incombustible, surgit la question suivante : Ne pourrait-on pas, dans nos fusées, augmenter la profondeur de l'âme en diminuant la hauteur du bouchon en terre glaise et résine, à cause de la solidité de fermeture qu'il présente? En vue de cette supposition, on diminua, dans la fusée de 2 pouces, la hauteur de ce bouchon de 2 pouces à 1,6, et dans la fusée de 2 pouces et demi on la diminua de 3,4 pouces à 2 pouces (*pl.* XXI, *fig.* 3 et 4). Le poids des bouchons qui, avec des âmes de profondeur habituelle, a été de 45 et 78 zolotniks, fut amené, par la diminution de leur hauteur, à 36 et 54 zolotniks. Avec les nouveaux bouchons, la profondeur de l'âme augmenta dans les fusées de 2 pouces de 9,75 à 10,15 de pouces, et dans celles de 2 pouces et demi de 13 à 14,4 de pouces. Les résultats furent très-satisfaisants dans les deux calibres de fusées, pour ce qui concerne la portée; mais quant à la justesse, tout en augmentant dans les fusées de 2 pouces, elle diminua dans celles de 2 pouces et demi. Cette dernière circonstance fit supposer que peut-être la diminution de la justesse, dans les fusées de 2 pouces et demi, provenait de l'allégement de la tête de la fusée, et que si l'on n'avait pas observé un résultat analogue dans la fusée de 2 pouces, cela tenait à ce que le nombre de coups tirés n'avait pas été suffisant pour déduire une conclusion exacte, ou qu'il fallait accepter tout simplement le fait, c'est-à-dire que la fusée de 2 pouces tolérait un petit allégement de la tête, entraînant avec lui un déplacement en arrière du centre de gravité, sans perte appréciable de justesse. Pour continuer ces recherches, on fit des expériences comparatives entre des fusées de 2 pouces et de 2,5 de pouces, munies d'âme de la profondeur en usage et de bouchons de 2 pouces et de 3,4 de pouce de hauteur, et des fusées dont les âmes étaient agrandies comme dans les expériences précédentes, pour ne donner que 1,6 et 2 pouces de hauteur aux bouchons de terre; mais en même temps le poids de ces bouchons fut égalisé avec celui de bouchons d'une plus grande hauteur, au moyen de plaques de plomb d'une hauteur suffisante, qui formaient, dans les bouchons de hauteur réduite, la couche supérieure du bouchon. Pour maintenir ces plaques, on pratiqua préalablement dans le cartouche une cannelure transversale, dirigée de l'intérieur à l'extérieur dans laquelle se logea le bord de la plaque de plomb, comprimée au moyen de la presse de chargement, comme une lanterne de composition.

Enfin, pour déterminer jusqu'à quelle limite il était possible d'augmenter la profondeur de l'âme avec les dimensions des cartouches actuellement en usage, toute la terre glaise fut remplacée dans quelques fusées au moyen d'un égal poids de plomb qui représentait le poids du massif dans les fusées ordinaires, et formait par conséquent, dans les fusées de 2 pouces, 45 zolotniks, et 78 dans celles de 2 pouces et demi. Dans ces dernières fusées, la profondeur de l'âme fut de 11,45, et 16 pouces, et l'épaisseur des disques de plomb remplaçant le massif de 0,3 et 0,4 de pouces, ainsi que cela est indiqué sur les *fig.* 5 et 6 de la *pl.* XXI.

Le résultat de ces expériences fut couronné d'un plein succès. En augmentant la profondeur de l'âme, sans augmenter le poids de la fusée, mais en maintenant le poids du massif, on obtenait une augmentation de portée et de justesse. Outre cela, il est devenu évident que le plomb est une substance parfaite pour fermer les cartouches des fusées de guerre et constituer un massif incombustible qui donne la possibilité d'obtenir le maximum de profondeur de l'âme, avec un minimum de longueur du cartouche. Quant aux prix, le plomb est une substance qui présente aussi des avantages sous le rapport économique, son prix au poids étant inférieur au prix de la composition des fusées, et si le plomb est un peu plus cher que la terre glaise mêlée de colophane, il faut prendre en considération qu'un massif en plomb est huit fois moindre en hauteur qu'un massif du même poids en terre ou en composition fusante, et par conséquent qu'avec le plomb on économise la matière première et la main-d'œuvre du cartouche.

Les expériences avec des fusées à massif incombustible ont été suffisantes pour démontrer tous les avantages de ce système; mais leur nombre a été en même temps trop restreint pour se résoudre à l'introduction des fusées avec des âmes plus profondes que celles actuellement en usage, ou pour l'introduction du massif en plomb, et cela parce que nous savons positivement que nos fusées, avec leur composition actuelle, se conservent bonnes au moins quatre ans et, durant ce laps de temps, ne sont pas soumises aux explosions. En augmentant la profondeur de l'âme, malgré le succès des premières expériences, l'on peut supposer que ces fusées, après quelque temps d'emmagasinage, seront exposées aux éclats, parce que la composition, humectée pendant le chargement, en devenant plus sèche avec le temps, devient plus vive et plus brisante; aussi, conformément à ma demande, les fusées à massif incombustible ont été introduites avec les mêmes dimensions intérieures que les anciennes fusées, et l'introduction d'une plus grande profondeur d'âme ainsi que l'application du plomb au massif, ont été remis à l'époque où nous aurons un outillage plus parfait pour la fabrication des fusées, et les moyens pour introduire le chargement avec la composition sèche.

Pour communiquer le feu à la charge d'explosion des obus au bout des fusées avec des massifs incombustibles, le moyen qui a réussi le mieux consiste en une espolette en bronze E (*pl.* XXII, *fig.* 1), vissée dans l'œil du projectile et chargée de pulvérin comprimé. Pour y mettre le feu, le massif contient, le long de son axe, un canal chargé en étoupille C. Pour obtenir ce canal, on place sur la dernière couche de composition fusante comprimée un disque en zinc dans le centre duquel s'élève un tube de même métal soudé au disque, ayant 0,3 de pouces de diamètre intérieur; ce disque a une ouverture qui correspond au creux du tube. Une fois le disque placé, le chargement est continué au moyen d'une baguette en acier perforée dans l'axe. Cette baguette sert à comprimer la terre ou le plomb, selon la matière dont on se sert pour former le massif D. Pendant ce chargement, l'ouverture du canal est protégée par une broche d'acier que l'on retire avant le démoulage de la fusée. Pour transformer le canal ainsi obtenu dans le massif en étoupille, on y introduit une certaine quantité de pulvérin, que l'on comprime avec une broche en acier, ayant une forme conique. Cette broche porte un arrêt disposé en croix, pour qu'elle ne descende pas plus bas que le massif. Les extrémités de cet arrêt viennent s'appuyer sur les bords du cartouche. L'introduction de cette broche s'opère à la main, avec laquelle on la guide après son introduction, durant le temps que s'exerce la compression sur sa tête, au moyen de la presse. La quantité du pulvérin qu'on introduit dans le canal doit être telle, qu'il suffise d'une seule compression pour charger ce canal en entier d'une composition massive avec un vide central s'élargissant vers le haut. Quand la flamme de la combustion de la composition de la fusée atteint le haut du massif, elle pénètre dans le canal, chargé en étoupille, produit un jet qui darde contre la tête de l'espolette et en enflamme la composition.

L'expérience a prouvé que ce système était d'une bonne application, non-seulement pour les obus ordinaires des fusées, mais même pour les fusées à obus à balles, et qu'il donne les moyens, pour ces dernières, de faire éclater leurs projectiles aux distances les plus rapprochées où les fusées à obus à balles sont employées, en réglant, en conséquence, la longueur de l'espolette. Ce système offre même un avantage très-réel sur le procédé de l'inflammation anciennement en usage, et qui consistait en la transmission du feu, avec la fin de la combustion d'un massif formant le prolongement de la composition motrice de la fusée; car on ne court plus le risque, avec le nouveau procédé, de perdre l'avantage de l'éclatement des projectiles, pour ceux qui sont séparés du cartouche, par le choc à la suite d'un ricochet trop rapproché de l'origine du point du départ de la fusée.

Espolettes de sûreté. — En communiquant le feu à l'espolette des projectiles creux des fusées, par la combustion de la composition de la fusée, l'éclatement de la fusée entraîne infailliblement l'éclatement du projectile. Quand l'éclatement d'une fusée a lieu sur le chevalet même, le cartouche et le culot ne causent jamais d'accident aux servants et à ceux qui se trouvent à proximité; car le cartouche ne fait que se déchirer, en restant pour la plupart du temps en place, et si le culot est chassé, c'est pour tomber à terre au pied du chevalet.

Tout le danger à craindre dépend donc de l'explosion du projectile. Aussi, pour lancer des obus de gros calibre au moyen de fusées, était-il indispensable de trouver une espolette de sûreté qui fît éclater le projectile arrivé à sa destination, mais qui préservât de ses éclats ceux qui lancent les fusées lorsque, à la suite de l'éclat d'une de celles-ci, le projectile vient à tomber aux pieds du chevalet de tir. Un des moyens pour résoudre ce problème serait de recourir à une espolette à percussion que le choc auquel est soumis le projectile à son point d'arriver fasse partir, mais qui résiste au choc provenant de la chute du projectile de petite hauteur, auquel il peut être soumis par l'éclatement d'une fusée sur le chevalet.

Dans ce but j'essayai de deux systèmes d'espolette à percussion.

L'un était formé par une cheminée de platine à percussion C, (voyez *pl.* XXII, *fig.* 2), vissée dans une espolette en bronze A, et présentant sa saillie à l'extérieur du projectile, pour recevoir une capsule de guerre. Pour abriter cette capsule dans le transport et contre les chocs d'une faible intensité, la tête de l'espolette était recouverte d'un chapeau en cuivre mince B.

L'autre système était basé sur le principe des étoupilles à frictions (*fig.* 3); c'était une espolette A, munie d'une tige en fer B qui, par l'effet d'un choc d'une certaine intensité, devait pénétrer plus avant dans le canal de l'espolette. Cette tige était maintenue par un fil en cuivre C, qui la traversait ainsi que la tête de l'espolette et dont l'épaisseur déterminait l'intensité du choc nécessaire pour enfoncer la tige. La tige était munie à son extrémité, en dehors de l'espolette, d'une boule, pour assurer l'effet du choc, et avait à l'extrémité inférieure un rugueux destiné à enflammer par le frottement de la composition au chlorate de potasse et sulfure d'antimoine, logée dans l'espolette. Un chapeau D, en cuivre mince avait pour objet de garantir l'espolette à friction durant le transport de la fusée, et devait être enlevé devant le tir.

Je ne doute pas qu'une étude suivie de ces deux moyens ne ne les amène à une perfection suffisante; mais je dois avouer que les premières tentatives m'ont peu réussi, à cause de ces deux conditions contradictoires : — sensibilité suffisante pour faire partir l'espolette par un choc, à l'arrivée du projectile à sa destination, même en touchant sur un terrain tout à fait mou; — et insensibilité absolue dans les chocs accidentels, par la suite de chutes d'une bien moins grande hauteur, il est vrai, que celle qui correspond à la vitesse finale des fusées, mais dont l'intensité peut être grandement augmentée par la nature des corps, contre lesquels ces chocs peuvent s'effectuer, tels que pierre, brique, fonte, etc. Aussi, pressé par la nécessité d'arriver au plus vite à une solution, pour un envoi de fusées armées de bombes de 16 kilogammes, destinées au Caucase, j'eus recours à un autre principe dont la réalisation ne présenta aucune difficulté. C'est une espolette qui transmet le feu à la charge d'explosion par la combustion d'une colonne de composition, mais qui ne prend pas feu si la fusée éclate sur le chevalet ou au début de son mouvement, c'est-à-dire dans les portions de la trajectoire où l'on peut seulement s'attendre à un éclatement du cartouche, alors que les gaz engendrés dans les fusées ont leur plus grand degré de tension, précédant leur écoulement par les évents du cartouche.

C'est au moyen d'une espolette en bronze A (*fig.* 4), fermée par une rondelle de métal fusible B, qu'a été résolu le problème. L'espolette est munie d'un canal fileté, d'un pas de vis pour mieux maintenir la composition; ce canal est fermé par une pastille de métal fusible de *Darcet*, qui se fond à la température de l'eau bouillante, formée, comme l'on sait, de trois parties de bismuth, cinq parties de plomb et trois parties d'étain.

Le corps en bronze de l'espolette entièrement terminé, le canal en est bouché par une tige en fer, après quoi l'on verse le métal fusible en excès dans le godet préparé pour cet objet, dans la tête de l'espolette. Ce godet a un fond plat, son diamètre augmente en se rapprochant du fond; la profondeur de ce godet ne dépasse guère 0,1 de pouce. Après le refroidissement du métal fusible dans le godet, on le soumet à la pression d'une petite presse, pour remédier au retrait opéré par le refroidissement et, en dernier lieu, l'on donne un coup de lime sur la tête de l'espolette pour mettre le métal fusible de niveau avec la surface supérieure de la tête de l'espolette.

Le chargement de l'espolette s'opère dans un moule spécial, par l'extrémité qui reste ouverte pendant cette opération. Le moule a surtout pour objet de s'opposer à l'expulsion de la pastille en métal fusible. Le chargement de l'espolette se fait au moyen d'une presse et de baguettes en acier. L'expérience a indiqué que la partie avoisinant la pastille devait être chargée à la hauteur d'au moins un pouce de pulvérin pur, afin de chasser, après l'inflammation de l'espolette, les résidus du métal fondu qui pourraient en obstruer l'ouverture et étouffer la combustion de la composition. Le reste de la colonne de l'espolette peut être chargé en pulvérin pur, ou ralenti plus ou moins, selon le temps que doit durer l'espolette.

Pour communiquer le feu à cette espolette, le massif incombustible de la fusée contient un canal central qui sert à transmettre la flamme de la composition motrice à la composition de lance à feu, dont est chargé l'espace annulaire entre les deux tubes métalliques *a, b* (pl. XXII, *fig.* 4). Pour réaliser ce dispositif, après avoir terminé le chargement de la composition motrice, on introduit dans la fusée un disque en zinc en feuille *c*, dans le centre duquel sont soudés deux tubes concentriques dont l'extérieur *a* est en cuivre et suffisamment résistant, et celui du milieu *b* en zinc. Le disque a une ouverture qui correspond au canal du tube central. Avant d'introduire ce système dans la fusée, on charge de composition de lance à feu l'espace annulaire entre les tubes, en commençant le chargement par une lanterne de terre glaise *d*. Pendant cette opération, le canal intérieur est préservé de toute déformation au moyen d'une broche d'acier qu'on ne retire qu'après que ce système est définitivement placé dans la fusée. L'opération du chargement dans la fusée, autour du tube en cuivre, s'opère au moyen d'une baguette évidée dans l'axe. Après l'introduction du système dans la fusée, on retire la broche du canal central et on le charge à la presse en étoupille, ainsi que cela a été décrit plus haut.

Le jet de flamme que produit le canal central serait trop instantané pour pouvoir fondre la pastille en métal fusible, aussi ne sert-il qu'à transmettre le feu à la composition à lance à feu qui remplit l'espace annulaire entre les deux tubes. Pour rendre cette transmission immanquable, la couche supérieure de la composition à lance à feu est garnie de pâte d'amorce au pulverin, et l'on recouvre le massif d'un feuillet de papier non collé, saturé de salpêtre. Le métal de Darcet demande une bien faible température pour entrer en fusion ; mais, dans le cas présent, malgré l'intensité de la chaleur que dégage la composition des lances à feu, il faut un certain temps pour échauffer le métal à cette température ; car le corps de la fusée et les parois du projectile même absorbent beaucoup de chaleur et s'opposent à une élévation rapide de température dans la pastille de métal fusible, et l'expérience a démontré qu'avec les dimensions introduites il fallait un effet prolongé de quatre secondes de la flamme de la composition à lance à feu, dans une fusée entièrement équipée, pour fondre la pastille de métal fusible ; ce fait est entièrement à l'avantage du système, car il donne la certitude qu'en cas d'éclatement de la fusée, ou en cas de dépotement, l'espolette ne pourra pas prendre feu.

Pour compléter la description de ce système, il ne nous reste qu'à indiquer le mode de fixage du projectile à la fusée. Un fixage trop solide aurait ce désavantage, qu'avec l'éclatement de la fusée le projectile n'aurait pas quitté le cartouche, et l'espolette aurait alors immanquablement pris feu. Pour obvier à cet inconvénient, le projectile n'est réuni à la fusée que par trois bandes en tôle qui sont consolidées autour du cartouche par une ligature en fil de fer; et pour s'opposer à l'affaiblissement de ce moyen d'assemblage, par le jeu que pourrait prendre le projectile au bout de la fusée pendant le transport, le projectile est muni d'un col cylindrique D, qui entre à frottement doux dans le cartouche. Dans de nouveaux projectiles, ce col peut être fondu avec le projectile ; pour les anciens projectiles de l'artillerie qu'on voudrait lancer au moyen de fusées, le col doit se faire en forte tôle, et être fixé au projectile au moyen de vis et de pattes tenant à la tôle.

Pour determiner les détails de construction des espolettes de sûreté et vérifier leur effet, je fis une série d'expériences dans lesquelles la sécurité qu'offre l'espolette se constatait en faisant éclater la fusée. Dans ce but, on remplissait l'âme de la fusée de poudre et l'on bouchait les évents du culot, en ménageant au travers de l'un d'eux une communication pour mettre le feu à la fusée. Pour constater la certitude de l'effet de l'espolette dans les fusées qui n'éclatent pas, on a eu recours à des tronçons de fusées qui contenaient le massif et une partie de l'âme. Le résultat de ces recherches fut d'arriver à la construction d'espolettes qui remplissaient entièrement le but et dont le système a été introduit dans le courant de l'été de 1859, par ordre de S. A. I. le grand-maître d'artillerie pour le tir élevé des projectiles d'artillerie, au moyen de fusées, et immédiatement ce système eut à être essayé au Caucase, où ses propriétés furent mises en évidence par des expériences dont l'exécution fut confiée au lieutenant de l'artillerie de la garde Johansen, attaché à l'établissement de fusées et commandé en 1859, au Caucase, avec un envoi de grosses fusées. De même, S. A. I. le grand amiral ordonna, en 1859, l'essai des fusées à obus avec espolettes de sûreté dans la marine, afin de pouvoir, des moindres embarcations, lancer les plus grosses fusées avec les projectiles les plus lourds.

Les recherches que nous venons d'exposer ayant eu pour

objet un système d'espolette de sûreté pour les gros projectiles destinés à être lancés par les fusées, amenèrent à étudier s'il n'était pas possible de munir d'espolette de sûreté les moindres obus lancés par les plus petites fusées de guerre. Les essais qui résultèrent de cette étude, quoique peu nombreux, permirent de présager que l'espolette de sûreté pouvait être appliquée avec succès à tout calibre de fusée de guerre et aux projectiles explosifs de tous poids et, par conséquent, tout aussi bien à ceux destinés au tir rasant qu'à ceux destinés au tir élevé, en exceptant pourtant les obus et les boîtes à balles, quand l'éclatement doit suivre immédiatement l'extinction du développement de la force motrice de la fusée, c'est-à-dire avoir lieu à peu de distance du point de départ de la fusée, au moment où celle-ci a atteint son maximum de vitesse. Du reste, l'espolette de sûreté est presque inutile pour les obus à balles et surtout pour les boîtes à balles des fusées, à cause de la petitesse de la charge d'éclatement, qui fait que l'éclatement sur place, ou quand la fusée n'est animée que d'une très-faible vitesse, ainsi que cela a ordinairement lieu quand les fusées éclatent ou dépotent, ne donne lieu qu'à une projection de balles et d'éclats du projectile à une très-petite distance et presque sans force de percussion.

Les soins que nous avons mis à établir une espolette de sûreté pour les obus des fusées de guerre peuvent faire supposer que nous admettons comme immanquables les éclatements des fusées. De notre part, c'est plutôt une mesure pour inspirer de la confiance à ceux qui tirent les fusées, qu'un moyen de parer à une nécessité urgente, car nous avons l'intime conviction qu'avec une bonne confection de fusées, une organisation rationnelle du service des fusées, et le rejet des fusées avariées, faciles à reconnaître par des indices extérieurs, les fusées ne doivent pas éclater dans leur emploi et présentent bien plus de sécurité dans l'usage que certaines pièces d'artillerie, et notamment que les canons en fonte. Cette dernière assertion peut paraître hasardée, aussi chercherons-nous à l'appuyer de preuves.

Ainsi, d'après un relevé sur les documents de la fabrique des fusées de Saint-Pétersbourg, sur quatre mille vingt fusées de 2, de 2 et demi, et de 4 pouces, chargées avec la composition réglementaire, qui furent tirées sur le polygone du comité d'artillerie adjacent à la fabrique de fusées, il n'y a eu, dans les dix dernières années, que six fusées de 2 pouces qui ont éclaté, et voici dans quelles conditions : quatre de ces fusées éclatèrent dans un tube de tir d'un modèle non habituel mis en essai en vue des besoins de la marine pour lancer les fusées des embarcations, au moyen duquel on espérait en même temps obvier à l'inconvénient de la gerbe de feu, dardant au départ des fusées dans l'intérieur de l'embarcation, et augmenter la vitesse initiale des fusées; mais l'expérience ne justifia pas le dispositif du tube, dont le résultat ne fut que d'amener l'éclatement des fusées.

Voici en quoi consistait ce dispositif. C'était un tube cylindrique d'environ deux mètres de long, fermé à l'un de ses bouts par une plaque épaisse, ayant dans son milieu une ouverture pour livrer passage à la baguette de la fusée. Ces fusées étaient équipées de baguettes centrales prismatiques, à section carrée, dont la superficie formait à peu près la moitié en surface de la section transversale du corps de la fusée. La fusée introduite dans le tube pour le tir, la baguette fermait presque hermétiquement l'ouverture centrale de la plaque. Pour mettre le feu à la fusée, la plaque était munie d'une lumière et d'une platine de fusil à percussion, dont le chien, en s'abattant, faisait partir une étoupille à percussion préalablement logée dans la lumière. La déflagration de cette étoupille mettait le feu à la fusée. Pour déterminer le jeu de la platine, une cordelette était fixée à la gâchette, afin de pouvoir faire partir la fusée en se plaçant derrière le tube, dans le plan du tir, de manière à pouvoir diriger le vol des fusées en suivant les mouvements de l'embarcation, afin de saisir l'instant favorable, ainsi que cela se pratique dans l'artillerie à bord des navires.

Avec ce dispositif on espérait obtenir un accroissement de vitesse initiale pour les fusées parce que, la baguette bouchant presque complétement l'ouverture de la plaque, les gaz de la fusée ne pouvant s'échapper du tube, réagissaient contre la fusée. Mais l'expérience n'a pas confirmé ces prévisions, et toutes les fusées que l'on tenta de lancer au moyen de cet appareil éclatèrent dans le tube. On ne chercha pas à remédier à ce grave inconvénient, car ces expériences ne furent point poursuivies par la fabrique des fusées de guerre de Saint-Pétersbourg, vu qu'on s'en rapporta au détachement même auquel fut confié le service des fusées de notre marine pour l'établissement d'un chevalet de tir pour les fusées.

Quant à chercher à appliquer au tir des fusées à terre le système de chevalet de tir que nous venons de décrire, et qu'on pourrait nommer chevalet à réaction, il n'en fut pas question, par la raison que, si on parvenait à en rendre l'application possible, ce serait toujours au détriment d'une des qualités les plus précieuses des fusées, qui consistent en leur facilité de transport, car un pareil tube à réaction pour lancer les fusées serait presque une pièce de canon, et formerait, avec son support, un engin bien trop lourd pour être facilement transporté à bras ou même à bâts.

Deux des six fusées nommées plus haut n'éclatèrent pas, à proprement parler, mais furent seulement dépotées à la suite d'un essai d'un nouveau mode de transmission de feu de la composition fusante à la charge de l'obus de la fusée, qui modifia désavantageusement les conditions de solidité du massif.

Outre les 4,020 fusées que nous venons de citer, dans le

même laps de temps il fut lancé, aux environs de Saint-Pétersbourg, 1,955 fusées de 2, de 2 et demi et de 4 pouces chargées avec la composition réglementaire, pour concourir aux travaux d'instruction du génie militaire pour l'attaque et la défense des places; dans ce nombre, il n'y eut pas une seule fusée d'éclatée.

Ainsi voilà 5,975 fusées, dont il n'y eut pas une seule fusée de construction réglementaire tirée d'après l'ordonnance, qui ait éclaté.

Dans ce laps de temps, il y a bien eu, dans les nombreux essais de la fabrique, quelques fusées qui ont éclaté, mais leur nombre ne dépasse pas cent fusées, sur 1,094 fusées de différents systèmes, chargées de composition de différents dosages pour en étudier les propriétés et trouver ainsi les meilleures dispositions à prendre dans la construction des fusées; mais, de toutes ces fusées qui éclatèrent, y compris les six citées plus haut, chargées de la composition réglementaire, il n'y en a pas eu une seule qui ait causé le moindre mal à qui que ce soit. Il est vrai que toutes ces fusées, à la possibilité de l'éclat desquelles on s'attendait, ne contenaient pas de charge d'explosion dans leur projectile; et quant à l'éclat des fusées mêmes, on avait pris des mesures de précaution en conséquence.

C'est ici un fait à consigner, qu'en 1850 Son Altesse le prince Menchikoff faillit être atteint par un éclat de chapiteau de fusée à fougasse, et que le bruit courut alors que c'était l'éclat d'une fusée qui en avait été la cause. Or, voici ce qui s'est passé, d'après les documents concernant cette affaire, qui sont conservés aux archives de la fabrique des fusées et les renseignements que j'eus à prendre personnellement à cet égard. En 1850, le tir des fusées, aux travaux d'instruction du génie militaire, aux environs de Saint-Pétersbourg, fut confié à un jeune officier de la fabrique de Saint-Pétersbourg. A une des séances de ce tir, où il m'a été impossible d'assister, à cause d'autres obligations de services, on fit l'essai de lancer par paquet des fusées à fougasse de 4 pouces, contenant la pleine charge d'éclatement, qui est de 10 livres de poudre, en les posant directement à terre, pour produire un tir rampant.

C'est sur le glacis d'une lunette qu'on produisit ce tir, dont l'objet était la destruction de travaux d'une attaque en règle s'acheminant vers le glacis.

Pour assurer aux fusées la direction voulue, et faciliter leur départ, on se contenta de placer leur tête dans des découpures d'une poutrelle de bois, fixée par ses bouts à terre, au moyen de piquets. L'équarrissage total de la poutrelle était de 3 pouces anglais, ou environ 75 millimètres; si l'on en déduit la profondeur des découpures, l'on voit que les fusées étaient, pour ainsi dire, placées à fleur de terre. La poutrelle portait sept échancrures pour recevoir autant de fusées, distancées entre elles de 21 pouces, ce qui ne mettait entre les fusées qu'un intervalle d'environ 50 centimètres. Les fusées, rangées le long de la poutrelle, étaient allumées successivement, au moyen d'une lance à feu, par un seul homme, allant avec célérité d'une fusée à l'autre.

Six salves de fusées, en nombre différent, tirées de cette manière réussirent d'abord parfaitement; mais à la septième salve, la seconde fusée ayant ouvert un sillon sur le terrain, et l'ayant labouré sur une distance de peu d'étendue, s'enterra à proximité de son point de départ, où son fougasse fit explosion. Ceci se passa assez près des fusées auxquelles on n'avait pas encore mis le feu et qui, au nombre de trois, attendaient leur tour pour que les gaz produits par l'explosion aient pu déranger les fusées restantes et y mettre en même temps le feu. Ces fusées, soulevées par les gaz dont l'action eut à s'exercer d'abord contre leurs têtes, s'élancèrent presque verticalement; leurs fougasses éclatèrent au haut de leur ascension, et les débris en retombèrent sur le glacis et en partie dans le fossé de la lunette, et dans la lunette même.

Parmi ces derniers, un morceau de chapiteau de l'une des fusées faillit atteindre le prince Menchikoff, assistant du haut de la lunette à ces essais. Ce morceau déchira le manteau du prince, sans toutefois, par un bonheur tout providentiel, faire le moindre mal à Son Altesse.

Ce fait ne doit donc pas être attribué à l'éclatement d'une fusée, mais à l'imprudence dans l'exécution des expériences. Pour effectuer le tir rampant des fusées avec quelque sécurité, tir, du reste, présentant toujours des chances d'accident à cause des déviations que les moindres inégalités de terrain peuvent produire, il aurait fallu, comme cela se pratique habituellement dans ces occasions, se servir de tubes en planches, longs au moins de 8 mètres, que l'on pose à terre en leur donnant le degré d'élévation nécessaire.

Les faits que nous venons de citer établissent bien positivement que l'on peut dire que les fusées qui se confectionnent actuellement pour l'usage du service, à la fabrique de Saint-Pétersbourg, fraîchement préparées, tirées d'après les procédés habituels, n'éclatent pas. Mais conservent-elles indéfiniment cette propriété? Il est à regretter qu'il n'en soit pas ainsi; le temps ne les épargne pas, et il est hors de doute qu'en vieillissant, nos fusées, ainsi que les fusées de tous les systèmes, perdent de leurs qualités et surtout deviennent d'un usage moins sûr.

En Autriche, les fuséens vont jusqu'à dire, en style imagé, que la fusée est douée de vie et qu'un travail intérieur incessant, déterminé par les différentes matières dont sont formées les fusées, et qui se trouvent en présence l'une de l'autre, ainsi que par l'état de tension où se trouvent placées ces matières, lui fait traverser toutes les phases de la vie, pour arriver enfin à la vieillesse et à la décrépitude.

Mais quel est le terme de cette vie? La réponse en est bien difficile à formuler, car elle dépend d'éventualités très-variées qui influencent plus ou moins, dans des limites bien étendues, la conservation de tout produit pyrotechnique.

Le règlement russe, en matière de mesures à prendre pour assurer le bon état des fusées destinées à l'usage, admet qu'après quatre ans d'existence nos fusées sont au début de leur déclin; mais nous avons la certitude que les fusées, telles que les prépare actuellement la fabrique de Saint-Pétersbourg, maniées avec précaution et conservées avec soin, se maintiennent bonnes bien plus de quatre années, peut-être même le double, si ce n'est plus. Nous pourrions citer de nombreux faits à l'appui; néanmoins, comme il est d'une bonne prévoyance de se tenir en deçà de la réalité pour le temps de la durée des qualités des fusées, il vaut mieux accepter strictement les limites posées par le règlement.

A l'introduction de la composition sèche pour charger les fusées, et après la réalisation d'une fabrication plus soignée que celle d'aujourd'hui, nous avons lieu d'espérer que nos fusées auront plus de durée qu'actuellement, et qu'elles atteindront probablement la longévité des fusées autrichiennes qui, m'a-t-on assuré, au bout de quinze ans de garde dans les dépôts, sont tout aussi bonnes que si elles étaient sorties seulement la veille des ateliers de la fabrique.

Les mesures les plus rigoureuses sont actuellement introduites en Russie pour empêcher l'emploi de fusées avariées par le temps ou par quelque raison que ce soit, dans les détachements de fuséens; en vue de quoi les fusées en dépôt et celles qui sont confiées aux fuséens, sont continuellement inspectées pour en élaguer toute fusée douteuse, triage que facilite l'estampille que porte le cartouche de chacune de nos fusées, indiquant l'année de la fabrication et un numéro de la fabrication courante, dont la série recommence chaque année.

Quant à l'influence du transport sur nos fusées, l'expérience nous a appris que les transports les plus prolongés et les plus fatigants pour toute espèce de munitions de guerre, ne dégradent pas nos fusées tant qu'elles sont emballées d'après les procédés en usage à la fabrique pour l'emballage des fusées.

La plus grande cause d'avarie de nos fusées provient des éventualités auxquelles elles sont soumises dès qu'elles sont entre les mains des fuséens, et surtout quand, pendant de longues expéditions, on les confie aux hommes pour être transportées à bras ou au pommeau de la selle, ainsi que cela a lieu au Caucase. Que, dans de telles conditions, arrive parfois l'éclatement d'une fusée, il n'y a rien d'extraordinaire ; l'étonnant c'est que le nombre de ces éclatements ne soit pas beaucoup plus nombreux dans les cas où l'on agit avec aussi peu de ménagement avec les fusées. Cet état de choses ne changera point, quels que soient les perfectionnements que l'on réalise dans la construction des fusées, si l'on ne change pas la manière de se comporter avec ce projectile. Pour y obvier, il n'y a qu'un seul moyen, selon nous, c'est de ne confier le service des fusées qu'à un personnel dont cela soit l'unique destination, et de doter ce personnel, à l'égal de l'artillerie ordinaire, d'un matériel suffisant pour la conservation et le transport de ses munitions (1).

(1) Nous nous faisons un devoir de citer ici des faits qui indiquent la durée de nos fusées et leur résistance au transport, mis en évidence postérieurement à ces lectures, grâce au général-major Nemtchinoff.

Voici ces faits : les dépôts de l'artillerie de Tiraspol contenaient, en 1860, près de 3,000 fusées, de celles qui furent fabriquées en 1853 et 1854, et expédiées au siége de Silistrie, d'où, après la levée du siége, il me serait bien difficile de dire quand et comment ces fusées arrivèrent enfin aux dépôts de Tiraspol. Le Département d'Artillerie prenant en considération l'ancienneté de leur fabrication, les transports prolongés qu'elles eurent à subir dans d'aussi mauvaises conditions que possible, et les circonstances défavorables qu'accompagnèrent leur garde dans de nombreux dépôts avant de parvenir à celui de Tiraspol, décida de les détruire, comme projectiles d'un usage peu sûr, en les immergeant dans l'eau. Mais le chef de la cinquième division de l'artillerie, M. le général-major Nemtchinoff, cantonné avec sa

Jetons actuellement un coup d'œil sur ce qui se passe avec les canons en fonte au polygone du comité d'artillerie, à Saint-Pétersbourg. A cette occasion, il nous serait difficile de prendre une période de temps de dix années; car ce n'est qu'à

division non loin de Tiraspol, obtint la permission de S. A. I. le grand maître de l'artillerie, d'en tirer quelques-unes comme essai.

Le tir de ces fusées eut lieu au polygone de Vosnesensk, durant la saison du camp, dans une série de séances avec toute l'exactitude désirable. Les circonstances qui ont accompagné chaque coup, comme angle d'élévation, portée, nombre de ricochets, portée totale, déviation, temps du mouvement, etc., ont été enregistrés avec le plus grand soin, et d'après les procès-verbaux des expériences et les tableaux de tir, contenant les résultats numériques procurés par le tir, il ressort pleinement que le chef de la cinquième division n'a pas fait de ce tir de fusées un simple spectacle pour satisfaire la curiosité, mais un tir d'instruction des plus consciencieux, dépourvu de toute prévention.

On tira ainsi 200 fusées, dont 192 de 2 pouces, — et de celles-ci 180 avec obus, et 12 fusées incendiaires, — et 8 fusées de 4 pouces à fougasse de 10 livres de poudre.

Toutes ces fusées étaient à baguette directrice, longue, prismatique, à section carrée. Voici les résultats de ces expériences, que nous résumons sur les rapports détaillés de M. le général Nemtchinoff.

Les caisses des fusées, leur système de fermeture, le procédé d'emballage des fusées et les fusées elles-mêmes, ont été reconnues en parfait état de conservation.

Sur 200 fusées, il n'y eut pas une seule fusée qui eût éclaté ou dépoté, ou dont le vol se fût signalé par quelques irrégularités capricieuses ou inattendues.

Le tir des fusées était généralement régulier, avec des déviations peu considérables, surtout en l'absence du vent.

Les fusées de 2 pouces, tirées aux angles, d'environ 15 degrés d'élévation, fournissaient de nombreux ricochets, parfois jusqu'à dix, et il n'y a qu'un petit nombre d'entre elles qui perdaient leur baguette de direction. Dans ces conditions, les portées extrêmes étaient d'environ 700 toises.

Quelques fusées de 2 pouces pénétrèrent en terre jusqu'à environ la moitié de la longueur de la baguette, ce qui équivaut à 4 pieds environ.

Sur 180 fusées à obus, il n'y a eu que trois obus seulement qui n'ont pas éclaté. L'explosion de l'obus des fusées qui avaient fortement pénétré en terre produisit un entonnoir allongé.

Des huit fusées à fougasse tirées contre la butte du polygone, à la distance de 150 sagènes (ou environ 300 mètres), deux fusées touchèrent la butte, l'une d'elles en traversa la crête sans être arrêtée dans sa course, l'autre entra en plein, et produisit, par l'explosion de sa fougasse, un entonnoir de dix pieds de diamètre et de près de cinq pieds de profondeur. Trois fusées des cinq qui n'atteignirent pas la butte pénétrèrent aussi en terre et produisirent des entonnoirs, par l'explosion de leur fougasse, de 7 à 10 pieds de diamètre et de 3 à 5 pieds et demi de profondeur.

dater de la guerre d'Orient que le tir devint actif sur ce polygone; augmentation qui dépend de ce que la guerre d'Orient a fait mettre à l'étude bien des questions relatives au tir, telles que le tir à longue portée, le tir de précision, l'essai par le tir des différents systèmes de revêtements contre les projectiles, et, par contre, les perfectionnements à réaliser dans le tir pour annuler l'avantage des bardages impénétrables aux projectiles ordinaires de l'artillerie. En outre, ce qui généralement a multiplié à présent le tir dans les recherches de l'artillerie, c'est que les X, les Y et les coefficients ont dû céder un peu la place à la poudre; car, dans ces derniers temps, les investigations des géomètres, en matière de tir, ont été bien distancées par les tâtonnements des praticiens, et il est devenu évident que, pour réussir dans les perfectionnements des pièces d'artillerie et des projectiles, le calcul ne doit être que l'auxiliaire des recherches par la voie de l'expérience.

Enfin, la guerre d'Orient a presque doublé le tir sur le polygone de Saint-Pétersbourg, parce que l'artillerie de terre y a

Nous nous serions empressé de placer ici les résultats numériques détaillés de ce tir, si ce n'était l'étendue des tableaux, car ces résultats sont une preuve évidente de ce que nos fusées, convenablement emballées en caisses, telles que les expédie la fabrique, au bout de six ans au moins de vicissitudes diverses auxquelles sont en général exposés les approvisionnements de munitions durant la guerre et les transports, se conservent encore bonnes, offrent toute la sécurité désirable dans leur emploi, et une justesse qui, tout en laissant encore à désirer quant à la précision, n'en donne pas moins la possibilité d'en obtenir un bon parti à la guerre.

Les résultats de ce tir ne m'ont été communiqués qu'à Paris en 1861, et ont été pour moi l'objet d'une bien grande satisfaction, autant sous le rapport de la réussite de ces essais que sous celui d'expériences entreprises sans parti pris d'avance, uniquement dans le but de s'éclairer sur la question, et conduites avec la plus grande impartialité possible par des officiers au milieu desquels il n'y avait personne qui tînt de quelque manière que ce soit au service des fusées, ou qui fût particulièrement intéressé à leur succès. Aussi nous permettrons-nous de dire que le zèle qu'a mis la cinquième division à l'étude des fusées dénote le véritable esprit qui devrait animer toutes les vérifications des objets destinés à la guerre, et qui ne peut se manifester que quand le sentiment de justice fait taire tout esprit de corps.

été accrue de l'artillerie de la marine, qui a été privée, à Kronstadt, de son polygone, occupé par les travaux de défense de cette place.

Voyons ce qui est résulté de cet accroissement de tir pour les canons en fonte, et commençons d'abord par la marine qui, presque dès son installation au polygone, ouvre la marche de l'éclatement des canons en fonte. Ainsi, en 1854, à la batterie des expériences de la marine, éclatèrent successivement deux canons de 30, chargés avec des boulets sphériques, à la charge ordinaire, qui est un peu moindre du tiers du boulet; le premier, au cent quarante-huitième coup, et le second au quatre-vingt-douzième coup de tout le service de ces pièces. Ces pièces n'inspiraient aucune défiance; aussi, à l'éclatement de la première, il y eut deux hommes tués parmi les servants.

L'éclatement qui vint ensuite fut celui d'une pièce de 30, avec la même charge que les pièces précédentes, mais avec un projectile allongé pesant le double du poids du boulet sphérique. Dans cet accident, l'éclatement de la pièce a peut-être été déterminé par l'augmentation du poids du projectile et par sa forme; mais cette hypothèse ne laisse pas moins exister le fait au détriment de la solidité des pièces de fonte.

Poursuivons notre énumération.

Nous trouvons, à la batterie des expériences de la marine, un canon de 36 d'un nouveau modèle, ayant subi les épreuves réglementaires, qui éclate au sept cent septième coup avec la charge et le projectile ordinaires (12 livres de poudre et un boulet sphérique du poids réel de 50 livres).

En 1859 éclata, à la même batterie, un canon de 60, à la charge de 16 livres, avec boulet sphérique, au vingt-quatrième coup de la séance d'un tir pour l'essai de plaques en métal pour bordage des navires, et au huit cent quatre-vingtième coup du service total de la pièce, tirée avec des charges différentes, à partir de 9 livres jusqu'à 21 livres.

Il faut citer ensuite l'éclatement d'un canon de 60, avec deux rayures dans l'âme de la pièce. Poids du projectile creux allongé, 22 livres, charge 8 livres et demie.

En 1860, un canon de 60, foré au calibre de 30, à quatre rayures dans l'âme de la pièce; projectile, cylindro-ogival, avec 8 huit ailettes en zinc; poids du projectile, 64 livres; charge de la pièce, 8 livres et demie. L'éclatement eut lieu au trois cent quarante-cinquième coup du service de la pièce.

Pour terminer cette énumération, citons un canon en fer du calibre de 6 pouces un quart, se chargeant par la culasse, construit en Angleterre, à 40 rayures; projectile allongé en fonte, avec enveloppe en plomb, pesant en tout environ 112 livres; charge, 17 livres. L'éclatement a eu lieu au troisième coup de la première séance de tir à Saint-Pétersbourg. Un homme, parmi les servants de cette pièce, fut tué par cet éclatement.

Nous citons cette dernière pièce, qui n'était pas en fonte, mais en fer forgé, non pour faire nombre, mais pour prouver que des pièces d'artillerie, construites dans le pays le plus avancé dans le travail des métaux, présentées comme spécimen pour l'emporter sur les pièces d'artillerie en usage, éclatent parfois au début de leur carrière, dans les conditions habituelles du tir, et donnent lieu à de bien tristes conséquences. De semblables faits doivent valoir au moins un peu d'indulgence aux fusées qui éclatent, surtout si leur éclatement n'entraîne aucun danger à l'égard des servants.

Passons maintenant à l'artillerie de terre.

Nous voyons d'abord, en 1855, éclater un canon de 36, charge de 15 livres, boulet sphérique, au deux cent seizième coup du service de la pièce.

L'éclatement de cette pièce blessa quatre servants.

Vient ensuite un canon de 60, à la charge de 16 livres avec la boîte à balles, au huit cent dix-neuvième coup du service total de la pièce. L'éclat de ce canon blessa un homme.

Puis vient un mortier à longue portée, du calibre de 2 pouds, charge 18 livres et demie, éclaté au soixante-quatrième coup du service total de la pièce.

Enfin, en 1859, un canon de 60, coulé en Suède, charge de 18 livres, boulet sphérique, éclate au cent sixième coup du service total de la pièce.

Remarquons que le tir de toutes ces pièces n'avait pas pour but des essais de réception. Ces pièces avaient déjà subi l'essai et figuraient au polygone comme pièces réglementaires ou comme pièces dont on étudiait le tir ou les circonstances qui s'y rapportent. Ainsi, l'éclatement de la dernière pièce a eu lieu au bout d'une séance de tir dont l'objet était de déterminer la longueur du recul de la pièce tirée dans les conditions ordinaires. Les accidents survenus et les victimes sont là pour attester que le tir s'est pratiqué, la plupart du temps, en toute sécurité, sans aucune défiance à l'égard des pièces. Mais, depuis, l'impression fâcheuse produite par ces éclatements prématurés a été telle que le comité d'artillerie russe a pris la décision formelle de ne tirer les pièce en fonte, sur son polygone, qu'avec des précautions pour mettre à l'abri des résultats des explosions des pièces, et les servants auprès des pièces, et les personnes présentes aux expériences. Or, de semblables précautions sont facilement réalisables à un polygone d'étude, et il suffit d'avoir recours à des étoupilles lentes ou mieux encore à des étoupilles établies pour prendre feu au moyen de l'électricité, et à des traverses et des constructions blindées pour abriter les assistants. Mais il est impossible que de telles mesures soient pratiquées à la guerre, et même au tir d'instruction à bord des navires. Aussi, avec les pièces en fonte actuelles, qui forment généralement partout l'armement presque exclusif des places, des côtes et de la marine, et, par conséquent, la grande majorité de toute l'artillerie de terre et de mer; malgré les tentatives plus ou moins heureuses de les remplacer par des pièces en fer forgé, en acier, ou en fonte cerclée de fer, ce n'est pas seulement les projectiles ennemis que le combattant doit affronter, il a encore à redouter ses propres pièces, qui peuvent le trahir au moment où il s'y attend le moins.

Cette assertion, nous pourrions la confirmer encore en rappelant l'éclatement prématuré de bon nombre de pièces de fonte, lequel éclatement paraît tellement inévitable, que l'on se contente actuellement de ne demander qu'un nombre déterminé de coups à ce genre d'artillerie, pourvu qu'on puisse les tirer avec sécurité, en admettant que la fin naturelle de toute pièce en fonte est de finir par éclater, au bout d'un certain nombre de coups, dans les conditions habituelles du tir. C'est là un mal contre lequel on cherche des remèdes dans toutes les artilleries; on s'en prend et à la poudre qu'on accuse d'être trop brisante et qu'on regrette de faire trop bonne, et à la grosseur de son grain, et au mode de chargement et à mille autres choses qu'il serait trop long de rappeler ici. On crut un moment que la gargousse Piobert, à qui l'on doit la prolongation du service des canons de siége en bronze, serait une ancre de salut pour les canons en fonte, mais la pratique n'a pas ratifié cette espérance, et les nombreux éclatements des canons en fonte qui ont eu lieu, pendant ces dernières années, dans l'artillerie belge, avec la gargousse allongée, ont poussé même quelques-uns des artilleurs belges à attribuer tout le mal à cette gargousse.

Quand il s'agit d'établir une nouvelle pièce en fonte, d'un grand calibre, capable de supporter une charge un peu forte, comme celle du tiers du poids du projectile sphérique, il y a bien peu de chances de réussir. Néanmoins, des circonstances impérieuses obligent parfois de tenter la solution de ce problème, et alors, quand survient l'insuccès, le calculateur des dimensions de la pièce, le fondeur et le poudrier s'accusent réciproquement de la non-réussite, en exagérant peut-être un peu trop, chacun pour son compte, la valeur de ses procédés.

Faute de ne pouvoir trouver un remède radical au peu de solidité des canons en fonte, on en est venu à chercher des palliatifs; ainsi on serait bien heureux de posséder quelques indices sûrs, bien apparents et faciles à saisir, qui fissent prévoir la fin prochaine d'un canon en fonte pour en abandonner le tir; — car malheureusement, malgré les indications que l'état de la lumière des canons en fonte offre parfois sur leur résistance au tir, indice que l'on ne peut observer et suivre qu'au moyen d'empreintes prises à l'intérieur du canal, ou à l'aide de l'éclairage de l'âme du canon et au moyen d'appareils d'optique fort compliqués, l'âme du canon étant préalablement parfaitement nettoyée, procédés auxquels on ne peut recourir qu'à loisir; — il n'y a jusqu'à présent rien de bien saillant qui indique que la pièce a tiré son dernier coup, et qu'elle va éclater au coup suivant.

En prenant en considération tous ces faits authentiques, tout ce qu'on pourrait énumérer encore sur le peu de garantie de la durée qu'offrent les pièces en fonte, en faisant la statistique de leur éclatement dans les tirs d'instruction et dans les combats dans les différentes artilleries, autant que ces faits ont été connus, il nous semble que l'on peut affirmer que le tir au moyen des fusées des plus gros projectiles à explosion, munies d'espolette de sûreté, offre moins de dangers, même avec des fusées avariées, que le tir des pièces en fonte de fer des plus savants tracés et des provenances les plus renommées.

Arrêtons-nous ici pour montrer l'avantage que peut procurer l'emploi des fusées pour lancer de gros projectiles d'artillerie sous le rapport de la mobilité du matériel de tir et des approvisionnements; à cette fin, comparons-les avec le mortier du prince Gagarine, récemment introduit dans l'artillerie de montagne du Caucase pour le tir de bombes de 1 poud. Ce mortier est une solution heureuse de la construction d'une pièce extrêmement légère, où le poids de la pièce est remplacé par un excédant de poids dans l'affût. Le mortier Gagarine est en acier Kroup; il ne pèse que 6 pouds et 24 livres. Son affût est formé de deux flasques en bronze, réunies au moyen de deux entretoises en chêne et de boulons en fer avec écrou.

Pour le transport à dos de cheval, l'affût se démonte et se place sur trois bâts. Deux bâts portent chacun une flasque et le troisième sert au transport des entretoises et du coin de pointage. Le poids des parties de l'affût à transporter sur chaque bât ne dépasse pas 6 pouds et demi. Il faut 4 chevaux de bât pour transporter un mortier et son affût. En outre, il faut un cheval de bât pour chaque 4 bombe. Ainsi, 5 chevaux ne nous procurent que quatre coups, tandis que ces mêmes 5 chevaux porteront facilement 10 fusées armées de bombes de 1 poud, ainsi que le chevalet de tir, qui peut ne peser guère au delà de 4 pouds, et se démonter en quatre parties ne pesant chacune que 1 poud. Avec cela, la plus grande portée du mortier Gagarine est de 540 toises, tandis qu'avec les fusées de 4 pouces, armées d'une bombe d'un poud, on peut aisément atteindre 800 toises. Outre une plus grande portée, les fusées offrent, dans cette occasion, l'avantage d'un poids qui se fractionne bien plus que celui du mortier avec ses flasques, au point de pouvoir être facilement transporté à bras. Puis, les fusées présentent sur le mortier cet immense avantage, qu'elles n'offrent plus de matériel précieux à transporter et à défendre une fois que les coups sont tirés; car il n'y a pas de comparaison à faire entre une pièce en acier, montée sur un affût de bronze, pesant environ 26 pouds, avec un chevalet de tir de fusées qui ne pèse que 4 pouds, et dont on peut encore réduire le poids, en abandonnant les pieds du trépied, que trois piquets de bois peuvent facilement remplacer dans la suite.

Pour ce qui concerne la justesse de tir, le tir élevé est ce que l'on peut obtenir de plus précis avec les fusées.

Les fusées autrichiennes et les fusées prussiennes servent de preuve que, dans ce genre de tir, les fusées peuvent au moins rivaliser avec les mortiers lançant des projectiles sphériques.

QUELQUES MOTS

SUR L'ORGANISATION DE L'ARME DES FUSÉES

Il n'entre pas dans le plan de ces lectures de parler en détail de l'organisation de l'arme des fuséens, ni de la tactique de cette arme. Ainsi, nous nous bornerons à dire que, quelle que soit l'organisation qu'on veuille lui donner, il faut en faire une arme distincte; tant que les fusées ne seront pas confiées à un personnel dont elles constitueront le service exclusif, il ne faut pas s'attendre à des résultats entièrement satisfaisants.

Le maniement et le tir des fusées réclament des artificiers qu'on n'improvise point, de même qu'on n'improvise point des artilleurs qui sachent estimer les distances à la vue, confectionner et entretenir les munitions, tirer parti des obus à balles et des obus réglés, faire le service de l'artillerie à cheval, et celui de l'artillerie de montagne, desservir les canons rayés, etc.

Ce que l'on pourrait faire de plus désavantageux pour les fusées serait de les adjoindre à l'artillerie ou à une arme quelconque, pour en former une partie des éléments d'une arme mixte. Une semblable adjonction ne s'effectuera jamais qu'au détriment de l'une des parties; ce qui nous paraît le plus avantageux, ce serait d'organiser les fuséens en arme distincte, pour s'en servir sur l'échiquier des combats, comme d'une nouvelle pièce du jeu de la guerre, dotée de propriétés spéciales, et qui relève du commandement supérieur, ainsi que chacune des armes constituant l'effectif des troupes différentes, réunies sous un même chef.

Pour étudier cette question de plus près, d'après les dispositions de S. A. I. monseigneur le grand-duc Michel, on organisa en 1859 une demi-batterie de fuséens de campagne, dans le corps de l'artillerie de la garde russe, munis de fusées de 2 pouces, à baguettes courtes, cannelées, pour le tir de plein fouet et le tir à élévation. Dans cette organisation, au lieu d'établir des chariots spéciaux, on eut recours, pour le transport des fusées, aux caissons de l'artillerie de campagne, attelés de trois chevaux qu'on a adaptés à ce service de la manière suivante :

Le cadre à casiers qui, dans les caissons de l'artillerie de campagne, pèse de 90 à 140 livres russes, selon la nature et le calibre de la pièce à laquelle est destiné le caisson, a été remplacé par trois caisses en bois de dimensions pareilles. Chacune de ces caisses est munie d'un couvercle à charnière fermant à clef.

Chacune des caisses peut contenir 32 fusées de 2 pouces pour le tir rasant, avec obus de 2 livres (*planche* XX, *fig.* 1) ou à obus à balles, sans dévisser les baguettes. Le poids de chaque fusée est environ de 7 livres trois quarts; sa longueur, y compris la baguette, est de 4 pieds 3,75 de pouces.

Les fusées s'emballent de manière à ne pas bouger dans le transport, quand même il ne resterait qu'une seule fusée en caisse, au moyen d'attaches en ficelle que l'on coupe pour extraire les fusées.

Les mêmes caisses munies de cases peuvent contenir 10 fusées de jet de 2 pouces, armées d'obus de 6 livres (*fig.* 2), mais avec baguettes dévissées qui, avec l'armement des fusées de

2 pouces, d'obus de 6 livres, ont 4 pieds 3,75 de pouce de long, ou la longueur intérieure de la caisse, pour satisfaire autant que possible à la justesse du tir et à la facilité du transport. Le poids total de la fusée de jet, y compris la baguette, est environ de 10 livres.

Les caisses remplies de fusées peuvent être facilement retirées du caisson avec tout leur chargement. A cet effet, elles sont munies de poignées commodes en fer, et elles peuvent servir ainsi soit à conserver les fusées en dépôt, soit à les transporter sur toute espèce de voiture.

Au moyen de ces dispositions, un caisson de l'artillerie de campagne russe peut transporter, en fusées de 2 pouces, 90 fusées de tir ou 30 fusées de jet, ou les combinaisons suivantes de ces deux espèces de fusées à la fois : 60 fusées de tir et 10 fusées de jet, ou 30 fusées de tir et 20 fusées de jet ; ce qui produit 90 — 70 — 50 — ou 30 fusées par caisson, selon le choix des fusées.

Les portées extrêmes de ces fusées sont environ de 700 toises pour la fusée de tir, et de 500 toises pour la fusée de jet.

Pour le tir de ces fusées, on a adopté le chevalet à tube carré, dont nous avons déjà donné la description en étudiant en général les chevalets de tir des fusées, page 228. Rappelons seulement ici que ce chevalet est muni d'un tube long de 4 pieds pour le tir de plein fouet, et d'un autre tube pour le tir élevé, long de 14 pouces. Le poids du trépied de ce chevalet est de 24 livres. Le poids du tube, pour le tir de plein fouet est de 14 livres, pour le tir élevé de 5 livres et demi. Pour donner l'élévation nécessaire aux tubes, on se sert de la graduation des arcs de cercle fixés aux tubes; mais outre cela, chaque chevalet est muni d'un cadran à niveau, à bulle d'air, du système prussien (*pl.* XX, *fig.* 11), pour donner aux tubes une élévation exacte, dans le cas où le chevalet serait placé sur un terrain fortement en pente. Les boute-feux sont à percussion (*fig.* 9), et semblables à ceux que nous avons proposés pour la marine et que nous avons décrits page 234.

Pour participer aux manœuvres, chaque chevalet, comme cela est d'usage en Autriche, est muni d'une fusée d'exercice. La fusée d'exercice russe (*fig.* 3) est formée d'un cartouche épais en fer, ayant l'apparence d'une fusée munie du culot et de la baguette, mais qui n'a qu'une seule ouverture dans le culot. Ce cartouche est ouvert au bout opposé au culot et porte à cette extrémité un simulacre de projectile, la fusée d'exercice sert à exercer les servants du chevalet au maniement des fusées et aux opérations du tir. Elle sert en outre aux manœuvres, pour indiquer le tir des batteries des fusées sans préjudice pour les troupes qui s'y trouveraient exposées; dans ce but on charge la fusée d'exercice d'une petite gargousse de poudre, jointe dans le même sachet de serge à une étoile d'artifice, moulée en composition sèche. On fait partir cette charge en y communiquant le feu par l'unique évent du culot servant de lumière; l'étoile, lancée du cartouche tout enflammée, traverse l'espace, en dégageant, durant une trentaine de pas, une traînée de fumée épaisse qui produit l'image du vol d'une fusée, mais sur une étendue bien plus réduite que le vol d'une fusée véritable.

Chaque caisson est desservi par deux sous-officiers et par dix servants, distribués comme il suit :

Chef du caisson sous-officier	1
Chef du chevalet chargé en même temps du boute-feu, sous-officier	1
Porteurs du chevalet	2
Porteurs de fusées, par deux fusées	6
Homme de réserve auprès du caisson	1
Conducteur du caisson	1

La demi-batterie de fuséens est formée de quatre caissons et d'autant de chevalets munis du personnel que nous venons d'énumérer. Ces éléments forment deux sections, dont chacune est commandée par un officier et a un clairon. Les deux sections sont sous les ordres d'un officier. Les officiers sont à cheval. Les sous-officiers, les servants et les clairons sont à pied. Le chevalet et ses tubes sont transportés par le caisson, qui transporte, en outre, le sac des hommes. Ce n'est qu'en se formant pour le combat que les hommes se saisissent des chevalets et des fusées; ils sont munis pour cet objet de lanières, porte-trépied et porte-tube, et de poches en cuir pour porter les fusées. En cas de besoin, quatre hommes peuvent trouver place sur chaque caisson pour être transportés, ainsi que de l'artillerie montée à de courtes distances; mais en principe, lors du combat, les caissons doivent être laissés en arrière, en dehors des atteintes du feu ennemi. Les chevalets seuls, avec un approvisionnement de fusées transportées à bras, doivent se porter en avant; chaque chevalet peut être ainsi approvisionné de 12 fusées. Cet approvisionnement peut être complété à mesure que le tir s'opère, en faisant faire la chaîne, entre le chevalet et le caisson, aux porteurs des fusées.

Le total de l'effectif de la demi-batterie de fusées de campagné de l'artillerie de la garde est formé de :

Officiers	3
Sous-officiers	8
Clairons	2
Servants	40
TOTAL	53

Chevaux de selle pour officiers	3
Chevaux d'attelage pour caisson	12
Chevaux de réserve	2
TOTAL	17

CONCLUSION

Avant de clore ces lectures, nous devons dire qu'il est hors de doute que nos fusées n'aient rendu quelques services à la guerre. Nous n'entrerons point ici dans de nouveaux détails sur ce sujet, de peur de répéter ce qui a été dit à cet égard dans notre *Mémoire sur les Fusées de guerre*, publié en français en 1858; il nous suffira de rappeler quelques noms d'affaires où les fusées se sont distinguées et ont été vraiment utiles: — Achmetchet, en 1853; — fort Petrowsky, 1853; — Silistrie, 1854 (1); — Kurouck-Dara, 1854; — Bobadach, 1854; — Karadach, 1855 (2). A ces noms, nous aurions pu ajouter les

(1) Nous ne pouvons pas nous empêcher de rappeler qu'au siége de Silistrie, le service des fusées dans les tranchées a été confié au capitaine Baluzeck, que nous eûmes à citer dans notre *Mémoire sur les Fusées de guerre*, pour l'emploi judicieux des fusées, le même qui, comme colonel, a eu l'insigne honneur d'apporter de Pékin à Saint-Pétersbourg le traité conclu entre la Russie et la Chine, par M. le général Ignatief, et qui a été nommé aide de camp de S. M. Impériale, et ministre résident en Chine.

(2) Et en dernier lieu durant l'impression de cet ouvrage, en 1860, Pischpeck, Kasteck et Kara Kasteck.

témoignages officiels du prince Worontzoff, du prince Gortchakoff et du général Mouravioff, le vainqueur de Kars, mais, nous devons aussi le reconnaître, la justesse du tir de nos fusées laisse encore beaucoup à désirer.

Quoi qu'il en soit, nous avons la ferme conviction que nous obtiendrons une justesse suffisante, — par une fabrication plus précise que celle qui a pu être réalisée jusqu'à ce jour à la fabrique de Saint-Pétersbourg, et que rendra possible l'emploi des procédés qui vont être réunis en Russie dans la nouvelle fabrique de fusées ; — ensuite, par le remplacement du chargement avec la composition humide, par le chargement au moyen d'une composition sèche et inaltérable ; — par l'introduction de plusieurs perfectionnements que la pratique a déjà justifiés, comme l'augmentation de la profondeur de l'âme de la fusée, la fermeture du bout du cartouche opposé aux évents avec du plomb à froid ; — et enfin, par tous les perfectionnements que peuvent encore faire surgir les recherches, afin d'augmenter, autant que possible, la vitesse initiale des fusées, ainsi que la totalité de la force motrice, tout en réduisant, autant que possible, la durée de son action pendant le temps où la fusée n'est plus guidée par le chevalet de tir.

Ce n'est donc pas une vaine espérance que j'émets lorsque je manifeste ma conviction qu'il nous est possible d'augmenter la justesse de nos fusées ; aussi, messieurs, je réclame de vous de l'impartialité et un peu de patience : vous admettrez, d'accord avec nous, que la fusée, cette artillerie portative, si toutefois vous voulez bien accepter pour elle cette dénomination, est une arme qui peut être utile à la guerre, même dans son état actuel, et, en outre, qu'elle est susceptible de perfectionnements qui l'appelleront à rendre des services importants à la force militaire de notre pays.

Notre tâche est terminée; il ne nous reste qu'à exprimer notre profonde reconnaissance à S. A. I. Monseigneur le grand-duc Michel, qui a bien voulu honorer de sa présence ces lectures, et qui a obtenu de S. M. l'Empereur de Russie l'autorisation de les publier. Nous remercions aussi nos chefs et nos camarades de l'artillerie, de la marine et du génie militaire, de l'appui et des encouragements qu'ils nous ont prêtés jusqu'à ce jour dans une tâche ardue et que nous n'espérons mener à bonne fin qu'avec leur assistance.

PREMIER APPENDICE

Les distinctions méritées par les officiers chargés de l'emploi des fusées à la guerre, pour des actions du ressort de leur mission, perpétue le souvenir de faits ayant leur valeur comme donnée positive dans les recherches sur l'utilité des fusées à la guerre. Aussi est-ce comme pièce à l'appui et pour rendre justice au mérite que nous nous empressons de signaler les récompenses qui ont été accordées au lieutenant Wrontchensky, à la suite de sa mission concernant l'emploi des fusées en Sibérie.

Les dates de ces récompenses et l'époque à laquelle nous en eûmes connaissance ne nous ayant pas donné le moyen de le faire lors de l'impression de notre ouvrage, à l'insertion de la note concernant M. Wrontchensky, page 53, nous nous faisons un devoir de combler ici cette lacune.

Par sa conduite à la prise de Pischpeck, le lieutenant Wrontchensky a été du nombre des officiers auxquels S. M. l'Empereur de Russie fit témoigner sa satisfaction pour l'occupation de cette forteresse des Kokans. A la sollicitation du chef du corps détaché de Sibérie, le lieutenant Wrontchensky reçut le sabre d'or avec l'inscription pour la bravoure, pour s'être distingué au siége de Pichspeck et au dégagement du fort de Kastek des attaques des Kokans. Dans l'affaire du 21 octobre, sur les bords de la rivière de Kara-Kastek, il se rendit digne encore d'être honoré du témoignage de la satisfaction impériale. Enfin, il a été transféré à l'artillerie de la garde, tout en restant attaché à la fabrique de Saint-Pétersbourg pour l'accomplissement distingué de la mission qui lui a été confiée.

SECOND APPENDICE

Le but principal de ces lectures a été de chercher à établir l'opportunité des fusées comme arme de guerre, et de tâcher de justifier le projet de l'outillage de la nouvelle fabrique de fusées de guerre en Russie. A l'appui de tout ce que nous avons dit à cet égard, nous pouvons ajouter actuellement des faits récents qui sont que le gouvernement espagnol, n'ayant pas eu de fabrique de fusées jusqu'à présent, s'est décidé à en établir une à Séville, et que c'est notre système de fabrication des fusées qui a été accepté. Au milieu des machines-outils qui en forment l'ensemble, nous nommerons, en particulier, — notre machine automatique à poinçonner les rectangles de tôle, destinés à être roulés et rivés en cartouche, qui perce la tôle de manière à obtenir de légers enfoncements coniques autour des ouvertures, qui se superposent dans le cartouche roulé, et vont en se rétrécissant de l'intérieur du cartouche à l'extérieur, pour loger la tête du rivet à fleur de la surface intérieure du cartouche; — nos tonneaux inclinés en cuivre rouge pour pulvériser les substances, et ceux en bois pour les mélanger, munis d'un désembrayage à compteur; — notre presse automatique à charger les fusées avec notre système de moule, — et notre machine à forer l'âme des fusées avec son avertisseur acoustique.

Ces machines ont été commandées à M. Farcot, avec la clause dans le marché: « que toutes les machines et appareils pour la » fabrication des fusées seront construits d'après le système » de M. le général Konstantinoff, et entièrement semblables à » ceux construits sous sa direction dans les ateliers de M. Farcot » et ses fils, pour le compte du gouvernement russe. »

Cette décision a été pour nous d'un encouragement extrême en nous rassurant un peu sur la valeur de nos travaux.

TABLE DES MATIÈRES

Paris. — Typ. Morris et Comp., rue Amelot, 64.

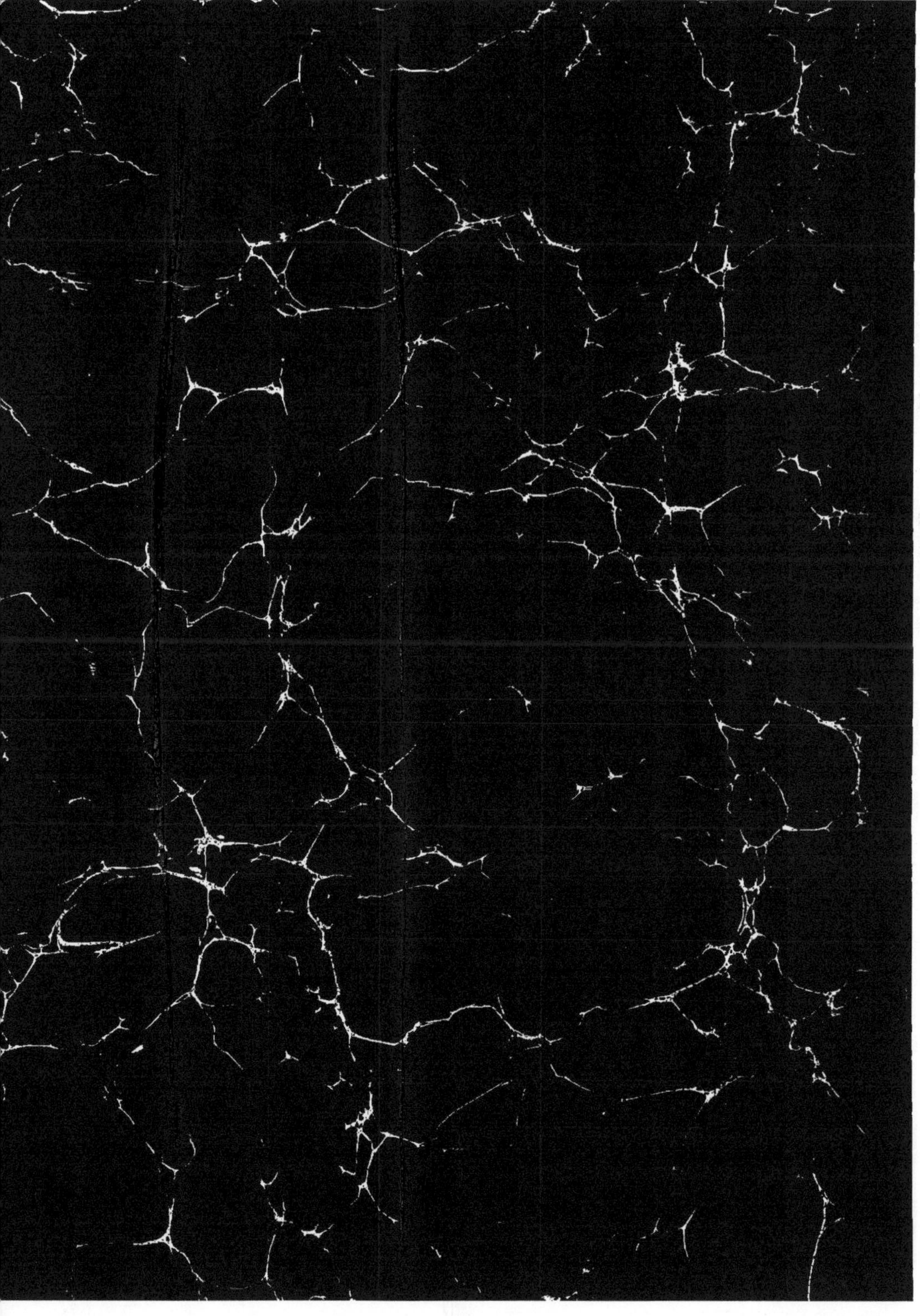

www.ingramcontent.com/pod-product-compliance
Ingram Content Group UK Ltd.
Pitfield, Milton Keynes, MK11 3LW, UK
UKHW020307230726
13925UKWH00001B/264

9 782013 475976